建设工程法律实务丛书

建设工程施工合同
签订与履约管理实务

主 编◎赵 飞
参 编◎王 忠 吴咸亮 午丽丽 吴亚辉
石艳田 谢 红 徐文东

中国建材工业出版社

图书在版编目（CIP）数据

建设工程施工合同签订与履约管理实务/赵飞主编
. --北京：中国建材工业出版社，2021.12
ISBN 978-7-5160-3339-5

Ⅰ.①建… Ⅱ.①赵… Ⅲ.①建筑工程－工程施工－
经济合同－管理－中国 Ⅳ.①TU723.1

中国版本图书馆 CIP 数据核字（2021）第 223350 号

建设工程施工合同签订与履约管理实务
Jianshe Gongcheng Shigong Hetong Qianding yu Lüyue Guanli Shiwu
主编 赵 飞
出版发行：中国建材工业出版社
地 址：北京市海淀区三里河路 1 号
邮 编：100044
经 销：全国各地新华书店
印 刷：北京鑫正大印刷有限公司
开 本：787mm×1092mm 1/16
印 张：15.75
字 数：330 千字
版 次：2021 年 12 月第 1 版
印 次：2021 年 12 月第 1 次
定 价：60.00 元

工程行业乃至所有行业无不奉行业务为王的宗旨，的确，没有业务不可能生存，更何谈发展。但是，"所有的业务关系最终都是法律关系""所有的风险最终都是法律风险"，不遵守法律的规则，业务带来的可能不是利润也不是业绩，而是风险、债务、法律责任。

与风险防范相比，处理法律纠纷无疑是费时费力的行为，在法律人的视线中更多的是诉讼技能的提升、法院裁判规则的梳理，这和我们企业管理所需要的纠纷预防不是同一回事。在工程领域对法律风险防控有需求的单位就是施工企业，因为施工企业在业务合同的签订和履约过程中缺乏话语权，通过风险防控可以弥补这一短板以平衡双方的权利义务，也是许多业务单位的客观要求。遗憾的是关于合同签订的书籍数不胜数，但关于合同履行中如何控制风险的实操类书籍则屈指可数，将合同签订服务与履行，并与合同履行相得益彰的书籍恐怕就微乎其微了。本人一直想根据律师从业23年来在合同领域的见解结合对建设工程领域的了解，写一本服务于施工企业的合同签订和履行的风险防控的书。经过一年多的努力，这本书终于可以和各位读者见面了。

本书的分析点来源于裁判文书网搜集的判例，包括2019年和2020年山西省高级人民法院的裁判文书，还有2019年和2020年山西省内各中级人民法院受理的一审案件。为什么会进行这样的选材呢？

选择高级法院的原因：根据《最高人民法院关于调整高级人民法院和中级人民法院管辖第一审民事案件标准的通知》（法发〔2019〕14号），以山西为例，标的额3000万元以下的案件都在基层法院受理，50亿元以下的案件都在中级人民法院以下受理。我国执行的是两审终审制度，所以基本上到高级人民法院的案件已经是到顶的案件了，能够到达最高人民法院审理的基本凤毛麟角。虽然说最高人民法院的规则在理论上放之全国皆准，但不同地域毕竟有当地的基本规则和区域差距，在法律框架下，会不可避免地存在地方性的裁判差异，所以从实用角度出发更应该符合企业的需求。

时间是选择高级人民法院的另一个原因。建筑施工合同纠纷的时间长是一个明显的特征，施工合同从签订到履行平均有两年的时间，工程竣工到结算或者双方协商的时间又平均在3年左右，工程一经竣工不能支付工程款的很少，而一个案件从基层法院到二审法院一般需要一年多的时间，而且建设工程大部分情形涉及鉴定，无论是造价鉴定还是工期鉴定，乃至质量鉴定等，基本都在半年以上，我估计经过二审法院审结的诉讼期间在3年左右。有人可能怀疑我提出的审理时间问题，别的不说，根据2020年的统计结果，全国法官平均每人审理225个案件，请注意这是全国法官平均数，从最高人民法院到高级人民法院，然后是中级人民法院和基层人民法院，每一级法院的数量比例应该可以在十倍以上，再者每一个法院又有院长、副院长、庭长等领导，这些员额内法官和普通法官的数量应该也有一个差别吧，这样你就知道基层法院一个普通法官的审案数量非常多，也就不会怀疑我说的期限了吧。回归正题，建设工程施工合同从签订到二审法院审理完毕大约需要8年，所以我们在总结最高人民法院裁判文书的同时，其实难以保证案件的时效性。

同样为了保证时效性，我们选择一部分中级人民法院的一审判决，在2019年看到的裁判文书，一般是2013年前签订的施工合同而形成的纠纷，其间除了前述《最高人民法院关于审理建设工程施工合同纠纷案件适用法律问题的解释（二）》（法释〔2018〕20号）（已废止）司法解释实施外，《建设工程施工合同（示范文本范）》（GF-2017-0201）也进行了公布，对2013年《建设工程施工合同（示范文本）》（GF-2013-0201）进行了修改，还有招标投标法律等均进行了相应的修改，为了能够及时取得更有时效性的裁判文书，所以选择了2019年和2020年山西省各中级人民法院建设工程施工合同的一审判决书进行总结和分析。

选择山西的原因：从目标角度而言，当然希望能够分析全国各地高级人民法院的裁判案例，但这个工程毕竟过于庞大，所以只能从一个省开始，而山西本身处于相对中间的区域位置，中间的区域不仅有四季分明的气候特征，也有其司法实践的特殊性，所以山西是一个开端，而且与其他省市相比，山西没有高院一级针对施工合同纠纷裁判解释类文件，更能显示出对法律理解的差异性。

选择2019年和2020年的原因：2019年2月1日起《最高人民法院关于审理建设工程施工合同纠纷案件适用法律问题的解释（二）》（法释〔2018〕20号）（已废止）开始施行。该司法解释对工程领域的审判影响是巨大的，而在此之前的裁判文书可能从文书表述到内在评价机制均与该解释有差异，很难再保证对后续案件和风险防控产生正确的指引作用，所以我们选择的文书是2019年和2020年形成的裁判文书。

本书从结构上一共分5章：第一章是建设工程施工合同示范文本基本情况概述，讲述的是对建设工程施工合同示范文本的出台和不同文本的概括性解读，以及对1999示范文本到2017示范文本的演变过程进行分析。第二章是建设工程施工合同纠纷裁判突出问题及防控概述，内容是对搜集的裁判案例进行总述。第三章是建设工程施工合同纠纷案件裁判要旨。裁判要旨是将裁判观点提炼后按照独立的语境进行整理，能够让阅读者在阅读裁判要旨时就能够明确案例的本质。第四章是建设工程施工合同的签订管理。第五章是建设工程施工合同的履约管理。第四章和第五章可以说是本书的精要，是在分析裁判文书要旨的基础上，研究得出施工企业预防该类纠纷的方法，并从合同签订和履行两个方面进行预防。

本书的一个特色：一般的裁判规则的梳理都是对法律适用方面的解释进行适用，对事实如何认定一般没有裁判规则的分析，本书除了传统意义上对法律适用的裁判规则进行分析，还对证据认定进行挖掘，使读者了解待证事实从何种角度进行取证，以及法院对不同的证据进行事实认定的基本方法和规则。

　　本书在编写过程中遇到许多专业方面的问题，幸得许多朋友的帮助，如张先庆、郭力、吴昊悉心指导，同事徐向红在本书编辑、审阅、校对中付出大量精力，在此表示衷心感谢。

　　每一条法条都是一个小宇宙，在这个宇宙的探索中更显出我们的渺小，加之能力有限，难免存在疏漏和不全，还请各位批评指正。感谢各位选择本书。

赵　飞

2021 年 9 月

目 录 CONTENT

1 建设工程施工合同示范文本基本情况概述

建设工程是指土木工程、建筑工程、线路管道和设备安装工程及装修工程。建设工程按照自然属性分为建筑工程、土木工程、机电工程三类。合同当事人可结合建设工程具体情况订立合同，并按照法律、法规的规定和合同约定承担相应的法律责任及权利义务。

我国先后施行了三个版本的《建设工程施工合同（示范文本）》，一是《建设工程施工合同（示范文本）》（GF-1999-0201），二是《建设工程施工合同（示范文本）》（GF-2013-0201），三是《建设工程施工合同（示范文本）》（GF-2017-0201）。

示范文本为非强制性适用文本，适用于房屋建筑工程、土木工程、线路管道和设备安装工程、装修工程等建设工程的施工发承包活动，不仅适用于施工总承包项目，同样也适用于发包人单独发包的专业施工承包项目。示范文本不适用分包合同。

1.1 出台示范文本的目的

出台示范文本的目的：对合同当事人的权利义务作出原则性约定；体现了建设主管部门就建设工程领域发承包人的利益平衡及导向；在通用合同条款中设置了主要的合同管理程序，增强了合同条件的可操作性，对工程的管理起到重要作用；便于反复使用，避免了重复的合同起草过程；提示合同签订人应关注的合同事项，避免在合同签订时遗漏重大事项；便于在合同履行过程中进行查阅。

原《最高人民法院关于适用〈中华人民共和国合同法〉若干问题的解释（二）》（已废止）第 7 条规定"交易习惯是指交易行为在当地或者某一领域、某一行业通常采用并为交易对方订立合同时所知道或者应当知道的做法；或者指当事人双方经常使用的习惯做法"。

司法实践中，在没有法律规定及合同约定的情况下，《建设工程施工合同（示范文本）》的通用条款可以作为交易习惯在案件中使用。

1.2 修改《建设工程施工合同（示范文本）》（GF-1999-0201）的原因

《建设工程施工合同（示范文本）》（GF-1999-0201）共 8 万多字，有通用合同条款47 条。自《建设工程施工合同（示范文本）》（GF-1999-0201）颁布实施至《建设工程施工合同（示范文本）》（GF-2013-0201）的制定，我国先后出台了大量涉及工程建设领域的法律、行政法规、规则及规范性文件：

《中华人民共和国招标投标法》自 2000 年 1 月 1 日起施行，2017 年 12 月 27 日修正。

《中华人民共和国招标投标法实施条例》自 2012 年 2 月 1 日起施行，2017 年 3 月 1 日第一次修订，2018 年 3 月 19 日第二次修订，2019 年 3 月 2 日第三次修订。

《建设工程质量管理条例》自 2000 年 1 月 10 日起施行，2017 年 10 月 7 日第一次修订，2019 年 4 月 23 日第二次修订。

《房屋建筑工程质量保修办法》自 2000 年 6 月 30 日起施行。

《建设工程安全生产管理条例》自 2004 年 2 月 1 日起施行。

《房屋建筑和市政基础设施工程施工分包管理办法》自 2004 年 4 月 1 日起施行，2014 年 8 月 27 日第一次修正，2019 年 3 月 13 日第二次修正。

《建设工程价款结算暂行办法》自 2004 年 10 月 20 日起施行。

《建设工程质量保证金管理暂行办法》自 2005 年 1 月 12 日起施行，现已废止。新出台的《建设工程质量保证金管理办法》自 2016 年 12 月 27 日起施行，2017 年 6 月 20 日进行了修订。

《建筑业企业资质管理规定》自 1995 年 10 月 6 日起施行，2001 年、2007 年、2015 年、2018 年进行了四次修改。2020 年 11 月 30 日出台的《住房和城乡建设部关于印发建设工程企业资质管理制度改革方案的通知》（建市〔2020〕94 号），将 10 类施工总承包企业特级资质调整为施工综合资质，可承担各行业、各等级施工总承包业务；保留 12 类施工总承包资质，将民航工程的专业承包资质整合为施工总承包资质；将 36 类专业承包资质整合为 18 类；将施工劳务企业资质改为专业作业资质，由审批制改为备案制。

《建设工程工程量清单计价规范》（GB 50500—2003），自 2003 年 7 月 1 日期施行，现行为 GB 50500—2013。

《建筑工程施工发包与承包计价管理办法》（建设部第 107 号令），2001 年 11 月 5 日发布，现已废止。住房城乡建设部 2013 年出台了《建筑工程施工发包与承包计价管理办法》（住房城乡建设部令第 16 号），自 2014 年 2 月 1 日起施行。

《最高人民法院关于审理建设工程施工合同纠纷案件适用法律问题的解释》（已废止）。

另外，我国还出台了一些与工程建设紧密相关的法律，如《中华人民共和国城乡规划法》《中华人民共和国劳动合同法》等。

由于《建设工程施工合同（示范文本）》（GF-1999-0201）与法律规范的诸多不一致，影响施工合同管理及合同风险控制等因素，尤其是暴露出施工合同中的典型问题。例如招标发包的合同效力问题，第五十条规定了招标投标代理机构违反《招标投标法》的行为影响中标结果的，中标无效；第五十二条规定了泄露投标有关情况影响中标结果的，中标无效；第五十三条规定了串通投标或以行贿手段谋取中标的，中标无效；第五十四条规定了冒充他人非法骗取中标的，中标无效；第五十五条规定了对实质性内容进行谈判影响中标结果的，中标无效；第五十七条规定了违法确定中标人的，中标无效。

另外，转包问题、挂靠问题、暂估价项目的管理问题、情势变更问题、迟延结算和支付问题、暂停施工问题、竣工验收与移交问题、缺陷责任问题、质量保证金返还问题、合同解除问题等层出不穷。鉴于上述问题的出现，住房城乡建设部与国家工商局决定对《建设工程施工合同（示范文本）》（GF-1999-0201）进行修订。

《建设工程施工合同》（GF-2013-0201）涉及的主要法律有《民商法》《建筑法》《招标投标法》等，在参考了九部委《标准施工招标文件》（2007 年）、《房屋建筑和市政工程标准施工招标文件》（2010 年），尤其是借鉴了《FIDIC 施工合同条件》（1999年），住房城乡建设部和国家工商总局于 2013 年 4 月 3 日联合制定了《建设工程施工合同（示范文本）》（GF-2013-0201），自 2013 年 7 月 1 日正式执行。

对经过招标投标的工程，在签订合同时，工程范围、建设工期、工程质量、工程价款等实质条款不得改变，应当与中标合同保持一致。是否构成实质性内容，主要考虑是否影响中标结果及是否对双方权利义务产生重大影响。

1.3 《建设工程施工合同（示范文本）》（GF-2013-0201）的特点

《建设工程施工合同（示范文本）》（GF-2013-0201）与《建设工程施工合同（示范文本）》（GF-1999-0201）相比，通用合同条款设定了双向担保制度。

《建设工程施工合同（示范文本）》（GF-1999-0201）虽规定发承包双方的履约担保，但实践中基本上是发包人要求承包人提供履约担保，发包人不会提供履约担保。为解决拖欠工程款的问题，《建设工程施工合同（示范文本）》（GF-2013-0201）设定了互为担保制度，有利于维护承包人的利益，平衡发承包双方之间的权利义务关系。

通用合同条款 3.7 款（履约担保）约定：因承包人原因导致工期延长的，继续提供履约担保所增加的费用由承包人承担；非因承包人原因导致工期延长的，继续提供履约担保所增加的费用由发包人承担。

通用合同条款 2.5（资金来源证明及支付担保）约定：除专用合同条款另有约定外，发包人要求承包人提供履约担保的，发包人应当向承包人提供支付担保。

为降低承包人被拖欠工程款的风险，有效解决拖欠工程款、拖欠农民工工资的问题，《建设工程施工合同（示范文本）》（GF-2013-0201）吸收了 FIDIC 条款，约定了发包人应向承包人提供能够按照合同约定支付合同价款的相应资金来源证明及支付担保。同时为避免发包人利用优势地位不向承包人提供支付担保，该款明确约定了"除专用合同条款另有约定外，发包人要求承包人提供履约担保的，发包人应当向承包人提供支付担保"。

除专用合同条款另有约定外，如发包人拒不向承包人提供支付担保，承包人可以行使同时履行抗辩权不向发包人提供履约担保。双向担保制度有利于发承包双方合理设置担保，降低工程支付风险及履约风险。

支付担保是指担保人为发包人提供的，保证发包人按照合同约定支付工程款的担保，较为常见的支付担保包括银行或担保公司的保函，也有母公司为其子公司提供的担保及第三人提供的担保。无论是履约保函还是支付保函，建议采取无条件不可撤销保函形式，以有效约束保函提供方的履约行为。无论是履约担保还是支付担保，目前法律均没有提出强制性要求，由合同当事人根据工程实际需要确定是否向对方提供。担保的期限一般应当自提供担保之日起至颁发工程接收证书之日止。由于保函存在兑付的风险，多数情况下发包人均采用现金的方式要求缴纳履约保证金。在使用国有资金的项目中，发包人在设计概算时没有提出类似采用支付担保需承担一笔费用的要求，而且该费用没有资金计划，实务中多不采用支付担保。

1.3.1　关于监理人（商定及确定制度）

《建设工程施工合同（示范文本）》（GF-1999-0201）将发包人代表和监理人的现场工程师均列在工程师名下，容易导致混乱。《建设工程施工合同（示范文本）》（GF-2013-0201）将监理人和发包人代表区分，建立了以施工管理和文件传递为核心的合同体系。从尊重发包人权利角度和高效管理合同的角度出发，对监理人相关事项作出相应约定，明确发包人对监理人的授权，并将授权事项告知承包人。确定了监理人作为合同履行文件的传递中心，在合同履行过程中发包人与承包人之间的文件往来均通过监理人传送，确保监理人能够全面了解合同管理信息，保障监理人对建设工程事项的知情权，以便完成其法定及约定义务。

《建设工程施工合同（示范文本）》（GF-2013-0201）在通用合同条款中，只有一处可以不经监理人完成，即14.4.2〔最终结清证书和支付〕：承包人向发包人提交"最终结清申请单"，该行为发生在缺陷责任期届满后，此时监理人已完成相应工作。

总监理工程师具有较高的专业知识及社会威望。发承包双方在合同履行过程中发生争议需进行商定或确定时，总监理工程师应当会同合同双方尽量通过协商就争议事项达成一致，不能达成一致的，由总监理工程师按照合同约定审慎作出公正的决定。

合同双方对总监理工程师的决定没有异议的，按照总监理工程师的决定执行。任何一方合同当事人有异议，应按照第20条〔争议解决〕约定处理。争议解决前，合同当事人暂按总监理工程师的决定执行；争议解决后，争议解决的结果与总监理工程师的决定不一致的，按照争议解决的结果执行，由此造成的损失由责任人承担。

1.3.2　合理调价制度

在适用法律及司法解释解决市场价格波动引起的合同价格进行调整难度较大的情况下，以示范文本的约定制定合同，可以较好地规避工程建设项目的价格风险，并在适用过程中逐步形成并确认为解决该类问题的行业交易习惯，进而推动价格争议的解决。

《建设工程施工合同（示范文本）》（GF-2013-0201）通用合同条款10.4.1〔变更估价原则〕规定：除专用合同条款另有约定外，变更估价按照本款约定处理：（1）已标价工程量清单或预算书有相同项目的，按照相同项目单价认定；（2）已标价工程量清单或预算书中无相同项目，但有类似项目的，参照类似项目的单价认定；（3）变更导致实际完成的变更工程量与已标价工程量清单或预算书中列明的该项目工程量的变化幅度超过 15% 的，或已标价工程量清单或预算书中无相同项目及类似项目单价的，按照合理的成本与利润构成的原则，由合同当事人按照第 4.4 款〔商定或确定〕确定变更工作的单价。

通用合同条款 11.1〔市场价格波动引起的调整〕规定：除专用合同条款另有约定外，市场价格波动超过合同当事人约定的范围，合同价格应当调整。合同当事人可以在专用合同条款中约定选择以下一种方式对合同价格进行调整：（1）采用价格指数进行价格调整。（2）采用造价信息进行价格调整。合同履行期间，因人工、材料、工程设备和机械台班价格波动影响合同价格时，人工、机械使用费按照国家或省、自治区、直辖市建设行政管理部门、行业建设管理部门或其授权的工程造价管理机构发布的人工、机械使用费系数进行调整；需要进行价格调整的材料，其单价和采购数量应由发包人审批，发包人确认需调整的材料单价及数量，作为调整合同价格的依据。（3）专用合同条款约定的其他方式。

通用合同条款 11.2〔法律变化引起的调整〕规定：基准日期后，法律变化导致承包人在合同履行过程中所需要的费用发生除第 11.1 款〔市场价格波动引起的调整〕约定以外的增加时，由发包人承担由此增加的费用；减少时，应从合同价格中予以扣减。基准日期后，因法律变化造成工期延误时，工期应予以顺延。因法律变化引起的合同价格和工期调整，合同当事人无法达成一致的，由总监理工程师按第 4.4 款〔商定或确定〕的约定处理。因承包人原因造成工期延误，在工期延误期间出现法律变化的，由此增加的费用和（或）延误的工期由承包人承担。

从通用合同条款第 10.4.1（3）项规定看，可以有效防止和解决投标人不平衡报价的问题，当工程量增加 15% 以上时，增加部分的工程量的综合单价应予调低；当工程量减少 15% 以上时，减少后剩余部分的工程量的综合单价应予调高。

《建设工程施工合同（示范文本）》（GF-2013-0201）增加了 11.1〔市场价格波动引起的调整〕、11.2〔法律变化引起的调整〕，示范文本引导发承包双方在合同中约定合理分担市场价格波动及法律变化引起的风险，可以有效平衡发承包双方的权利义务关系。

关于市场价格波动引起的调整，规定了因人工、材料和设备等价格波动影响合同价格时，调整合同价格及具体调整方式（采用价格指数、造价信息或专用合同条款约定的其他方式调整价格差额）。市场价格波动超过合同当事人约定的范围，合同价格应当调整。合同价格是否应当调整，需要判断合同中约定的价格形式。法律并未对价格上涨或下跌超出多大幅度可认定为明显不公作出明确规定。因此对总价合同而言，施工合同中未约定市场价格的合理涨跌幅度，受到不利影响的一方当事人据此请求认定合同价格"显失公平"具有相当大的难度，需承担较重的举证责任。

对发包人而言，发包人应先确定合同价格的调整机制，分析中标签约价与合同价格的关系、拟建工程招标中最高投标限价的合理性、市场近期价格波动状况、工程技术难易程度等，进而确定是否采用价格调整机制，以及如果采用调整机制，选用何种调价方式、如何确定市场价格波动幅度、是否需要采用专用合同条款约定的其他方式等。对承包人而言，承包人在招标投标及合同订立阶段，应当谨慎地对待合同中关于价格调整条款的规定，并针对混淆与不清晰之处及时提出澄清请求。

关于法律的解释，应为中华人民共和国法律、行政法规、部门规章，以及工程所在地的地方性法规、自治条例、单行条例和地方政府规章等。合同当事人可以在专用合同条款中约定合同适用的其他规范性文件。在专用条款中没有其他特别约定的情形下，上述法律规范的变化将引起合同价款的变化、工期的顺延。

法律变化引起合同价格调整的条件：基准日期以后因法律变化导致承包人在合同履行过程中所需要的费用发生除第11.1款约定的市场价格波动引起价格调整情形以外的增加时，由发包人承担由此增加的费用；相应费用减少时，应从合同价格中予以扣减。因法律变化引起工期顺延而产生的费用由发包人承担，因承包人原因造成工期延误，在工期延误期间出现法律变化的，由此增加的费用和（或）延误的工期由承包人承担。因法律变化引起的费用增减如何计算，参照《建设工程工程量清单计价规范》（GB 50500—2013）第9.2.1条的规定，招标工程以投标截止日前28天、非招标工程以合同签订前28天为基准日，其后因国家的法律、法规、规章和政策发生变化引起工程造价增减变化的，发承包双方应按照省级或行业建设主管部门或其授权的工程造价管理机构据此发布的规定调整合同价款。

法律的变化还会对工期造成影响。因法律变化造成工期延误时，工期应予以顺延。因承包人原因造成工期延误，在工期延误期间出现法律变化的，由此增加的费用和（或）延误的工期由承包人承担。

1.3.3　工程移交证书制度

《建设工程施工合同（示范文本）》（GF-2013-0201）通用合同条款13.2.2〔竣工验收程序〕规定：除专用合同条款另有约定外，承包人申请竣工验收的，应当按照以下程序进行：承包人向监理人报送竣工验收申请报告，监理人应在收到竣工验收申请报告后14天内完成审查并报送发包人。监理人审查后认为已具备竣工验收条件的，应将竣工验收申请报告提交发包人，发包人应在收到经监理人审核的竣工验收申请报告后28天内审批完毕并组织监理人、承包人、设计人等相关单位完成竣工验收。竣工验收合格的，发包人应在验收合格后14天内向承包人签发工程接收证书。发包人无正当理由逾期不颁发工程接收证书的，自验收合格后第15天起视为已颁发工程接收证书。工程未经验收或验收不合格，发包人擅自使用的，应在转移占有工程后7天内向承包人颁发工程接收证书；发包人无正当理由逾期不颁发工程接收证书的，自转移占有后第15天起视为已颁发工程接收证书。

通用合同条款15.2〔缺陷责任期〕规定：除专用合同条款另有约定外，承包人应于缺陷责任期届满后7天内向发包人发出缺陷责任期届满通知，发包人应在收到缺陷责任期届满通知后14天内核实承包人是否履行缺陷修复义务，承包人未能履行缺陷修复义务的，发包人有权扣除相应金额的维修费用。发包人应在收到缺陷责任期届满通知后

14 天内，向承包人颁发缺陷责任期终止证书。

发包人发出"工程接收证书"表明承包人施工的工程已经形成不动产物权并且已经转移所有权，转移占有的同时风险责任也已经转移。

发包人发出"缺陷责任期届满证书"，表明承包人第一阶段即缺陷责任期的保修责任已经完成，扣留保证金的期限已经届满，发包人应返还扣留的保证金。这可以妥善解决建设工程完工报验、竣工验收、验收通过、工程交付等环节的矛盾，有利于避免施工合同纠纷案件中实际竣工难以确定、工程未经验收擅自使用、工程验收通过与竣工资料移交、工程接收时间等争议。

1.3.4 双倍赔偿制度

《建设工程施工合同（示范文本）》（GF-2013-0201）通用合同条款 14.2〔竣工结算审核〕规定：除专用合同条款另有约定外，监理人应在收到竣工结算申请单后 14 天内完成核查并报送发包人。发包人在收到承包人提交竣工结算申请书后 28 天内未完成审批且未提出异议的，视为发包人认可承包人提交的竣工结算申请单，并自发包人收到承包人提交的竣工结算申请单后第 29 天起视为已签发竣工付款证书。发包人应在签发竣工付款证书后的 14 天内完成对承包人的竣工付款。发包人逾期支付的，按照中国人民银行发布的同期同类贷款基准利率支付违约金；逾期支付超过 56 天的，按照中国人民银行发布的同期同类贷款基准利率的两倍支付违约金。

通用合同条款 14.4.2〔最终结清证书和支付〕规定：除专用合同条款另有约定外，发包人应在收到承包人提交的最终结清申请单后 14 天内完成审批并向承包人颁发最终结清证书。发包人逾期未完成审批，又未提出修改意见的，视为发包人同意承包人提交的最终结清申请单，且自发包人收到承包人提交的最终结清申请单后 15 天起视为已颁发最终结清证书。发包人应在颁发最终结清证书后 7 天内完成支付。发包人逾期支付的，按照中国人民银行发布的同期同类贷款基准利率支付违约金；逾期支付超过 56 天的，按照中国人民银行发布的同期同类贷款基准利率的两倍支付违约金。

鉴于建筑市场发包人违约支付工程款的普遍现象，《建设工程施工合同（示范文本）》（GF-2013-0201）对发包人应承担的法律后果作出违约双倍赔偿的明确规定，为解决拖欠工程款设定制度保证。通用合同条款 14.2〔竣工结算审核〕、14.4.2〔最终结清证书和支付〕均约定了逾期支付工程款、逾期支付质保金，超过 56 天的按照中国人民银行发布的同期同类贷款基准利率的两倍支付违约金。该双倍支付仅限于工程款和质保金。

发包人应在合同专用条款中明确约定，为了减少双方因此发生的争议及满足工程备案所需，承包人应在收到"缺陷责任期终止证书"后 7 天内将"最终结清申请单"提交发包人审核，以便主张质保金。

1.3.5　缺陷责任期制度

《建设工程施工合同（示范文本）》（GF-2017-0201）通用合同条款15.1〔工程保修的原则〕规定：在工程移交发包人后，因承包人原因产生的质量缺陷，承包人应承担质量缺陷责任和保修义务。缺陷责任期届满，承包人仍应按合同约定的工程各部位保修年限承担保修义务。

15.2〔缺陷责任期〕15.2.1规定：缺陷责任期自实际竣工日期起计算，合同当事人应在专用合同条款约定缺陷责任期的具体期限，但该期限最长不超过24个月。单位工程先于全部工程进行验收，经验收合格并交付使用的，该单位工程缺陷责任期自单位工程验收合格之日起算。因发包人原因导致工程无法按合同约定期限进行竣工验收的，缺陷责任期自承包人提交竣工验收申请报告之日起开始计算；发包人未经竣工验收擅自使用工程的，缺陷责任期自工程转移占有之日起开始计算。15.2.2规定：工程竣工验收合格后，因承包人原因导致的缺陷或损坏致使工程、单位工程或某项主要设备不能按原定目的使用的，发包人有权要求承包人延长缺陷责任期，并应在原缺陷责任期届满前发出延长通知，但缺陷责任期最长不能超过24个月。

《建设工程施工合同（示范文本）》（GF-1999-0201）只有质量保修的规定，并无质量缺陷责任的规定。《建设工程质量管理条例》《房屋建筑工程质量保修办法》仅就工程质量保修作出规定，未规定缺陷责任期，工程竣工后质量缺陷或质量问题的修复，均是通过工程质量保修予以解决的。

《建设工程施工合同（示范文本）》（GF-2013-0201）引入了"缺陷责任期"，其主要目的是解决工程质量保证金返还的问题。关于工程竣工后质量缺陷或质量问题的修复，同时存在"缺陷责任期"和保修期，两者之间存在重合与冲突。1.1.4.4规定："缺陷责任期是指承包人按照合同约定承担缺陷修复义务，且发包人预留质量保证金的期限，自工程实际竣工日期起计算。"1.1.4.5规定："保修期是指承包人按照合同约定对工程承担保修责任的期限，从工程竣工验收合格之日起计算。"1.1.5.7规定："质量保证金是指按照第15.3〔质量保证金〕约定承包人用于保证其在缺陷责任期内履行缺陷修补义务的担保。"

关于建筑工程的保修期，《房屋建筑工程质量保修办法》第八条规定："房屋建筑工程保修期从工程竣工验收合格之日起计算。"在正常使用情况下，房屋建筑工程的最低保修期限如下：地基基础工程和主体结构工程，为设计文件规定的该工程的合理使用年限；屋面防水工程、有防水要求的卫生间、房间和外墙面的防渗漏，为5年；供热与供冷系统，为2个采暖期、供冷期；电气管线、给排水管道、设备安装，为2年；装修工程，为2年。

缺陷责任期自工程实际竣工日起算。工程竣工验收合格后，因承包人原因导致的缺陷或损坏致使工程、单位工程或某项主要设备不能按原定目的使用，发包人有权要求承包人延长缺陷责任期，并应在原缺陷责任期届满前发出延长通知，但缺陷责任期最长不能超过24个月。

《建设工程施工合同（示范工程）》（GF-2017-0201）对缺陷责任的相关内容进行了重大调整。

1.3.6 工程系列保险制度

《建设工程施工合同（示范文本）》（GF-1999-0201）规定了工程保险，内容相对简单。《建设工程施工合同（示范文本）》（GF-2013-0201）增加了工伤保险，以及未按约定投保的补救措施。

通用合同条款18.2〔工伤保险〕18.2.1规定：发包人应依照法律规定参加工伤保险，并为在施工现场的全部员工办理工伤保险，缴纳工伤保险费，并要求监理人及由发包人为履行合同聘请的第三方依法参加工伤保险。

通用合同条款18.6〔未按约定投保的补救〕18.6.1规定：发包人未按合同约定办理保险，或未能使保险持续有效的，则承包人可代为办理，所需费用由发包人承担。发包人未按合同约定办理保险，导致未能得到足额赔偿的，由发包人负责补足。18.6.2规定：承包人未按合同约定办理保险，或未能使保险持续有效的，则发包人可代为办理，所需费用由承包人承担。承包人未按合同约定办理保险，导致未能得到足额赔偿的，由承包人负责补足。

新增的上述规定可以有效地促使发承包双方按照合同约定办理相关保险，强化发承包双方通过工程保险防范和化解工程风险的意识。

1.3.7 索赔期限制度

通用合同条款19.1〔承包人的索赔〕规定：根据合同约定，承包人认为有权得到追加付款和（或）延长工期的，应按以下程序向发包人提出索赔：（1）承包人应在知道或应当知道索赔事件发生后28天内，向监理人递交索赔意向通知书，并说明发生索赔事件的事由；承包人未在前述28天内发出索赔意向通知书的，丧失要求追加付款和（或）延长工期的权利。（2）承包人应在发出索赔意向通知书后28天内，向监理人正式递交索赔报告；索赔报告应详细说明索赔理由，以及要求追加的付款金额和（或）延长的工期，并附必要的记录和证明材料。（3）索赔事件具有持续影响的，承包人应按合理时间间隔继续递交延续索赔通知，说明持续影响的实际情况和记录，列出累计的追加付款金额和（或）工期延长天数。（4）在索赔事件影响结束后28天内，承包人应向监理人递交最终索赔报告，说明最终要求索赔的追加付款金额和（或）延长的工期，并附必要的记录和证明材料。

通用合同条款19.2〔对承包人索赔的处理〕，对承包人索赔的处理如下：（1）监理人应在收到索赔报告后14天内完成审查并报送发包人。监理人对索赔报告存在异议的，有权要求承包人提交全部原始记录副本。（2）发包人应在监理人收到索赔报告或有关索赔的进一步证明材料后的28天内，由监理人向承包人出具经发包人签认的索赔处理结果。发包人逾期答复的，则视为认可承包人的索赔要求。（3）承包人接受索赔处理结果的，索赔款项在当期进度款中进行支付；承包人不接受索赔处理结果的，按照第

20 条〔争议解决〕约定处理。

通用合同条款 19.3〔发包人的索赔〕规定：根据合同约定，发包人认为有权得到赔付金额和（或）延长缺陷责任期的，监理人应向承包人发出通知并附详细证明。

发包人应在知道或应当知道索赔事件发生后 28 天内通过监理人向承包人提出索赔意向通知书，发包人未在前述 28 天内发出索赔意向通知书的，丧失要求赔付金额和（或）延长缺陷责任期的权利。发包人应在发出索赔意向通知书后 28 天内，通过监理人向承包人正式递交索赔报告。

通用合同条款 19.4〔对发包人索赔的处理〕规定：对发包人索赔的处理如下：（1）承包人收到发包人提交的索赔报告后，应及时审查索赔报告的内容、查验发包人证明材料。（2）承包人应在收到索赔报告或有关索赔的进一步证明材料后 28 天内，将索赔处理结果答复发包人。如果承包人未在上述期限内作出答复的，则视为对发包人索赔要求的认可。（3）承包人接受索赔处理结果的，发包人可从应支付给承包人的合同价款中扣除赔付的金额或延长缺陷责任期；发包人不接受索赔处理结果的，按第 20 条〔争议解决〕约定处理。

通用合同条款 19.5〔提出索赔的期限〕规定：（1）承包人按第 14.2 款〔竣工结算审核〕约定接收竣工付款证书后，应被视为已无权再提出在工程接收证书颁发前所发生的任何索赔。（2）承包人按第 14.4 款〔最终结清〕提交的最终结清申请单中，只限于提出工程接收证书颁发后发生的索赔。提出索赔的期限自接受最终结清证书时终止。

《建设工程施工合同（示范文本）》（GF-1999-0201）规定了索赔程序，未规定索赔失权的法律后果，《建设工程施工合同（示范文本）》（GF-2013-0201）不仅规定了承包人逾期索赔的法律后果，还规定了发包人逾期索赔的法律后果。

索赔是施工合同履行过程中的常见现象。施工合同索赔事件的成因较为复杂，既有合同当事人的违约行为产生的索赔，也有不可归责于合同当事人的原因产生的索赔。不同的索赔事件，直接影响合同当事人主张赔偿内容的不同。发承包双方均应积极关注索赔条款是否限定一定的期限，即各方均应在合同约定的期限内提出索赔。

《最高人民法院关于审理建设工程施工合同纠纷案件适用法律问题的解释（一）》（法释〔2020〕25 号）第十条第二款规定："当事人约定承包人未在约定期限内提出工期顺延申请视为工期不顺延的，按照约定处理，但发包人在约定期限后同意工期顺延或者承包人提出合理抗辩的除外。"该规定亦表示法律对类似条款的效力予以认可，还赋予了索赔方提出合理抗辩的权利。

建设工程施工合同中的"逾期失权"指当事人在合同中约定，当事人没有在索赔事件发生后的一定时间内按照合同约定向对方提出索赔请求的，则丧失要求追加付款和延长工期的权利，但如果发包人在约定期限后同意工期顺延或者承包人提出合理抗辩的除外。逾期失权条款旨在督促权利人行使权利。在施工合同中约定逾期失权条款，可以督促权利人积极且及时地行使权利，从而更高效地实现建设工程施工合同的目的。合同约定逾期失权条款的第二个好处是有利于高效公正地解决索赔问题。由于建设工程周期比较长、涉及资料众多，如果是在建设工程约定的建设期满之后，权利人再提出索赔，索赔事件难以还原，证据难以获得，尤其是涉及一些隐蔽工程的质量问题纠纷时，更不利于双方通过协商解决索赔问题，进而只能通过仲裁、诉讼等方式解决，客观上增加了建设工程施工合同的费用和成本。逾期失权条款平衡了发承包双方的利益。通过约定明确的期限来限制索赔方滥用权利，使被索赔方的权益处于安定的状态。

承包人应在索赔事项发生后，依据合同约定及时依规提出索赔意向通知书、索赔报告、最终索赔报告，并保留好相关证据，以便成功索赔。否则，将承担逾期失权的不利后果。

1.3.8　争议评审解决制度

通用合同条款20.3〔争议评审〕规定，合同当事人在专用合同条款中约定采取争议评审方式解决争议以及评审规则，并按20.3.1、20.3.2、20.3.3的约定执行。

20.3.1〔争议评审小组的确定〕规定：合同当事人可以共同选择一名或三名争议评审员，组成争议评审小组。除专用合同条款另有约定外，合同当事人应当自合同签订后28天内，或者争议发生后14天内，选定争议评审员。选择一名争议评审员的，由合同当事人共同确定；选择三名争议评审员的，各自选定一名，第三名成员为首席争议评审员，由合同当事人共同确定或由合同当事人委托已选定的争议评审员共同确定，或由专用合同条款约定的评审机构指定第三名首席争议评审员。除专用合同条款另有约定外，评审员报酬由发包人和承包人各承担一半。

20.3.2〔争议评审小组的决定〕规定：合同当事人可在任何时间将与合同有关的任何争议共同提请争议评审小组进行评审。争议评审小组应秉持客观、公正原则，充分听取合同当事人的意见，依据相关法律、规范、标准、案例经验及商业惯例等，自收到争议评审申请报告后14天内作出书面决定，并说明理由。合同当事人可以在专用合同条款中对本项事项另行约定。

20.3.3〔争议评审小组决定的效力〕规定：争议评审小组作出的书面决定经合同当事人签字确认后，对双方具有约束力，双方应遵照执行。任何一方当事人不接受争议评审小组决定或不履行争议评审小组决定的，双方可选择采用其他争议解决方式。

《建设工程施工合同（示范文本）》（GF-1999-0201）规定的解决纠纷的方式为和解、调解、仲裁、诉讼。《建设工程施工合同（示范文本）》（GF-2013-0201）增加了争议评审。并就争议评审小组的确定、争议评审小组的决定、争议评审小组决定的效力进行了约定。争议评审为解决争议的方式之一，并未强制要求当事人采取争议评审解决机制，合同当事人享有自愿选择权，非前置的争议解决方式，当事人无须经过争议评审可直接通过仲裁或诉讼方式解决争议。FIDIC条款对争端裁决委员会的组成办法、裁决程序、所做决定的效力均作出了详细的规定，规定争端裁决委员会裁决为争端解决的前置程序。而争议评审解决制度在我国建设工程领域属于新生事物，处在逐步推广和完善的过程中。

1.4 《建设工程施工合同（示范文本）》（GF-2013-0201）修改背景

《建设工程施工合同（示范文本）》（GF-2013-0201）实施期间，国务院办公厅于2016年6月23日出台了《国务院办公厅关于清理规范工程建设领域保证金的通知》（国办发〔2016〕49号）。2017年6月20日，住房城乡建设部、财政部出台了《住房城乡建设部 财政部关于印发建设工程质量保证金管理办法的通知》（建质〔2017〕138号）。上述政策及规范的出台，使《建设工程施工合同（示范文本）》（GF-2013-0201）中对缺陷责任期及工程质量保证金的约定发生了冲突。

2016年6月23日，国务院办公厅出台了《国务院办公厅关于清理规范工程建设领域保证金的通知》（国办发〔2016〕49号），主要规定了：

（1）全面清理各类保证金。对建筑业企业在工程建设中需要缴纳的保证金，除依法依规设立的"投标保证金、履约保证金、工程质量保证金、农民工工资保证金"，其他保证金一律取消。（2）转变保证金缴纳方式。对保留的投标保证金、履约保证金、工程质量保证金、农民工工资保证金"推行银行保函制度，建筑企业可以银行保函方式缴纳。（3）按时返还保证金。对取消的保证金，要求各地抓紧制定具体可行的办法，于2016年前退还相关企业；对保留的保证金，要严格执行相关规定，确保按时返还。未按规定或合同约定返还保证金的，保证金收取方应向建筑企业支付逾期返还违约金。（4）严格工程质量保证金管理。工程质量保证金的预留比例上限不得高于工程价款结算总额的5％，在工程项目竣工前，已经缴纳履约保证金的，建设单位不得同时预留工程质量保证金。（5）实行农民工工资保证金差异化缴存办法。对一定时期内未发生工资拖欠的企业，实行减免措施；对发生工资拖欠的企业，适当提高缴存比例。（6）规范保证金管理制度。对保留的保证金，要抓紧修订相关法律法规，完善保证金管理制度和具体办法。对取消的保证金，要抓紧修订或废止与清理规范工作要求不一致的指导规定。在清理规范保证金的同时，要通过纳入信用体系等方式，逐步建立监督约束建筑业企业的新机制。（7）严禁新设保证金项目。未经国务院批准，各地区、各部门一律不得以任何形式在工程建设领域新设保证金项目。要全面推进工程建设领域新增设保证金项目信息公开制度，建立举报查处机制，定期公布查处结果，曝光违规收取保证金的典型案件。

工程质量保证金与保修期没有实质性关系。设定缺陷责任期的目的是解决工程质量保证金返还时间的问题。建设工程质量保证金不仅存在于发包人与承包人的承包合同中，也存在于专业分包合同、劳务合同等之中。

2017年6月20日，住房城乡建设部、财政部出台了《住房城乡建设部 财政部关于印发建设工程质量保证金管理办法的通知》（建质〔2017〕138号），主要内容如下：

第二条 本办法所称建设工程质量保证金（以下简称保证金）是指发包人与承包人在建设工程承包合同中约定，从应付的工程款中预留，用以保证承包人在缺陷责任期内对建设工程出现的缺陷进行维修的资金。

缺陷是指建设工程质量不符合工程建设强制性标准、设计文件，以及承包合同的约定。

缺陷责任期一般为1年，最长不超过2年，由发承包双方在合同中约定。

第五条 推行银行保函制度，承包人可以银行保函替代预留保证金。

第六条 在工程项目竣工前，已经缴纳履约保证金的，发包人不得同时预留工程质量保证金。

采用工程质量保证担保、工程质量保险等其他保证方式的，发包人不得再预留保证金。

第七条 发包人应按照合同约定方式预留保证金，保证金总预留比例不得高于工程价款结算总额的3%。合同约定由承包人以银行保函替代预留保证金的，保函金额不得高于工程价款结算总额的3%。

第八条 缺陷责任期从工程通过竣工验收之日起计。由于承包人原因导致工程无法按规定期限进行竣工验收的，缺陷责任期从实际通过竣工验收之日起计。由于发包人原因导致工程无法按规定期限进行竣工验收的，在承包人提交竣工验收报告90天后，工程自动进入缺陷责任期。

第九条 缺陷责任期内，由承包人原因造成的缺陷，承包人应负责维修，并承担鉴定及维修费用。如承包人不维修也不承担费用，发包人可按合同约定从保证金或银行保函中扣除，费用超出保证金额的，发包人可按合同约定向承包人进行索赔。承包人维修并承担相应费用后，不免除对工程的损失赔偿责任。

由他人原因造成的缺陷，发包人负责组织维修，承包人不承担费用，且发包人不得从保证金中扣除费用。

第十一条 发包人在接到承包人返还保证金申请后，应于14天内会同承包人按照合同约定的内容进行核实。如无异议，发包人应当按照约定将保证金返还给承包人。对返还期限没有约定或者约定不明确的，发包人应当在核实后14天内将保证金返还承包人，逾期未返还的，依法承担违约责任。发包人在接到承包人返还保证金申请后14天内不予答复，经催告后14天内仍不予答复，视同认可承包人的返还保证金申请。

基于《住房城乡建设部 财政部关于印发建设工程质量保证金管理办法的通知》（建质〔2017〕138号）的出台，设计缺陷责任期的开始时间、质保金的比例等发生变化，确需对《建设工程施工合同（示范文本）》（GF-2013-0201）进行修改。《建设工程施工合同（示范文本）》（GF-2017-0201）是在保持《建设工程施工合同（示范文本）》（GF-2013-0201）原有体例、合同要素、合同主要内容的基础上，结合《建设工程质量保证金管理办法》等政策文件规定，对缺陷责任期及工程质量保证金等进行的修改完善。2017年9月22日，住房城乡建设部、国家工商行政管理总局制定了《建设工程施工合同（示范文本）》（GF-2017-0201），自2017年10月1日正式执行。

1.5 《建设工程施工合同（示范文本）》（GF-2013-0201）与《建设工程施工合同（示范文本）》（GF-2017-0201）的对比

1.5.1 缺陷责任期的起算时间发生变化

《建设工程施工合同（示范文本）》（GF-2013-0201）规定的缺陷责任期和质量保修期起算点时间不同。15.2.1规定："缺陷责任期自实际竣工日期起计算。"缺陷责任期从承包人递交竣工验收报告之日算起。15.4.1规定："工程保修期从工程竣工验收合格之日起算。"

《建设工程施工合同（示范文本）》（GF-2017-0201）将缺陷责任期和质量保修期起算点保持一致。15.2.1规定："缺陷责任期从工程通过竣工验收之日起计算。"15.4.1规定："工程保修期从工程竣工验收合格之日起算。"

但是《建设工程施工合同（示范文本）》（GF-2017-0201）在通用合同条款1.1.4.4中规定"缺陷责任期是指承包人按照合同约定承担缺陷修复义务，且发包人预留质量保证金（已缴纳履约保证金的除外）的期限，自工程实际竣工日期起计算"，仍沿用《建设工程施工合同（示范文本）》（GF-2013-0201）通用合同条款1.1.4.4中"缺陷责任期是指承包人按照合同约定承担缺陷修复义务，且发包人预留质量保证金的期限，自工程实际竣工日期起计算"，未将缺陷责任期的起始时间修改为"从工程通过竣工验收之日起计算"是一个遗憾。承包人在使用《建设工程施工合同（示范文本）》（GF-2017-0201）时应在专用合同条款15.2〔缺陷责任期〕予以明确。

1.5.2 因发包人原因无法按期验收的情况下，缺陷责任期起算点时间变化

《建设工程施工合同（示范文本）》（GF-2013-0201）15.2.1规定："因发包人原因导致工程无法按合同约定期限进行竣工验收的，缺陷责任期自承包人提交竣工验收申请报告之日起开始计算。"

《建设工程施工合同（示范文本）》（GF-2017-0201）15.2.1规定："因发包人原因导致工程无法按合同约定期限进行竣工验收的，在承包人提交竣工验收报告90天后，工程自动进入缺陷责任期。"

关于提交竣工验收报告的时间，承包人应承担举证责任，注意保留提交竣工验收报告的证据。

1.5.3 完善了缺陷责任期内承包人承担的缺陷责任内容

《建设工程施工合同（示范文本）》（GF-2017-0201）15.2.2规定："缺陷责任期内，由承包人原因造成的缺陷，承包人应负责维修，并承担鉴定及维修费用。如承包人不维修也不承担费用，发包人可按合同约定从保证金或银行保函中扣除，费用超出保证金额的，发包人可按合同约定向承包人进行索赔。承包人维修并承担相应费用后，不免

除对工程的损失赔偿责任。"（新增内容）

1.5.4　明确了因他人原因造成的缺陷，发包人负有维修义务

《建设工程施工合同（示范文本）》（GF-2017-0201）15.2.2明确规定："由他人原因造成的缺陷，发包人负责组织维修，承包人不承担费用，且发包人不得从保证金中扣除。"（新增内容）

1.5.5　明确了缺陷责任期的时长

《建设工程施工合同（示范文本）》（GF-2017-0201）15.2.2规定："发包人有权要求承包人延长缺陷责任期，并应在原缺陷责任期届满前发出延长通知，但缺陷责任期最长不能超过24个月。"

《建设工程施工合同（示范文本）》（GF-2017-0201）15.2.2明确了"缺陷责任期（含延长部分）最长不能超过24个月"。

1.5.6　预留质保金的比例从5%调整到3%

《建设工程施工合同（示范文本）》（GF-2013-0201）15.3.2规定"发包人累计扣留的质量保证金不得超过结算合同价格的5%。"

《建设工程施工合同（示范文本）》（GF-2017-0201）15.3.2规定质保金的扣留，"发包人累计扣留的质量保证金不得超过工程价款结算总额的3%"。

1.5.7　明确了发包人退还质保金的利息约定

《建设工程施工合同（示范文本）》（GF-2017-0201）15.3.2规定质保金的扣留，"发包人在退还质量保证金的同时按照中国人民银行发布的同期同类贷款基准利率支付利息"。

《全国法院民商事审判工作会议纪要》（简称"九民会议纪要"）明确了自2019年8月20日起取消中国人民银行贷款基准利率这一标准，由贷款市场报价利率（LPR）取代。

1.5.8　增加了退还承包人质保金的程序约定

承包人应按照保证金返还的申请程序主张权利。

《建设工程施工合同（示范文本）》（GF-2017-0201）15.3.3规定质量保证金的退还，"缺陷责任期内，承包人认真履行合同约定的责任，到期后，承包人可向发包人申请返还保证金。发包人在接到承包人返还保证金的申请后，应于14天内会同承包人按照合同约定的内容进行核实。如无异议，发包人应当按照约定将保证金返还给承包人。对返还期限没有约定或者约定不明确的，发包人应当在核实后14天内将保证金返还承包人，逾期未返还的，依法承担违约责任。发包人在接到承包人返还保证金申请后14天内不予答复，经催告后14天内仍不予答复，视同认可承包人的返还保证金申请"。

此外，《建设工程施工合同（示范文本）》（GF-2017-0201）对提供质量保证金的方式、质量保证金的扣留方面的规定存在矛盾。通用合同条款 15.3〔质量保证金〕15.3.1〔承包人提供质量保证金的方式〕默认的质量保证金原则上采用质量保证金保函方式。15.3.2〔质量保证金的扣留〕，默认质量保证金的扣留方式为"在支付工程进度款时逐次扣留"。应在专用合同条款 15.3〔质量保证金〕予以明确。

1.6 《建设工程施工合同（示范文本）》（GF-2017-0201）的亮点

1.6.1 合同条款设定的合理性和全面性

鉴于工程建设项目施工的复杂性，合同履行期限较长，示范文本按照国内建设工程的法律规范和建设工程施工管理基本模式，参考国际工程合同的惯例，对发包人和承包人的义务进行全面、合理的划分。

尤其是在合同价格形式、工程质量、变更、计量支付、违约责任等方面进行完整的归纳，更便于合同的顺利履行。

1.6.2 按可预见性原则合理分配合同风险

实践中，发包人常利用其优势地位将合同风险转移至承包人身上，导致合同风险的分配不合理，双方发生争议，进而影响工程的竣工。

示范文本对合同风险的分配遵循国际惯例"可预见性"，即一个有经验的承包人在订立合同时可以预见的风险为承包人的风险，其在订立合同时不能预见的风险为发包人的风险。例如：

对施工现场条件等可以通过现场踏勘等可以预见的风险由承包人承担；对 7.6〔不利物质条件〕、7.7〔异常恶劣的气候条件〕由发包人承担。不利物质条件是指有经验的承包人在施工现场遇到的不可预见的自然物质条件、非自然的物质障碍和污染物，包括地表以下物质条件和水文条件，以及专用合同条款约定的其他情形，但不包括气候条件，如地下文物。

对 11.1〔市场价格波动引起的调整〕市场价格波动等，承包人可以在一定范围内预见的风险由发包人和承包人合理承担。

1.6.3 采用闭口条款和开口条款相结合的模式，确保合同文件具有更好的适应性

为保证合同管理理念的贯彻和执行，对不需要结合具体项目情况进行修改的条款纳入固定条款，即通常表述为闭口条款。对可能需要结合具体项目进行修改的条款纳入可调条款，即通常表述为开口条款，以便于当事人根据项目具体情况在专用合同条款中予以修改。通用合同条款有 73 处开口条款。

开口条款在通用合同条款中表现为"除专用合同条款另有约定外，……"，如 14.1

〔竣工结算申请〕除专用合同条款另有约定外，承包人应在工程竣工验收合格后 28 天内向发包人和监理人提交竣工结算申请单，并提交完整的结算资料，有关竣工结算申请单的资料清单和份数等要求由合同当事人在专用合同条款中约定。

通用合同条款采用闭口条款和开口条款相结合的模式，确保合同文件具有更好的适应性。发包人与承包人应根据工程建设的具体情况，妥善利用好开口条款，在专用合同条款中予以明确约定。

1.6.4　大量适用默示规则

默示规则就是指一方当事人向另一方当事人主张民事权利，对方在收到该主张后，在双方约定的期限内既没书面确认也没提出任何异议，即视为认可对方主张。默示规则的目的是提高管理效率，避免出现因一方当事人怠于履行合同义务而导致工程无法按计划实施的情况。

通用合同条款中适用于发包人的默示规则有 14 处；适用于监理人的默示规则有 7 处；适用于承包人的默示规则有 8 处。

1.7　《建设工程施工合同（示范文本）》（GF-2017-0201）概述

《建设工程施工合同（示范文本）》（GF-2017-0201）分为三个部分，即合同协议书、通用合同条款、专用合同条款。

1. 合同协议书

合同协议书共计 13 条，主要包括工程概况（工程名称、地点、立项批准文号、资金来源、工程内容、承包范围）、合同工期（计划开工日期、计划竣工日期、工期总日历天数）、质量标准、签约合同价与合同价格形式（签约合同价含安全文明施工费、材料和设备的暂估价，以及专业工程的暂估价、暂列金额）、项目经理、合同文件构成（中标通知书、投标函及其附录、专用合同条款及其附件、通用合同条款、技术标准和要求、图纸、已标价工程量清单或预算书、其他合同文件）、承诺及合同生效条件等重要内容。

合同协议书的内容，集中约定与工程实施相关的主要内容，使合同当事人在签订合同时明确其核心的权利义务。

合同协议书的主要作用：一是合同的纲领性文件，基本涵盖合同的基本条款；二是合同生效的形式要件反映；三是确定合同的实质性内容。

2. 通用合同条款

通用合同条款是合同当事人根据《中华人民共和国建筑法》等法律法规的规定，就工程建设的实施及相关事项，对合同当事人的权利义务及责任作出的具体约定，反映了行政监督管理机构在建设工程活动中的价值选择。

通用合同条款共计 20 条，具体条款分别为：一般约定（包括词语的定义、语言、法律、合同文件的优先顺序，以及图纸的提供、图纸的修改和补充、工程量清单错误的修正等）；发包人；承包人；监理人（未来发展为全过程咨询管理人）；工程质量；安全文明施工与环境保护；工期和进度；材料与设备；试验与检验；变更；价格调整；合同价格、计量与支付；验收和工程试车；竣工结算；缺陷责任与保修；违约；不可抗力；保险；索赔；争议解决。

前述条款的安排既考虑了现行法律法规对工程建设的有关要求，也考虑了建设工程施工管理的特殊需要。有41处条款涉及签证和索赔，应充分掌握，便于合同管理及纠纷的处理。

通用合同条款是合同当事人根据法律法规的规定，就工程建设的实施及相关事项，对其权利义务作出的原则性约定。通用合同条款详细规定了合同中需要管理的要素，当事人根据各项目情况需要调整的，按照相应的具体情况在专用合同条款中进行补充和细化。通用合同条款体现了建设主管部门就建设工程领域的各方利益的平衡及导向。其目的在于：便于反复使用，避免了重复的合同起草过程；提示合同签订人应关注的合同事项，避免在合同签订时遗漏重大事项；便于在合同履行过程中查阅。

3. 专用合同条款

专用合同条款是对通用合同条款原则性约定的细化、完善、补充、修改或另行约定的条款。合同当事人可以根据不同工程建设的特点及具体情况，通过双方的谈判、协商对相应的专用合同条款进行修改补充。

原则上，对专用合同条款的使用应当尊重通用合同条款的原则要求和权利义务的基本安排；否则，会从基本面上背离该合同的原则和理念，出现权利义务不平衡现象，与制定示范文本的初衷不符。

在使用专用合同条款时，应注意以下事项：

（1）专用合同条款的编号应与相应的通用合同条款的编号一致。

（2）合同当事人可以通过对专用合同条款的修改，满足具体工程建设的特殊要求，避免直接修改通用合同条款。

（3）在专用合同条款中有横线的地方，合同当事人可针对相应的通用合同条款进行细化、完善、补充、修改或另行约定；如无细化、完善、补充、修改或另行约定，则填写"无"或划"/"。

2 建设工程施工合同纠纷裁判突出问题及防控概述

根据最新的民事案件案由规定，建设工程合同纠纷共计 9 个案由，建设工程施工合同纠纷为其中 115 类纠纷的第 3 项，与此相关的是第 4 项建设工程价款优先受偿权纠纷、第 5 项建设工程分包合同纠纷、第 7 项装饰装修合同纠纷、第 9 项农村建房施工合同纠纷，均可以通俗理解为建设施工合同纠纷的范畴，本书对相关的纠纷也列入其中。

按照民事案件案由确定本书的结构体系无法满足内容的分类要求，因为建设工程施工合同纠纷涉及的问题相互交叉，很难有极为科学的分配方法，所以根据经验并参考同类书籍的编辑内容，对建设工程施工合同纠纷共划分成 13 个类别，分别描述每一个类别中主要纠纷的概括内容，对这类纠纷是否可以通过签订时约定相应的规则进行风险预防？是否可以通过履约管理进行风险控制？对纯属于法律规定的解读和适用的问题在本书中不予阐释。

2.1 合同效力

因合同效力产生的纠纷包括资质问题产生的合同效力问题、违反招标投标法律规定的合同效力问题、发包人内部决策效力问题三个大的方面，其中因招标投标法律引发的效力问题纠纷最多，占到无效纠纷的 64%，包括是否属于强制招标投标引发的争议、两份以上合同的效力争议。合同效力的纠纷属于在交易行为中大部分当事人知道的范围，但由于利益需求或者客观条件不允许，所以该类情形一般不是通过合同的签订和履行管理能够预防的，但可能有的当事人或者刚入门的人员不知道该情况，所以通过签订合同提示以告知当事人的方式解决。

2.2 争议主体

诉讼纠纷发生时当事人对主体发生争议，其中一类是因分公司、特殊授权办公室等主体的确定问题产生的争议，第二类是非合同当事人的发包人、业主、分包人、实际施工人、投资者、发包人股东、主体不明确等情况下工程款的权利人和义务人如何确定的争议，第三类是权利人如何证明自己享有诉权的举证责任和举证标准的纠纷。这三类问题中第一类属于法律的适用问题，第二类属于事实认定和法律施工的一体性问题，第三类属于对事实的认定问题。

对第一类主体而言，为了防止纠纷的发生，将提示当事人尽可能回避这类特殊主体，无法回避时直接明确其责任主体，对明确责任主体可能产生争议的可以采用担保等方式解决。对第二类主体而言，其本身属于非合同当事人，不属于合同约定能够解决的范畴，但可以通过履约管理来解决部分或者大部分纠纷。第三类问题属于事实认定问题，需要通过合同签订时的约定解决举证难的问题，最主要的是通过履约管理解决证据的搜集问题。

2.3　工程质量

2.3.1　工程质量的认定

工程质量是否合格的纠纷，既包括未进行验收时法律适用的认定标准，也包括工程质量的举证标准问题，还包括工程质量的诉讼实务问题，其中工程质量的举证问题将作为签订和履约管理的内容来解决。

2.3.2　维修费的支付

维修费的支付最主要的问题是作为承包人应当履行的保修义务，实施维修行为和支付维修费用由谁来确定，承包人能否直接向发包人主张维修费用，对需要由承包人承担维修费时其费用如何确定。这类纠纷的处理原则上可以通过约定来解决。

2.4　工程变更

工程变更包括工程实施时是否发生了工程量的变更和合同主体的变更事实，以及发生变更是否符合发包人的意愿，还有变更导致工程价款的变更情况。这类争议除了当事人之间的纠纷外，还涉及因为监理等第三方的行为产生的结果认定纠纷。该类纠纷可以通过约定和履约管理来解决。

2.5　竣工结算

2.5.1　结算协议的效力

建设工程施工合同的争议本质上是债权债务的纠纷，所以工程款的竣工结算是当事人纠纷的核心，结算协议的效力成为确定价款的基础载体。其中包括形式瑕疵的效力争议、未完成最终结算的结算效力争议、以结果错误否认结算协议效力的纠纷、行为人代理权争议引发的结算协议效力纠纷、结算协议的效力范围争议、多份结算的效力争议、审计相关结算协议的效力问题等。

结算协议的效力纠纷主要通过指导当事人及时进行结算，并完善结算协议的形式和实质要件来实现，但对行为人代理权、以送审价结算、结算协议的确认标准等能够通过约定来预设规则的方式解决可能发生的争议。当然作为重点还是以履约管理来解决，本书将通过提示结算协议应具备的内容和条件，并通过具有可行性的方式尽可能地实现有效结算协议的形成。

2.5.2　因工程计量引发的纠纷

对按工程计量方式确定工程价款的工程，主要是固定总价合同之外的单价合同。适用定额的合同和其他合同，工程量属于计价的基础，工程量的确定引发的纠纷主要有对完工工程量的证据效力纠纷，未经现场勘察工程量的纠纷，中途进场或退场涉及第三方参与的工程量纠纷，鉴定、审计等涉及第三方确定的工程量的认定纠纷等。

工程量纠纷的核心问题是对已完成工程的证据获取方面的问题，所以更多的是通过履约管理来实现证据的搜集，但可以通过对举证责任的分配来保护作为弱势一方的施工企业的权利。

2.5.3　工程款的确定

建设工程施工合同纠纷作为商业纠纷，本质就是价款的纠纷，所以工程款的确定纠纷为第一大纠纷，包括的内容可以超过其他任何一类纠纷，其中包括价格约定不明、第三方确定的工程价款效力、工程款抵销、工程款范围、未完工工程价款确定、无效合同的工程价款、计价标准、工程价款证据效力、质量问题对工程款的影响、工程变更、索赔款项等原因引发的争议。

工程款的数额纠纷既包括约定不明引发的争议，也包括合同发生变更后或合同履行中因未能及时搜集证据或争议未能及时解决，为纠纷的产生埋下隐患，所以需要通过签订合同来约定双方的权利义务，尽可能防止纠纷的发生，并对可能引发的纠纷通过举证责任分配、责任承担和损失计算等方式来解决。还有一种方式是履约管理，及时搜集能够确定价款、损失的事实证据、责任证据和数额证据来预防纠纷发生，对必须发生的诉讼也可以通过减少鉴定，使当事人尽快解决纠纷，实现现金的流入。

2.6　工程款的支付

确定工程款后是否应当支付仍然可能发生纠纷，既包括合同履行中的罚款、代付款、以物抵债、税款等是否应当在应付款中扣除引发的纠纷，也包括工程款涉及第三方参与情况下引起的收付效力纠纷。如收付是否发生、第三人代收、第三人代发、收付款与工程款的关联性、收付款的证据认定、收付代理人权限等。

该类纠纷主要通过履约管理的证据搜集解决，但在合同签订阶段可以限定代理人范围及代理人权限范围，款项支付的证据标准、代偿、代付的性质和法律后果等，从合同角度预防分歧的发生。

2.7　工程款的支付时间

本书的工程款指发包人应当向承包人支付的所有工程款，如质保金、进度款、预付款等。款项的支付时间是债权人实现债权的基本要素，也是不可获取的重点及工程款的现金价值衡量的标准。对债务人来说，迟延付款就会减少其财务费用的支付，从而变相增加其利润，所以债务人会迟延支付工程款，因此工程款的支付时间成为双方的纠纷重点之一，原因包括约定的付款期限不明、付款先决条件尚未完备，而发票、工程未完工、工程质量、合同无效、竣工资料、工程交付、保修义务、举证责任、证据效力、违约等是否能够作为支付工程款的现金条件，实际中存在较大的争议。

工程款的支付时间主要通过约定来解决，包括对工程款的支付时间、付款先决条件等进行约定，对在合同签订时无法预料到的事项及无法协商解决的具体事项，则需要在实践中通过具体履约管理来解决。

2.8　违约责任

违约责任的纠纷主要包括行为是否构成违约的认定、是否存在违约事实的证据效力、违约的证据证明标准、违约金的约定方法和效力、违约解除的效力认定、违约损失的数额确定、利息损失的起算时间和计算标准、通用条款的效力范围等。这类纠纷需要从合同签订和履约管理两个方面解决，其中合同签订不但要约定应当履行的合同义务，还需要说明损失的计算方式，违约金的计算标准、损失的范围和确定的方法等。对容易引发损失的情况，应当确认损失的确定依据和背景，便于在后期缺乏证据证明具体损失数额的情况下，也能得到裁判部门对其损失的计算方式或违约金的主张。

违约责任的纠纷还包括工期超过约定期限产生的违约纠纷，作为工程发包人，为了实现一定的商业目的，在工程发包时势必会约定一定的期限作为工程的工期，要求承包人必须在约定的工期内完成工程，实际结果超过约定工期就会面临责任追究的问题。其中包括工期延期是否属于违约所致、工期超期的责任主体的认定、造成工期违约的证据证明标准、工期超期的具体期限的确定、工期违约的损失认定等问题。

合同当事人对工期的期限虽然有约定，但是因为各种原因导致的工期延期如何认定责任主体、如何分配举证责任、按什么标准确定损失、索赔程序和权利丧失如何明确等，均需要在合同签订阶段进行约定，对工期延期的索赔证据的获取则需要通过履约管理来实现。

因为工程质量不符合约定形成的违约是工程承包人面临的另一个违约纠纷，形成质量违约的纠纷包括工程质量是否合格的认定纠纷，还包括质量不合格责任主体的确定、质量违约的责任承担方式、质量违约导致的损失确定、质量违约责任的承担程序要求等，当事人在合同中往往会对质量标准进行约定，但对质量违约的损失、举证责任、责任主体、程序要求往往缺乏约定，以致造成纠纷，所以需要通过合同签订来完善权利义务范围和流程等，防止出现纠纷。

2.9　合同解除

合同具有约定和法定的解除权，建设工程施工合同在实际履行中会发生诸如发包人迟延支付工程款或不能按期提供施工条件等情形，影响工程的进展。承包人工期延误、质量违约、拒绝复工等情形也会引发合同解除。但合同解除的法律规定相对较为笼统，发生的事实是否足以满足法律规定的解除权，往往双方自说自话，互不认可。对这一类纠纷，应当在签订合同时细化解除权的条件、标准、举证责任和认定方法等，在履行中搜集证据以便与合同解除的约定内容逐一对照，再通过督促履行等方式穷尽手段后解除合同。

2.10　优先权

建设工程价款的优先权是保护承包人实现工程款债权的措施之一，这里的纠纷包括优先权的权利范围、优先权的权利主体、优先权的对象范围、施工合同效力对优先权的影响、优先权的行使期限、优先权与其他权利的关系等。其中优先权本身属于一种法定权利，不但关系到承包人和发包人之间的权利，还包括债权人及其他第三方的权利，所以优先权的约定需要受法律对第三人权利保护的限制，这时进行优先权的约定限制第三方权利的则可能被认定无效，而优先权的行使如果不涉及第三人的利益，完全可以通过债权执行的一般途径实现，所以在优先权部分签订和履约管理的实施空间极为有限。

2.11　工程鉴定

本书的目的是通过合同的签订和履约管理防止双方发生纠纷，即使发生纠纷也能够及时根据约定的规则和履约管理获取得证据，从而降低纠纷的程度。鉴定属于裁判观点的知识和技能问题，不属于签约和履约管理能够解决的问题，所以本书不涉及。

2.12　发票税款、竣工资料、合同解释、工程交付

这部分内容包括竣工验收、工程资料的从属义务、支付税款、交付发票等，可以通过合同约定来确定履行义务的时间和条件，特别是可以将承包人应当履行的该类义务与享有的工程款权利作为制约条件进行约定，以保证权利的实现和权利义务的统一。

2.13　诉讼管辖、时效、抗诉、新证据、既判力及其他程序问题

诉讼管辖、时效、抗诉、新证据、既判力及其他程序问题，均属于诉讼的实践性问题，无法通过合同签订的条款和履约管理实现，本书不涉及。

3 建设工程施工合同纠纷案件裁判要旨

3.1 合同效力

3.1.1 应招标投标项目未经招标投标的施工合同效力如何认定

法院认为：关于《建设工程施工合同》及《建设工程设备代理采购合同》的效力。本案中承包人未取得承包资质且案涉工程属于法定必须进行招标投标的项目，承包人与发包人未经招标投标而签订的《建设工程施工合同》《建设工程设备代理采购合同》及新增合同违反了法律的强制性规定，应认定无效。

19-高院-025（2019）晋民终 153 号

3.1.2 根据合同签订时应当招标的项目在 2018 年后审理时不属于必须招标项目，如何确定合同效力

法院认为：《建设工程施工合同》及《补充协议》签订于 2013 年，涉案工程不属于《中华人民共和国招标投标法》第三条的规定和发展改革委 2018 年制定的《必须招标的基础设施和公用事业项目范围规定》第二条"必须招标的具体范围"，且《建设工程施工合同》《补充协议》是双方真实意思的表示，未违反法律、行政法规的强制性规定，为有效合同。发包人主张合同无效的依据不足，不予采纳。

19-高院-001（2019）晋民终 730 号

3.1.3 水泥生产线技术改造项目是否存在未取得规划许可证而无效

法院认为：发包人主张案涉工程为水泥生产线技术改造项目，不属于《中华人民共和国建筑法》第二条规定的建筑活动，不能用房屋建筑及房地产开发所需的"五证"衡量施工合同效力。经审理查明发包人就涉案工程向规划、国土、环保等部门递交过审批手续，至案件审理期间发包人仍未取得建设用地规划许可证、建设工程规划许可证、土地使用证等，而承包人于原一审庭审时提出本案施工合同及补充协议无效，故对本案合同效力应认定为无效。

19-高院-007（2018）晋民初 519 号

3.1.4　自然人借用施工企业资质签订的施工合同是否有效

法院认为：自然人借用施工企业资质与发包人签订的《街巷硬化合同书》及《工程补助合同》违反了法律禁止性规定，属于无效合同。

19-高院-009（2019）晋民再 259 号

3.1.5　必须招标项目涉及两份合同，如何确定合同效力和结算依据

法院认为：发包人和承包人签订了编号为 SX20140715 的《建设工程施工合同》和编号为 SX20150605 的《建设工程施工合同》及《建设工程施工合同协议》，对三份合同的真实性双方无异议，对案涉工程项目属于依法必须经过公开招标投标程序的工程项目也均无异议。但是双方签订的编号为 SX20140715 的《建设工程施工合同》，未经公开招标投标程序，该合同应认定为无效合同。《建设工程施工合同协议》的目的在于规避工程项目必须进行招标投标和确认未经招标投标所签合同的效力，依法也属于无效合同。原审判决在本案中认定经过中标备案的编号为 SX20150605 的《建设工程施工合同》合法有效，符合法律规定，依法应作为涉案工程结算的依据。

19-高院-022（2019）晋民终 176 号

3.1.6　原必须招标项目未经招标签订施工合同，审理时项目不属于必须招标项目的合同效力如何认定

法院认为：发包人与承包人双方签订的建设工程施工合同、施工协议均系双方当事人的真实意思表示，内容不违反法律、行政法规的强制性规定，属有效合同，合同的效力不受修改的相关规定约束。发包人认为案涉建设工程施工合同因违反招标投标法的有关规定应认定为无效，承包人认为相关规定修改后，案涉工程已不属于必须招标投标的工程项目范围，本院对承包人的抗辩理由予以采信。

19-高院-023（2019）晋民终 113 号

3.1.7　将建设工程劳务分包给自然人的合同是否有效

《建筑业企业资质管理规定》属于部门规章中的管理性规定，并非导致合同无效的强制性法律规定。《最高人民法院关于审理建设工程施工合同纠纷案件适用法律问题的解释》（已废止）第一条规定的承包人主要指建筑施工企业。涉案《劳务分包合同》约定由自然人负责提供的是人工劳务，因此对《劳务分包合同》无效的主张不能成立。（合同效力）

19-高院-036（2019）晋民申 1503 号

3.1.8　合同签订在中标通知书落款时间之前，能否作为认定串标的依据

法院认为：再审申请人并未提供证据证明案涉合同签订时间在前招标在后，仅凭中标通知书的落款时间无法得出存在串标情形的结论。

19-高院-068（2019）晋民申 1595 号

3.1.9 农民专业合作社未经大会讨论且未能确定需要资质的建设工程，合同效力如何确定

法院认为：关于案涉建设工程合同是否有效的问题。案涉工程为温室大棚，我国目前尚无建设温室大棚的相关资质规定，发包人也不能提供相关资质要求；而对其所称案涉工程存在违法分包和非法转包问题，发包人未能提供相应证据。

《中华人民共和国农民专业合作社法》第二十九条规定，农民专业合作社成员大会由全体成员组成，是本社的权力机构，其行使职权的第（三）项为：决定重大财产处置、对外投资、对外担保和生产经营活动中的其他重大事项。案涉合同中，发包人合作社的签约代表为邱某，系当时合作社的实际控制人。合作社未能提供证据证明案涉温室大棚未经社员大会讨论通过或者社员大会不同意建设案涉温室大棚，而且也不否认邱某的签约代表权。因此不能认定案涉合同无效。

19-高院-069（2019）晋民申 1616 号

3.1.10 招标工程的补充协议的效力如何认定

法院认为：因发包人未提供证据证明该补充协议违反了招标文件或中标人的投标文件的有关实质性内容，故对发包人的辩解补充协议无效的意见不能成立。

19-中院-01（2019）晋 04 民初 73 号

3.1.11 调整中标合同价格的协议是否有效

承包人与发包人在双方签订的《协议书》履行过程中，经过招标投标签订《建设工程施工合同》，承包人与发包人及另一被告签订《关于调整工程施工协议书"包干价"的补充协议》。以上两份协议及合同均系当事人的真实意思表示，合法有效，双方当事人均应严格全面履行。

19-中院-13（2018）晋 01 民初 250 号

3.1.12 发包人主张挂靠事实承担的举证责任范围

法院认为：关于发包人主张因合同的实际施工人齐某借用承包人资质，合同应认定无效问题，发包人在诉讼过程中仅提供工程公章备案中齐某作为投资人签名的证据及部分结算款直接与齐某结算的证据，无法从客观上证明齐某借用承包人资质事实的存在，此抗辩主张本院不予采纳。

20-中院-3（2020）晋 09 民初 2 号

3.1.13 开工后补充招标投标签订的施工合同是否有效

法院认为：承包人与发包人签订的建设工程施工合同因未进行招标投标为无效合同。承包人开工后双方通过招标投标签订的备案建设工程施工合同，招标投标程序虽有

瑕疵但不影响其合同效力，依法应为有效合同。

20-中院-4（2019）晋 08 民初 144 号

3.1.14 发承包双方为自然人的《工程施工合同》的效力如何

法院认为：双方当事人签订的《工程施工合同》，因双方当事人均为自然人，不具备相应的施工资质，依法认定为合同无效，但工程已经完工，视为验收合格。根据《最高人民法院关于审理建设工程施工合同纠纷案件适用法律问题的解释》（已废止）第二条规定，承包人参照合同约定请求支付剩余工程款，符合法律规定，本院予以支持。

19-中院-02（2019）晋 06 民初 42 号

3.2 争议主体

3.2.1 发包人的分公司应否承担民事责任

法院认为：发包人在与承包人签订一系列施工合同、框架协议、补充协议后成立分公司，由分公司具体履行上述合同。承包人主张分公司承担民事责任，根据《中华人民共和国公司法》第十四条的规定，分公司不具有法人资格，其民事责任由公司承担。原审判决本案民事责任由发包人承担符合法律规定，且发包人认可，故该上诉请求不予支持。

19-高院-002（2019）晋民终 631 号

3.2.2 市人民政府作为业主应否对开发公司发包的工程承担付款责任

法院认为：业主公司与市政府签订《投资协议》获取娱乐城项目后，为履行投资义务，将涉案工程交由发包人承建，发包人又与承包人签订涉案《绿化及景观施工》合同，承包人认为涉案工程属于公共事业工程，土地性质属于公共设施用地，以工程已经交付给政府，政府并使用为由要求政府承担付款责任；但市政府并没有委托业主公司或发包人代建，也没有对包括涉案工程在内的公共设施项目进行政府财政投资，涉案工程是业主公司开发建设娱乐城项目附条件的义务性工程，承包人应依据与发包人签订的合同主张工程款，市政府不承担责任。

19-高院-008（2019）晋民终 557 号

3.2.3 发包人自认对承包人欠付工程款，是否必然产生对实际施工人的付款义务

法院认为：实际施工人作为再审申请人，虽然主张发包人在二审开庭时自认还欠承包人工程款未付，且还有大量的新增工程变更正在审批中，依法应在欠付工程价款范围内对实际施工人承担责任。但发包人、承包人在再审中提供新证据证明已经履行了工程款，包括质保金的支付义务，故依法不应承担本案欠付工程款的责任。再审申请人袁海

龙的该项请求无事实和法律依据，本院不予支持。

19-高院-013（2019）晋民再218号

3.2.4 分包人主张发包人承担连带责任应否支持

法院认为：根据合同相对性原理，发包人与劳务分包人没有直接的权利义务关系，本案中分包人也不属于《最高人民法院关于审理建设工程施工合同纠纷案件适用法律问题的解释》（已废止）第二十六条规定的实际施工人，发包人对分包人没有支付工程款的约定或法定义务，原审判决认定发包人不应向分包人支付工程款及利息符合法律规定。

19-高院-021（2019）晋民终215号

3.2.5 实际施工人主张发包人承担责任的条件是什么

法院认为：实际施工人突破合同相对性要求主张发包人承担责任的前提是发包人欠付承包人工程款数额明确并且欠付的工程款系农民工工资。而本案中争议的工程款项是否全部属于农民工工资仍存在疑问，而且在发包人和实际施工人已尽到举证责任的情况下，因承包人一直未能到庭参加诉讼，对发包人具体欠付工程款范围和数额，以及承包人拖欠实际施工人劳务清包费的具体数额，应由承包人承担举证不利的后果，应由承包人承担本案争议款项的清偿责任正确。但发包人对争议工程款项不承担连带责任。

19-高院-029（2019）晋民再102号

3.2.6 实际施工人是否应当追加发包人与承包人为纠纷案件当事人

法院认为：发包人认为有证据证明实际施工人挂靠在承包人名下，实际施工人一直全程参与案件审理的情况下，法院仅在庭审中就发包人增加的诉讼请求向实际施工人进行了询问，之后再未涉及，也未在审理及法律文书中有任何体现，严重违反了法定程序。发包人未提供任何证据证明其主张，一审法院未支持其追加的诉求，完全符合法律规定，不存在程序违法。

19-高院-042（2019）晋民终613号

3.2.7 实际施工人主体的证明标准如何确定

法院认为：工程公司主张其是承包人并实际进行了工程施工，并提供《施工合同》，但该合同并未加盖工程公司和发包人的印章，工程公司主张第三人代表其负责实际施工并提供其与第三人的劳动关系证据，但发包人并未认可实际施工的第三人为工程公司代表，且工程公司不能证明其实际履行了涉案工程，其再审理由不能推翻原审判决。

19-高院-046（2019）晋民申3069号

3.2.8　承包人将承揽工程转包给自然人，该自然人再次分包的发包人应否承担责任

法院认为：承包人将工程承包给自然人张某、祁某，张、祁二人又分包给王某部分工程，以上行为是否合法系判断各方应否承担责任、如何承担责任的重要因素。王某作为实际施工人，向承包人和张某、祁某主张欠付工程款，以及要求追加发包人为本案被告。原审人民法院应当在查明发包人、承包人、张某与祁某及王某之间工程实际情况下欠付工程价款事实及数额，确定各方应承担的责任。二审法院在未查清各方相互之间欠付工程价款事实及数额情况下，维持一审判决是否适当。

19-高院-058（2019）晋民申 951 号

3.2.9　施工的自然人是否有主张工程款的诉权

法院认为：实际施工人武某有电路安装资质，承包人将涉案工程承包给实际施工人，实际施工人武某以个人名义承包电路安装工程，组织相关人员进行施工。因此，原审认为实际施工人武某具备独立的民事主体资格，依法享有诉权，并无不当。

19-高院-064（2019）晋民申 2092 号

3.2.10　对发包人欠付工程款的责任如何分配举证责任

法院认为：依据发包人只在欠付工程款范围内对实际施工人承担责任的规定，发包人只在欠付工程款范围内对实际施工人武某承担责任。承包人未举证证明发包人欠付其工程款金额，请求发包人直接向实际施工人武某给付工程款没有依据。

19-高院-064（2019）晋民申 2092 号

3.2.11　工程施工的投资主体能否确定为施工主体

法院认为：本案现有证据可以证明王某实际参与了诉争工程并进行了投资，但无法充分证实诉争工程全部由其投资并实际施工的事实，故一、二审法院对王某要求确认其为诉争工程的实际施工人并支付剩余全部欠付工程款的诉求不予支持，并无不当。

19-高院-084（2019）晋民申 922 号

3.2.12　被注册为公司的股东应否为公司工程款债务承担责任

法院认为：再审申请人主张其不是发包人公司的股东，没有参与经营管理，也没有在股东会决议和公司章程上签字、捺手印。其已经以发包人公司等为被告向太原市万柏林区人民法院提起了侵权之诉；以工商行政管理局为被告、发包人公司为第三人向人民法院提起了行政诉讼。且已经有生效判决撤销了工商行政管理局作出的将第三人登记为发包人公司股东的行政行为，现再审申请人也主张自己的名字被冒用登记为发包人公司的股东，并提交了《司法鉴定意见书》证实，虽然该诉讼尚未审结，为减轻当事人的诉累，节约司法资源，本院认为原审法院在审理第三人股东再审案件时，应将本案一并

审理并作出裁判。

19-高院-108（2019）晋民申 1 号

3.2.13 实际施工人如何在多层法律关系中证明其身份情况

法院认为：申请人主张其与被申请人签订了施工合同，是案涉工程中的实际施工人，但申请人提供的合同，显示的相对方是山西基础工程有限公司和申请人，合同签名是被申请人和申请人，且该合同有多处手写更改，申请人未提供合同原件，该合同真实性无法确认。工程的前期工程款实际是被申请人支付给李某，并未给付过申请人。申请人称李某转给其向被申请人算账的钱，但其并未提供证据证明该事实，现有证据不能证实申请人为涉案工程的实际施工人。因此申请人应承担不利后果。一、二审法院认为申请人所提供的证据不能证明其主张并判决驳回其诉讼请求并无不当。

19-高院-099（2019）晋民申 554 号

3.2.14 主张工程款请求权的权利人，应当是行为人还是所属单位的证明标准及救济途径

法院认为：关于申请人刘某主张的债权人权利。本院经审理查明：刘某受村委的安排负责砖厂的生产与建设工作，包括资金管理，故刘某的行为是职务行为，其代表砖厂从事经营活动的民事法律后果应由砖厂的开办方承担。其经营期间的财务款项应属砖厂的债务，现刘某作为债权人主张权利，应提交其个人已支付的凭据、贷款凭证对自己还贷的事实予以证明，在没有上述证据的情形下，仅以挂账事实请求村委将该笔款项支付给其个人，事实依据不足，对该请求不予支持。

关于申请人刘某主张调取会计档案。本院认为：该申请程序违法。根据民事诉讼法的规定，对审理案件需要的主要证据，当事人因客观原因不能收集的，可以申请人民法院调查收集，人民法院应当依职权调取，但对不影响案件事实的证据，人民法院可以决定是否调取。刘某申请人民法院调取的证据已由政府文件及刘某的陈述予以证明，二审未予调取，不违反民事诉讼法的规定。

19-高院-098（2019）晋民申 757 号

3.2.15 签订施工合同的指挥部办公室能否为适格当事人

法院认为：承包人与发包人（指挥部办公室）签订的《建设工程施工合同》是双方真实意思的表示，合法有效，承包人所承建的道路工程已经通过双方的竣工验收并完成结算和部分付款。承包人要求发包人（指挥部办公室）支付剩余工程款有事实和法律依据，本院予以支持。

20-中院-2（2020）晋 04 民初 10 号

3.2.16 政府指挥部办公室签订的发包合同责任应否由政府承担

法院认为：关于发包人（指挥部办公室）人民政府是否应当对上述工程款及利息

承担责任的问题，本院认为，虽发包人（指挥部办公室）人民政府不是涉案合同的相对人，但根据相关文件可认定，发包人（指挥部办公室）人民政府系项目的建设主体，发包人（指挥部办公室）系由发包人（指挥部办公室）人民政府决定成立，发包人（指挥部办公室）人民政府作为开办单位及主管机关，属于能够承担民事责任的民事主体，应当对其设立的机构所产生的民事权利和民事义务负责，应当与发包人（指挥部办公室）一起承担还款付息的责任。

20-中院-2（2020）晋 04 民初 10 号

3.2.17　对发包人欠付工程款的责任如何分配举证责任

法院认为：依据发包人只在欠付工程款范围内对实际施工人承担责任的规定，发包人只在欠付工程款范围内对实际施工人武某承担责任。承包人未举证证明发包人欠付其工程款金额，请求发包人直接向实际施工人武某给付工程款没有依据。

19-高院-064（2019）晋民申 2092 号

3.2.18　股东为公司工程签订合同并出具工程款欠条的债务由谁承担付款责任

法院认为：吕某是申请人的发起人及成立后的股东，其在申请人成立前与承包人口头订立建设工程施工合同，对申请人的营业地点进行施工。在施工结束后，经结算吕某给承包人出具工程款欠条，虽未加盖申请人公章，但吕某是申请人股东及管理人员，且建设工程成果已由申请人实际享有，吕某出具欠条的行为应认定为代表申请人行使。申请人作为合同权利的享有人，就应承担相应的合同责任。一、二审法院认定申请人承担付款义务，认定事实清楚，适用法律正确。

19-高院-071（2019）晋民申 1390 号

3.2.19　工程转包中实际施工人主张工程款的责任主体如何确定

法院认为：承包人作为涉案工程的中标单位，将整个工程转包给实际施工人，该转包行为违反相关法律规定，双方签订的转包协议无效，但实际施工人对涉案工程进行了实际施工，其作为实际施工人，有权主张未付工程款。发包人应在欠付工程款范围内承担对实际施工人的给付责任。2012 年 6 月 12 日，建设单位、实际施工人对涉案工程进行了验收，结论为经验收合格，并对工程造价进行了结算，双方签字盖章确认。因此，建设单位对涉案工程进行验收并结算，也应对工程款的给付承担责任。该款项应由发包人和建设单位共同支付。承包人未参与涉案工程的施工，也没有证据证明其在该工程中获得利益，故承包人在本案中不承担给付工程款的责任。

19-中院-09（2019）晋 04 民初 18 号

3.2.20　承包人中途退场后发包人委托第三方施工的事实如何证实

发包人于原审时就主张承包人实际完成的工程量不足 60%，发包人委托第三方完成了剩余工程。发包人单位为了统计投资数额的资料被原审法院认定为与承包人的结算，申请再审。

法院认为：发包人于原审时就主张承包人实际完成的工程量不足60%，不具备付款条件，但所举证据不能证明该请求。结合双方工程部负责人进行了工程决算及涉案工程已交付使用的事实，原审判决认定发包人应按照决算工程价支付承包人欠付的工程款事实清楚。

19-高院-115（2019）晋民申 11 号

3.2.21 实际施工人如何认定

法院认为：实际施工人应当是指与发包人没有直接的合同关系，因非法转包、违法分包、借用资质施工等原因参与施工并最终实际投入资金、购买材料和设备、组织人员施工的人。

19-中院-06（2019）晋 05 民初 10 号

3.2.22 如何通过合同履行证据确定实际施工人

法院认为：原告主张其是涉案工程的实际施工人，但通过证据发现发包人和被告二名义签订的六份合同原件均由第三人持有，中标通知书、中标备案表原件均为第三人持有；施工过程中项目部对外签订的合同、过程中形成的履行、决算书手续施工方均由第三人签字，而非原告。从上述事实来看，原告并未最终实际参与工程的验收和工程款的结算，原告投入的 590 余万元资金亦显然不足以满足涉案工程项目运营，第三人应认定为本案工程的实际施工人。原告主张第三人系其委托的施工现场负责人，第三人予以否认，原告就该主张并未提供相应证据，本院不予支持。第三人认可原告向项目部投入590 余万元，并主张该款项系其向原告借款，原告予以否认，因该款项与本案并非同一法律关系，本院不予处理，双方可另案处理。

19-中院-06（2019）晋 05 民初 10 号

3.2.23 最终实际施工的当事人能否以工程中标人为被告主张工程款

法院认为：申请人认可工程由被申请人中标并签订相应建设工程施工合同，根据合同相对性原则，再审申请人并非该合同的相对方，其无权向被申请人主张工程款，而且申请人将二被申请人列为被告，但其在诉讼请求中并未明确二被告各自应承担何种责任。因此，原审法院裁定驳回申请人的起诉并无不当。申请人称其为实际施工人，并提供生效民事判决，该判决虽为本案二审裁定之后作出，但并不足以推翻原裁定。申请人可在据以支持其主张的证据确实充分并明确二被申请人各自应承担的责任后，再行主张权利。

19-高院-087（2019）晋民申 983 号

3.2.24 小区按面积施工工程向谁主张工程款

施工合同约定代收代付说明物业公司只是代理人，并不承担最终责任，所以物业公司只对收取的款项负有支付义务，对缴纳的款项没有支付义务。

19-高院-103（2019）晋民申 731 号

3.2.25　承包人主张在合同上签字的人属于发包人应承担连带责任应如何处理

法院认为：《工程施工合同》的签字人主张只是代发包人签合同，承包人主张签字人属于发包人应承担连带付款责任，但无相应证据证实签字人实际参与工程，而且工程量计算结果（收方数据图）、工程竣工总结算、总结算明细（包括已给付工程款）均无签字人签字。因此，可以确认签字人并未实际参与工程，不应承担给付剩余工程款的责任。

19-中院-02（2019）晋 06 民初 42 号

3.3　工程质量

3.3.1　工程质量的认定

3.3.1.1　发包人已经使用施工工程但经鉴定工程质量确属不合格，对此关于工程质量应如何认定

法院认为：发包人认为其委托鉴定机构对案涉工程质量进行了鉴定，鉴定意见为工程质量不合格，部分应当修复、部分应当重建，主张不应支付工程价款。承包人认为鉴定意见书不能作为建设工程存在质量问题的依据，且工程在未完工验收的情况下被强行占有使用，已完工程分项工程验收均已合格，主张发包人依法应当支付工程款。根据《最高人民法院关于审理建设工程施工合同纠纷案件适用法律问题的解释（二）》（已废止）第七条规定的精神，发包人在承包人提起的建设工程施工合同纠纷案件中，以建设工程质量不符合合同约定或者法律规定为由，发包人要求承包人支付违约金或者赔偿修理、返工、改建的合理费用等损失，属于独立的诉讼请求，发包人以此为由提出反诉的，人民法院应当合并审理。发包人以此为由抗辩主张减少、迟延给付或者拒付工程价款的，不应支持。

本案中发包人在反诉请求中并未对因质量问题所造成损失提出明确的请求给付内容，以工程存在质量问题为由拒绝支付剩余工程款属于抗辩的范围，该抗辩依法应不予支持。发包人主张的工程质量问题，可另行主张权利或双方协商解决。《中华人民共和国合同法》（已废止，适用《民法典》第一百五十七条）第五十八条规定，合同无效或者被撤销后，因该合同取得的财产，应当予以返还；不能返还或者没有必要返还的，应当折价赔偿。案涉工程已实际交付使用，原审判决依据《中华人民共和国合同法》（已废止，适用《民法典》第七百八十八条）第二百六十九条等规定认定发包人应当支付剩余工程价款符合法律规定。

19-高院-017（2019）晋民终 249 号

3.3.1.2 能否以工程照片证实工程质量问题

法院认为：关于未交付工程是否存在质量问题、是否应由承包人修复并承担修复费用的问题，因发包人仅提供部分现场照片，不能充分证明未交付工程存在质量问题，主张由承包人修复并承担费用的请求本院不予支持。可委托第三方进行质量鉴定，如确实存在质量问题，应另案解决。

19-高院-012（2019）晋民终 495 号

3.3.1.3 发包人以诉讼方式要求承包人交付竣工资料和配合验收的应如何处理

法院认为：关于被告反诉请求承包人履行提供施工及竣工验收资料、参加竣工验收、配合完成竣工验收义务的诉讼请求，本院认为工程施工资料是工程竣工验收必须提供的资料，承包人有义务将其完成施工的工程资料移交被告，并有义务在其施工工程范围内配合被告完成竣工验收工作。

19-中院-08（2017）晋 01 民初 879 号

3.3.2 维修费的支付

3.3.2.1 承包人应否赔偿发包人工程质量维修费用

省高级法院认为：发包人与承包人签订的《工程质量保修书》明确约定了保修义务。《鉴定意见》载明工程存有质量缺陷，是多种原因导致的；由于渗漏面积分散，已不适合局部修补，建议整个屋顶重铺卷材防水层及重做防水设施，并确定了维修费用。本案诉讼中，发包人发现屋顶漏水时未及时履行通知义务构成违约，该违约行为导致了损失扩大的结果，发包人依法应承担相应责任。发包人反诉请求承包人依合同约定进行补救、整改、重做，应当视为其履行了通知义务，但承包人认为责任不清，至今未履行保修义务，亦构成违约，依法亦应承担相应责任。结合案涉《鉴定意见》对漏水原因的鉴定结论，应酌定承包人承担维修费用的百分之五十。

19-高院-015（2019）晋民再 196 号

中级法院认为：从鉴定意见及维修措施可见，案涉工程存在的质量问题均属于《工程质量保修书》约定的屋面防水工程内容，目前该项工程尚未过质保期，质保金亦未结清，发包人有关工程补救、整改、重做的主张应在双方工程质量保修的范围内，依据工程质量保修合同解决。同时，在本案中，没有证据显示发包人发现质量缺陷后已经及时通知承包人修正，且承包人拒绝承担保修责任。故对发包人请求承包人支付维修费用不予支持。

19-高院-015（2019）晋民再 196 号

3.3.2.2 《建设工程施工合同》和《工程质量保修书》中双方约定的保修金基数不一致，如何处理

法院认为：《建设工程施工合同》和《工程质量保修书》中双方约定的保修金基数不一致，二审按照结算总价款的 5% 计算质量保修金，当事人未提出异议，本院予以采

纳。因《工程质量保修书》第五条约定质保金分期支付，而发包人未能按约定分期支付，应按照约定分段计算利息，至本判决确定的支付之日。

19-高院-015（2019）晋民再 196 号

3.3.2.3 验收合格工程可否从工程款中扣除维修费用

法院认为：关于承包人主张工程款应当扣减维修费的问题，因工程已经发包人验收合格，原审判决对此不予支持并无不当。

19-高院-032（2019）晋民再 30 号

3.3.2.4 对已经投入使用的工程，发包人直接主张维修费是否应予以支持

法院认为：由于涉案工程未经竣工验收发包人已经实际使用，又以质量不符合约定为由主张权利，不符合法律规定。加之没有在质量保修期内通知承包人进行维修的证据，故要求承包人支付该笔费用依据不足。

19-高院-031（2019）晋民终 11 号

3.3.2.5 工程涉及质量问题时，维修加固费用如何确定

法院认为：涉案工程存在重大质量问题。发包人于一审时未对承包人违约造成的经济损失提出反诉请求，原审依据发包人委托检测后出具的《检测鉴定报告》，酌情核减工程款的3%作为维修费用，用于质量问题的维修加固，已经充分考虑了发包人的抗辩理由，本院予以支持。发包人以此认为原判认定事实不清、承包人应承担违约责任的请求，缺乏事实及法律依据，本院不予采纳。

19-高院-001（2019）晋民终 730 号

3.4 工程变更

3.4.1 工程变更事实的认定

3.4.1.1 无工程量增加协议，但双方对该事实是否发生存在争议，如何认定

法院认为：工程承包人提出施工过程中存在增加工程项目和工程量，发包人不予认可，经原审法院委托鉴定后，承包人认为鉴定存在漏项从而与发包人存在争议，承包人能够提供部分争议工程洽商单、联系单等证据，该证据又有设计单位或者发包人签字盖章，发包人不认可在《施工合同》之外有增加的工程，并且认为承包人有伪造洽商单、联系单的嫌疑，诉讼请求"巨额超标"，于庭审时口头提出应对洽商单、联系单的真实性予以鉴定，但因发包人不能明确指出哪一部分系伪造，也未提供相关证据证明承包人伪造证据，该请求无法支持。经原一审委托鉴定的工程造价应予以支付。

19-高院-007（2018）晋民初 519 号

3.4.1.2 实际施工人改变了合同约定的责任如何认定

法院认为：实际施工人改变了合同约定，但发包人对承包人提交的工程验收单予以

确认，且发包人从未向承包人提出过要求承包人承担违约责任的主张，工程竣工后发包人不得再以承包人违约为由主张违约责任。

19-高院-020（2019）晋民再 107 号

3.4.1.3 经工程监理签字确认的工程变更能否予以认定

法院认为：承包人主张的增加变更的工程价款，仅有其制作的工程量清单造价和工程监理的签字作为证据，不能证明该工程造价经发包人签字认可的事实，发包人对此不予认可，其所提供证据不足以充分证明增加变更工程造价经发包人确认，且因该部分工程造价未鉴定，原审法院认为应不予审理，承包人可另行主张权利的判决合理。

19-高院-017（2019）晋民终 249 号

3.4.1.4 发包人先后将工程发包于不同的主体，后合同成立是否产生终止先合同的效力

法院认为：本案争议的焦点主要是发包人与承包人达成的承包协议是否在发包人与施工人签订合同时终止，发包人是否应支付承包人剩余工程款。当事人原审所提交证据显示，施工人系承包人雇用的工程人员，在没有证据证明施工人与承包人解除劳务关系的前提下，施工人的施工行为应视为承包人的施工行为，一切法律责任由承包人承担，在雇用期间施工人与发包人签订的承包合同不能产生终止原发包人与承包人签订承包协议的法律效力，而发包人继续使用承包人工程人员完成涉案工程也不能证明终结或解除合同的条件成就。发包人认为无法联系承包人造成停工，构成终结合同的约定条件，因与实际情况不符，施工人施工行为应归于承包人承担。故驳回发包人的再审申请。

19-高院-039（2019）晋民申 1202 号

3.4.2 变更价款的确定

3.4.2.1 固定总价合同对工程变更过程中产生的价款如何确定的争议

法院认为：当事人对建设工程的计价标准或者计价方法有约定的，按照约定结算工程价款。在变更工程结算中，对采用固定总价的工程合同来说，如果在施工中发生工程变更事项与原合同范围内的项目，其性质和内容完全相同，在变更工程结算中，对变更工程结算价值则不予确认，仍按原合同价值确定该工程结算价值。如果在施工中发生工程变更事项与原合同范围内的项目，其性质和内容不相同，在变更工程的结算中，应参考类似工程结算单价与发包人和承包人协商重新确定变更工程结算单价，按承包人实际完成的工程量确定变更工程价值。

19-高院-027（2019）晋民终 64 号

3.4.2.2 未鉴定如何确定工程变更的价款

法院认为：承包人主张增加变更的工程价款，仅有其制作的工程量清单造价和工程监理人的签字作为证据，不能证明该工程造价经发包人签字认可的事实，发包人在诉讼中对此不予认可，其所提供证据不足以充分证明增加变更工程造价经发包人确认，且因

该部分工程造价未鉴定，原审判决认为应不予审理，承包人可另行主张权利并无不当。

19-高院-017（2019）晋民终 249 号

3.5　竣工结算

3.5.1　结算协议的效力

3.5.1.1　对一方未盖章确认的工程款结算协议，但有证据证明在协议时间后付款的，如何确认结算工程款协议的效力

法院认为：实际施工人与承包人之间就工程结算并未达成一致意见。实际施工人称承包人已支付部分工程款的行为，应视为对双方之间结算的认可，但发包人支付部分工程款并不能推定得出承包人认可全部应付工程款数额的结论，对实际施工人的此项主张，本院不予采信。

19-高院-032（2019）晋民再 30 号

3.5.1.2　发包人未经授权的预算部门加盖印章的结算协议，对发包人是否具有约束力

法院认为：《工程结算审核核定表》及《项目竣工结算审核报告》的效力。《工程结算审核核定表》有发包人预结算部与承包人工程结算部签字盖章；《工程竣工结算审核报告》是发包人委托专门造价机构对涉案工程工程量结算进行的审核，原审予以采纳，发包人没有提供证据证明该审核报告不能作为认定承包人施工工程工程量及工程造价的依据，所提《工程结算审核核定表》及《项目竣工结算审核报告》对发包人不发生法律效力的依据不充分，不予支持。

19-高院-001（2019）晋民终 730 号

3.5.1.3　发包人村委换届前未经村民代表大会同意签订的《工程补助合同》，能否作为支付工程款的有效协议

法院认为：发包人已将实际施工人完成工程的《工程补助合同》工程款做了往来账处理，且在实际施工人提起本案诉讼时发包人已经支付实际施工人《工程补助合同》工程款中的大部分款项。因此，实际施工人请求发包人给付所欠《工程补助合同》工程款的主张应予以支持。

19-高院-009（2019）晋民再 259 号

3.5.1.4　经发包人原股东签字的结算书能否作为结算依据

法院认为：首先，承包人依据《工程决算汇总表》向发包人主张工程款，而经鉴定《工程决算汇总表》所加盖印章与发包人的备案印章不相符，签字人当时已不是发包人的股东，也并非发包人的法定代表人，也无证据能够证明代表发包人的审核人系发包人的职工，原审判决对该事实的认定基于当事人的单方陈述。

其次，双方均认可的工程进度结算证据材料与《工程决算汇总表》材料的单位工程项目及结算价款均存在差异，而承包人未提供增加工程价款的相关施工基础资料证据。

最后，代表发包人签字人涉嫌犯罪的鉴定中发现发包人与承包人账务无法统一。

基于上述事实，发包人提供的新证据足以推翻原审判决对案涉工程价款的认定，承包人提供的工程结算证据尚不足以认定其主张的工程结算价款的事实存在具有高度可能性，故对其请求在本案中依法不予支持，可在补充工程施工签证单或其他工程施工基础资料证据后另行提起诉讼。

19-高院-011（2019）晋民再 267 号

3.5.1.5　发包人将承包人报送的结算造价材料委托造价机构审核结果能否作为结算依据，应否准许发包人另行鉴定

法院认为：关于涉案工程造价的认定。发包人将承包人提交的工程结算造价材料委托给造价咨询公司进行审核，形成 49 份基本建设工程结算审核定案表，承包人认为应根据 49 份审核定案表确定结算价款，发包人认为合同就工程价款结算依据没有约定，申请通过司法鉴定确认涉案工程造价。本院认为，49 份基本建设工程结算审核定案表中明确了承包人报送的结算造价、经审核后确认的结算造价及核减金额，建设单位发包人、施工单位承包人、审核单位工程造价咨询有限责任公司均在审核定案表中加盖印章予以确认。发包人在诉讼中未对 49 个单位工程与合同约定的工程承包范围提出异议，也未提供证据证明审核造价的依据与合同约定的计价原则和计算方法不符，该 49 份基本建设工程结算审核定案表属于发包人与承包人有效合意后对建设工程价款结算达成的协议，且在本案诉讼前形成，发包人对涉案工程造价提出的鉴定申请，本院依法不予准许。承包人认为应按 49 份基本建设工程结算审核定案表确认结算价款的主张本院依法应予支持。发包人抗辩认为工程造价未经集团公司审核确认和审计部门审计的主张本院依法不予支持。

19-高院-033（2018）晋民初 509 号

3.5.1.6　建设工程通用条款约定的对超过结算审核期限以送审价为准的法律效力如何处理

法院认为：建设工程施工合同通用条款约定：发包人收到竣工结算报告及结算资料后 28 天内无正当理由不支付工程竣工结算价款，从第 29 天起按承包人同期银行贷款利率支付拖欠工程价款的利息，并承担违约责任。对当事人具有约束力。发包人提出关于涉案工程不符合工程竣工验收法定条件及涉嫌伪造签名的抗辩理由缺乏事实和法律依据。

19-高院-027（2019）晋民终 64 号

3.5.1.7　发包人对审核签章后的结算文件又提出异议，该结算文件是否仍可以作为有效文件

法院认为：发包人和承包人对发包人单方委托专业机构所做的关于涉案工程的审核

文件进行盖章确认，事后发包人不得在承包人索要工程欠款时以审核文件内容错误为由对承包人所提工程欠款数额请求进行抗辩。

19-高院-018（2018）晋民终 332 号
19-高院-049（2019）晋民申 2527 号

3.5.1.8　结算文件未明确违约责任的处理内容，该结算文件的效力范围是否包括该违约事实

法院认为：双方在合同中对承包人违约责任作出约定，但发包人在明知承包人超过约定竣工日期的前提下仍对承包工程予以确认结算，应当视为双方已经就工程逾期完工事项进行了处理并达成一致意见，发包人不得再以承包人工程迟延竣工为由主张承包人承担未如期完工的违约责任。

19-高院-018（2018）晋民终 332 号

3.5.1.9　承包人提供了竣工报告能否作为工程结算的依据

法院认为：工程完工后，承包人向发包人陆续提供了竣工报告，但无证据证明，其按建设工程规范要求向发包人提供了建设工程竣工验收报告等完整的结算资料。监理公司曾通知承包人补全工程资料。故该案工程未结算双方均有责任。另外，根据《最高人民法院关于如何理解和适用〈最高人民法院关于审理建设工程施工合同纠纷案件适用法律问题的解释〉第二十条的复函》（最高人民法院〔2005〕号）关于发包人收到承包人竣工结算文件后，在约定期限内不答复，是否视为认可竣工结算文件的复函表明，住房城乡建设部制定的建设工程施工合同格式文本中的通用条款第 33 条第 3 款规定，不能简单地推论。承包人收到竣工结算文件一定期限内不予答复，应视为认可发包人提交的竣工结算文件，承包人提供的竣工结算文件不能作为结算依据。

19-高院-014（2019）晋民终 429 号

3.5.1.10　发包人方工程师以邮件方式对承包人提交的工程结算书认可，对发包人是否具有效力

法院认为：该工程竣工经验收符合设计要求，发包人应按约定支付承包人剩余工程款，承包人向发包人提交工程结算书后，发包人方工程师通过 QQ 邮箱向承包人发送该工程结算说明邮件，结算说明中说明发包人认可该结算数额，承包人扣除发包人已支付的工程款后，请求判令发包人支付剩余工程款，一、二审判决并无不当，发包人的再审申请不符合《中华人民共和国民事诉讼法》第二百条第（二）、（六）项规定的情形。故驳回发包人的再审申请。

19-高院-053（2019）晋民申 2316 号

3.5.1.11　实际施工人与发包人项目部结算后将债权转让，发包人对受让人否认结算协议的主张如何认定

法院认为：关于申请人主张原判决认定基本事实缺乏证据证明的理由是否成立的问

题。《中华人民共和国合同法》（已废止）第八十二条规定："债务人接到债权转让通知后，债务人对让与人的抗辩，可以向受让人主张。"据此规定，申请人对本案债权转让人即实际施工人的债权的真实性提出的质疑，可以向债权受让人主张。对该主张，本院经组织各方当事人询问，申请人未提供证据证明债权虚假且系债权转让人和受让人恶意串通损害其利益。此外，本院组织现场查验案涉债权形成的合同、施工及结算等资料后，申请人未提出可以确认施工合同、施工结算资料等系虚假的意见及理由，故对申请人质疑本案债权的真实性，本院不予支持。

19-高院-054（2019）晋民申 1814 号

3.5.1.12　学校校长在结算书上签字盖章的效力如何认定

法院认为：最高人民法院（2018）最高法民终 293 号民事裁定书系发回重审裁定，且该裁定书亦载明："北师大××附中本身并不具备对结算书进行审核的专业能力，虽然该校校长在结算书上签字盖章，但并不能认为该校对结算书已予以认可。"在原审诉讼中，再审申请人的诉讼请求是要求被申请人以双方共同确定的结算金额为依据支付工程款，原审判决不予支持并无不妥。

19-高院-057（2019）晋民申 1826 号

3.5.1.13　工程结算发生两种结果时如何处理

法院认为：涉案工程的双方对工程的结算价款存在两种不同的结算依据，工程结算均由政府部门出具但数额和依据均不相同，属于两种政策需要下产生的结算结论，结合双方签订的《施工合同协议书》中列明的政策基础、项目名称与结算所依据的政策基础和项目名称对照，应以相对应匹配的结算结果作为确定工程价款的依据。

19-高院-061（2019）晋民申 1530 号

3.5.1.14　发包人委派的工程师签订的结算协议的效力如何认定

法院认为：发包人委派的工程师以发包人身份签订工程结算造价，发包人认为发包人职工未经授权的签字无效。法院认为签字人有权代表发包人进行工程审核结算，发包人未提供证据证明该项工程造价有误，一、二审法院对此予以认定，并无不当。

19-高院-065（2019）晋民申 1376 号

3.5.1.15　发包人在总价包死合同的《竣工验收证明书》划去"工程总价"改为"据实结算"，对承包人是否具有约束力

法院认为：双方签订的《劳务分包合同》约定本工程为总价包死合同，合同签订后合同价款不进行调整，后双方加盖公章的《竣工验收证明书》确认均已全部施工完毕，其上载明的"工程总价"由发包人划去并改为"据实结算"，发包人现虽主张"据实结算"，但并未能提供双方确认的工程量变更的有效证据，故发包人的再审申请理由本院不予采纳。

19-高院-066（2019）晋民申 1520 号

3.5.1.16 基建财务章能否作为认定当事人意思表示的依据

法院认为：双方签订的五份建设工程施工合同为可调价格合同。双方经核对账目确认尚欠承包人工程款的事实，并加盖有发包人基建财务专用章，足以说明欠款的事实。发包人以对账单上加盖的不是其财务专用章申请再审理据不足。

19-高院-068（2019）晋民申 1595 号

3.5.1.17 工程验收结算后发包人提出的施工期间罚款如何处理

法院认为：发包人向承包人出具了工程任务单。载明：完成工程总额，扣除钢筋、混凝土质量罚款，扣除施工质量罚款，合计工程款费用。并有项目部专用章及在验收人处有发包人委派的工程师的签字。从两份任务单签署时间和所载内容可知双方当事人已经对本案争议工程进行了验收，并对工程价款进行了结算。发包人主张该扣除的罚款分别是对施工期间的相关处罚，工程未验收的再审理由不能推翻原审判决，故驳回发包人的再审申请。

19-高院-092（2019）晋民申 766 号

3.5.1.18 发承包双方为自然人的《工程施工合同》的工程款如何处理

法院认为：双方当事人签订的《工程施工合同》，因双方当事人均为自然人，不具备相应的施工资质，依法认定为合同无效，但工程已经完工，视为验收合格。根据《最高人民法院关于审理建设工程施工合同纠纷案件适用法律问题的解释》（已废止）第二条规定，承包人参照合同约定请求支付剩余工程款，符合法律规定，本院予以支持。

19-中院-02（2019）晋 06 民初 42 号

3.5.1.19 接受发包人委托支付工程款的主体与承包人签订的工程结算协议是否对发包人具有约束力

法院认为：关于《工程造价鉴定意见书》的异议，双方应在竣工结算时统一处理。承包人与另一被告签订的工程结算《协议书》中，另一被告只是涉案工程的购买方，而且《协议书》中并无发包人的签字、盖章及追认，根据合同相对性原则，该《协议书》对发包人不发生法律效力。同时，另一被告只是受发包人的委托而向承包人付款。承包人以与另一被告的《协议书》为据要求发包人承担全额付款责任，证据不足，本院不予采信。

19-中院-13（2018）晋 01 民初 250 号

3.5.1.20 对承包人报审结算书发包人未予回复的后果如何认定

法院认为：承包人实际施工完成了发包人发包的二次结构、装修、安装工程。承包人完成相关施工内容后，向发包人提交了《银行大楼后期完成项目土建及安装工程结算书》。该结算书由原法定代表人签收且在约定期限内未予回复的前提下，依据双方合同约定的结算程序和工程价款审核确认条件（发包人应在收到承包人提交的竣工结算申请书后 28 天内未完成审核且未提出异议的，视为发包人认可承包人提交的竣工结算申请单），应视为发包人认可承包人提交的竣工结算申请单，且在证据交换中发包人对此二次结构结算金额予以认定，故本院对结算书结算金额予以认定。发包人主张鉴定，理由不足，且其未提交书面申请，对其主张不予支持。

20-中院-1（2020）晋 01 民初 392 号

3.5.1.21 约定审计但未审计的工程款是否应当予以支付

法院认为：发包人（指挥部办公室）辩称，根据《建设工程施工合同》"风险范围以外按实际结算，设计变更以变更后和审计决算为准"，案涉工程在建设过程中变更了设计方案，但未进行审计，支付条件未成就。本院认为，双方已经进行了结算，确认工程造价，建设单位、设计单位、监理单位、施工单位、勘察单位均在《竣工验收证书》上加盖公章，涉案工程已经通过了竣工验收，现已投入使用。另外，即使要进行审计，审计工作也应当由发包人及时进行，其长时间不去做审计工作、任由欠付工程款无限期地拖延下去不应成为其不支付工程款的理由，发包人（指挥部办公室）人民政府该项抗辩本院不予支持。

20-中院-2（2020）晋 04 民初 10 号

3.5.1.22 承包人提交工程结算报告但未提供完整结算资料如何认定

法院认为：承包人按照合同约定完成了承建项目和配套及新增项目，并经验收工程质量合格，履行了合同项下的主要义务。承包人向发包人递交工程结算报告但未能提供完整的结算资料，在此情况下发包人以其掌握的资料并结合承包人报审的工程价款委托第三方对工程总价款进行审核后的总工程价款符合合同约定。

20-中院-4（2019）晋 08 民初 144 号

3.5.2 因工程计量引发的纠纷

3.5.2.1 承包人中途进场施工，双方约定前期工程量由承包人承继，双方对前期工程量的认定发生纠纷

法院认为：承包人进场前（前手承包人）已完成的工程量，双方在《施工合同》中已进行签字确认，对双方具有约束力。承包人提出多余施工工程量主张，但并未对多余工程量实际施工进行举证，仅以签证单为依据，本院不予采信。

19-高院-004（2019）晋民再 201 号

3.5.2.2 承包人不能证明施工量的争议处理

法院认为：根据"举证责任分配"的原则和"谁主张，谁举证"的相关规定，承包人对工程施工量承担举证证明责任，若承包人只能就自己进行过施工但对其具体施工量无法举证时将承担举证不能的不利后果。

19-高院-019（2019）晋民终 204 号

3.5.2.3 对合同约定的据实结算条款如何确定工程量，实际施工人能否将承包人一方签字但己方未签字的工程量为依据主张工程款

法院认为：承包人与实际施工人双方所签无效施工协议书中明确约定了"以实际

面积结算"，但本案双方当事人并未对案涉工程进行实际"验收"和结算，可以按照当事人提供的其他证据确认实际发生的工程量。实际施工人为证明本案工程量，提供了《补充协议书》及承包人出具的"验收报告"，拟证明案涉工程经承包人验收工程量，《补充协议书》只有承包人一方签字，实际施工人并没有签字，不能认定双方就协议内容达成一致。同时，承包人单独出具的工程验收报告因其并非案涉工程发包人，依法不具有验收资格，其出具的验收报告无效，不能作为证据使用。承包人提供的发包人验收文件作为书证，具有相应的证据效力。实际施工人未能提供其他证据证实其实际施工的工程量亦未申请对案涉工程量进行鉴定。案涉工程量依法应依据发包人验收文件确定。

19-高院-032（2019）晋民再 30 号

3.5.2.4　承包人委托第三方作出的计量报告如何认定

施工单位向物业公司主张供热系统改装工程款，施工单位主张按第三方出具的《房产测绘成果报告书》确定的工程面积作为计量基数，但该面积没有说明计算依据，且不符合合同约定，原审判决不予采纳并无不当。

19-高院-103（2019）晋民申 731 号

3.5.2.5　实际施工人提供的承包人签字的工程量证据是否具有证据效力

法院认为：承包人与实际施工人双方所签无效施工协议书中明确约定了"以实际面积结算"，但本案双方当事人并未对案涉工程进行实际"验收"和结算，可以按照当事人提供的其他证据确认实际发生的工程量。实际施工人为证明本案工程量，提供了《补充协议书》及承包人出具的"验收报告"，拟证明案涉工程经承包人验收工程量，本院认为，《补充协议书》只有承包人一方签字，实际施工人并没有签字，不能认定双方就协议内容达成一致。承包人单独出具的工程验收报告因其并非案涉工程发包人，依法不具有验收资格，其出具的验收报告无效，不能作为证据使用。承包人提供的发包人验收文件作为书证，具有相应的证据效力。实际施工人未能提供其他证据证实其实际施工的工程量亦未申请对案涉工程量进行鉴定。案涉工程量依法应依据发包人验收文件确定。

19-高院-032（2019）晋民再 30 号

3.5.2.6　对不得转让债权约定实际发生转让后，债务人项目部盖章的性质如何认定

法院认为：申请人主张被申请人与实际施工人即债权转让人明确约定了合同的债权债务不得转让，且申请人方裴某无权代表其公司签字确认债权转让通知。经审查，案涉工程结算协议由裴某签字并加盖申请人项目部印章。裴某在债权转让合同及债权转让通知书上签字，应视为同意该债权转让并已接到双方债权转让的通知。对该请求，法院不予支持。

19-高院-054（2019）晋民申 1814 号

3.5.3 工程款的确定

3.5.3.1 承包人和实际施工人价格约定不明可否参照承包人与发包人的价格约定确定

法院认为：参照双方签订的协议书中面积和价款的约定，可以确定案涉工程平方米造价。因实际施工人与发包人之间不存在合同关系，一审判决以发包人与承包人验收结算价款数额作为确定承包人与实际施工人工程价款的结算数额，缺乏事实与法律依据，本院予以纠正。

19-高院-032（2019）晋民再 30 号

3.5.3.2 对诉讼前发包人委托造价公司对承包人提交的造价材料进行审核，审核结果能否作为认定工程结算价格

法院认为：关于涉案工程造价的认定。发包人将承包人提交的工程结算造价材料委托给造价咨询公司进行审核，形成 49 份基本建设工程结算审核定案表，承包人认为应根据 49 份基本建设工程结算审核定案表确定结算价款，发包人认为合同就工程价款结算依据没有约定，申请通过司法鉴定确认涉案工程造价。49 份基本建设工程结算审核定案表中明确了承包人报送的结算造价、经审核后确认的结算造价及核减金额，建设单位发包人、施工单位承包人、审核单位造价咨询公司均在审核定案表中加盖印章予以确认。发包人在诉讼中未对 49 个单位工程与合同约定的工程承包范围提出异议，也未提供证据证明审核造价的依据与合同约定的计价原则和计算方法不符。该 49 份基本建设工程结算审核定案表属于发包人与承包人有效合意后对建设工程价款结算达成的协议，且在本案诉讼前形成，发包人对涉案工程造价提出的鉴定申请，本院依法不予准许。承包人认为应按 49 份基本建设工程结算审核定案表确认结算价款的主张本院依法应予支持。发包人抗辩认为工程造价未经集团公司审核确认和审计部门审计的主张本院依法不予支持。

19-高院-033（2018）晋民初 509 号

3.5.3.3 发承包双方在合同履行中相互借用设备的损失赔偿，能否在工程款中扣除的纠纷

法院认为：关于双方因互相借用设备及物资发生的争议。承包人起诉时的诉讼请求包括"返还 3000 万元的机器设备及物资，不能返还则赔偿损失 3000 万元"，双方当事人在本案诉讼中对互相借用设备及物资的事实均无异议，但在庭审结束后法庭指定的期限内，未对借用设备及物资的种类、数量及可折价的款项形成一致意见。承包人申请撤回返还借用设备及物资的诉讼请求，不违反法律规定，本院依法予以准许。发包人主张在应付工程款扣除借用设备及物资款，因借用设备及物资争议产生的物的返还请求，与本案审理的承包人请求支付欠付工程款的请求，所属法律关系和请求权性质均不相同，依法不能在应付工程款范围内直接扣除。承包人与发包人因互相借用设备及物资发生的争议，双方应协商解决或另行提起诉讼。

19-高院-033（2018）晋民初 509 号

3.5.3.4　合同无效又无法提供验收报告的工程款如何确定

发包人与承包人虽对项目工程进行了工程竣工验收，但未提供有关部门的竣工验收报告，而发包人已对该工程实际占有、使用并进行处分，应视为该工程已竣工验收合格。现承包人请求参照合同约定支付工程价款，本院予以支持。（原审判决再审事实认同）

19-高院-034（2019）晋民再4号

3.5.3.5　工程款执行以工程煤折顶，中途施工的承包人进场前（前手承包人）产生的工程煤价格计算问题发生纠纷

法院认为：由于《补充合同》对前期工程价格进行了详细约定，系双方真实意思表示，未进行核对确认，不影响合同效力，对承包人要求按照进场时煤炭市场价格计算该笔工程煤的主张，本院不予支持。由于发包人未对该笔工程煤进行实际销售，亦未提供相关扣除的税费证明，《补充合同》的订立系出于对承包人予以补偿的目的，因此对发包人扣除前期工程煤税费的主张，本院不予支持。

19-高院-004（2019）晋民再201号

3.5.3.6　发包人是否应当向实际施工人支付规费

法院认为：实际施工人主张鉴定确定的工程款中未包括的规费应由发包人支付。依据《住房城乡建设部　财政部关于〈建筑安装工程费用项目组成〉的通知》（建标〔2013〕44号），规费是指按国家法律、法规规定，由省级政府和省级有关权力部门规定必须缴纳或计取的费用，主要包括养老保险费、失业保险费、医疗保险费、生育保险费、工伤保险费、住房公积金、工程排污费及其他实际发生的规费。该笔费用无论施工人是否已经负担、以何种形式负担，都属于其应当负担的费用，属于建设工程价款的组成部分。所以实际施工人主张的规费应当予以支持。

19-高院-010（2019）晋民再266号

3.5.3.7　发包人将承包人以EPC形式承揽的部分工程发包给第三人，承包人现主张工程款，但应当扣除第三人承包工程部分的工程款数额无法确定，对承包人主张的工程款如何解决

法院认为：因承包人主张工程款应从总价款中先对该再包工程部分工程款进行扣除，双方对再包工程价款发生争议，一审法院认为双方证据均不充足，应按较多的数额进行暂扣。经本院查明，发包人主张的其与第三方签订的合同作为扣除款较多，但发包人未能证明其中部分属于应当从承包人工程总额扣除的范围，其余额与承包人认可扣除数额比较接近，可以采纳承包人作为原告提出的诉请。

19-高院-016（2019）晋民终352号

3.5.3.8　承包人主张水工保护工程价款的请求

法院认为：双方对工程量无异议，总的施工合同中也有约定的结算依据，承包人自行计算出该部分工程价款，请求予以支持，但发包人不予认可。因该部分工程涉及相关

专业性问题，需双方协商配合并提供相关资料进行结算，承包人请求由本院委托第三方进行审价结算，发包人不同意在二审期间委托审价。该部分工程款双方可另案解决。

19-高院-016（2019）晋民终 352 号

3.5.3.9 针对一个具体协议就工程单价一个有具体约定、另一个内容无约定发生纠纷如何确定

法院认为：原审审理中，承包人提供的补充协议中未填写每平方米的结算价格，发包人提供的补充协议中填写了每平方米的结算价格，且因案涉争议工程属于未完工程，原审法院依据承包人的申请，依法委托鉴定机构对已完工程造价进行鉴定符合法律规定。

19-高院-017（2019）晋民终 249 号

3.5.3.10 对固定总价合同未完工如何进行结算

法院认为：双方对幼儿园工程未完工程量无争议，承包人以高于合同约定和发包人的预算价的预算造价计算未完工程量的工程价款，并按合同约定的固定价款扣减未完工工程价款主张已完工程造价，既未违反合同约定，也不违背公平原则，故对其主张应予采信。

19-高院-017（2019）晋民终 249 号

3.5.3.11 固定总价合同的工程未完工时，对已完工工程价格的确认纠纷

法院认为：本案虽为固定价结算合同，但因工程未完工，未完项目均无明确价格明细，不能按照合同约定固定价结算，也无法按照该价格结算，而且当事人均不能说明平方米单价中所包含各部分项目的价格，导致对未完工程无法通过对账进行简单核算。故应该通过鉴定确定原告已完工程造价。对鉴定方法，本院借鉴司法实践中类似案件的做法（详见河北省高级人民法院建设工程施工合同案件审理指南及江苏省高级人民法院关于审理建设工程施工合同纠纷案件若干问题的解答），要求鉴定机构采用新的方法对此案委托事项进行鉴定。也即采用按比例折算的方式，由鉴定机构在相应同一取费标准下分别计算出已完工程部分的价款和整个合同约定工程的总价款，两者对比计算出相应系数，再用合同约定的固定价乘以该系数确定发包人应付的工程款。本案中所涉水电费、税金，虽不含在双方约定的合同范围之内，但在计算时，在已完工程及总工程中均计算在内，而非仅计算在已完工程内，只是为了取一个系数，所以并不影响最后比例的得出。

19-高院-021（2019）晋民终 215 号

3.5.3.12 经鉴定的工程款认定条件如何确定

法院认为：案涉工程造价经鉴定确认，鉴定机构出具鉴定意见后，原审法院组织鉴定机构和双方当事人对有争议的事项另行列明并进行了计价，同时，原审法院也组织双方当事人对争议事项进行了举证质证，争议工程价款的认定符合法律规定和公平原则。

19-高院-026（2019）晋民终 136 号

3.5.3.13　经招标投标确定的固定价合同一方当事人有合理理由，是否可以通过鉴定确定工程价格

法院认为：建设工程施工合同是在经过严格规范的招标投标程序，完全按照施工招标文件内容签订的，双方当事人对固定价格及工程结算方式予以变更需要严格的合意意思表示，虽然在合同履行过程中发包人对承包人增加价款没有明确反对，但仅以承包人自认价格过低就否定固定价款的合同约定，显然不利于防止和限制不正当竞争行为的发生和蔓延，不利于建立和发展健康的建筑市场秩序。一审法院一方面认可合同效力，另一方面又委托工程造价鉴定，有悖当事人意思自治原则，其委托鉴定缺乏事实和法律依据。因此，已经完成的工程造价鉴定结论违反了《最高人民法院关于审理建设工程施工合同纠纷案件适用法律问题的解释》（已废止）第二十二条的规定，不能作为认定合同内工程造价的依据。

19-高院-027（2019）晋民终64号

3.5.3.14　对已经完成的工程造价鉴定采用的定额标准背离了双方的合同约定，法院是该再行鉴定还是采取其他方法处理

法院认为：对已经完成的工程造价鉴定采用的定额标准背离了双方的合同约定，法院可以不再进行鉴定，而是在当事人双方对约定定额标准和鉴定定额标准的差距比例的基础上，由法院予以酌情调整。

19-高院-027（2019）晋民终64号

3.5.3.15　发包人在投标前约定按中标价让利，中标后合同明确中标价，对此双方的工程款按何种标准确定

法院认为：发包人和承包人在投标前签订《总承包协议》，中标后签订《建设工程施工合同》，《总承包协议》并没有确定合同价款，而是约定了在中标价的基础上让利，《建设工程施工合同》中明确中标价，其他如工程结算标准、双方的责任等涉及建设工程施工实质性内容的约定，均集中在《总承包协议》中，《建设工程施工合同》除确定中标价外，没有作出实质性内容的改变。主张中标合同有效的前提是另行签订的合同无效。承包人在原审诉讼请求中及上诉请求中均没有要求确认《总承包协议》无效，只主张让利条款这一项无效，其他条款均要求按照《总承包协议》履行缺乏法律依据。一审法院对承包已完成的工程造价委托鉴定机构作出司法鉴定，结合双方合同约定及诉讼请求，减掉让利部分并无不当。

19-高院-031（2019）晋民终11号

3.5.3.16　建设工程施工合同无效时合同工程价款按什么标准支付

法院认为：建设工程施工合同无效，但案涉工程已经发包人验收合格，应当依据最高人民法院《关于审理建设工程施工合同纠纷案件适用法律问题的解释》（已废止）第二条"建设工程施工合同无效，但建设工程经竣工验收合格，实际施工人请求参照合同约定支付工程价款的，应予支持"的规定确定案涉工程价款。

19-高院-032（2019）晋民再30号

3.5.3.17 建设工程通用条款约定的"对超过结算审核期限以送审价为准",是否可以直接确定结算价

法院认为:建设工程施工合同通用条款约定:发包人收到竣工结算报告及结算资料后 28 天内无正当理由不支付工程竣工结算价款,从第 29 天起按承包人同期银行贷款利率支付拖欠工程价款的利息,并承担违约责任的内容。对当事人具有约束力。发包人提出关于涉案工程不符合工程竣工验收法定条件及涉嫌伪造签名的抗辩理由缺乏事实和法律依据。

19-高院-027(2019)晋民终 64 号

3.5.3.18 财政评审中心审定的金额能否作为工程价款的依据

法院认为:关于财政评审中心审定的金额应当作为本案工程款的依据,可以从以下几个方面得到印证。第一,合同协议书第一条,资金来源部分载明为"政府投资"。第二,双方签订的《建设工程施工合同文件》约定,以合同约定和财政评审中心审定价格为准。第三,在弱电工程结算汇总表上监理单位审核意见载明:同意送审。第四,在实际施工过程中,进度款的支付均先由财政评审中心评审,再由财政局发文拨付。第五,申请人在原审诉讼中提供了证据:弱电工程结算报审资料明细表,且该证据底部有手写内容——接收单位:某工程造价咨询有限公司周××。以上证据可以共同证明双方在实际履行合同过程中同意并接受合同价款的确定必须经过××市财政评审中心审定这一程序。

19-高院-057(2019)晋民申 1826 号

3.5.3.19 约定施工范围和实际施工范围是否一致,如何认定

法院认为:申请人作为承包人承包工程后与实际施工人签订的《合作施工协议》明确约定承包性质为包工包料,承包范围为施工图纸范围内的土建、水、暖、电工程的情形下,以单方证据主张其承担了教工公寓楼、学生公寓楼挖土、打桩、工程技术资料整理、现场管理等并产生相关费用,进而要求判令实际施工人承担相应费用的主张,与合同约定不符,亦未提供有效证据,其此项再审申请不应支持。

19-高院-059(2019)晋民申 2068 号

3.5.3.20 承包人以载明"工程已接"的收据上确定的价款作为工程结算依据,应如何处理

法院认为:承包人主张以载明"工程已接"的收据上确定的价款作为证明与实际施工人最后结算的证据,与收据载明的内容不符,无法成立。同时,承包人认可工程价款"按市场行情",却提供不出证据证实市场价究竟是多少。故原审以该院委托以司法鉴定意见书认定工程造价为证据充分。

19-高院-064(2019)晋民申 2092 号

3.5.3.21 发包人能否以与第三人的工程单价作为否定与承包人的单价标准

法院认为:关于工程款单价问题。双方对结算土方数量并无异议,对单价各持己

见。承包人起诉时提供的结算证书明确结算单价为 10.8 元/立方米。发包人原审庭审强
调 10.8 元/立方米的结算证书系其工作人员工作失误，未收回错误的结算证书所致，未
提供其他相关证据予以佐证。发包人向本院申请再审提供了多份与其他人签订的单价为
5 元/立方米的路基土方作业合同，欲证明与承包人的工程也应按照 5 元/立方米进行结
算，本院认为，该证据并不能推翻其与承包人提供的 10.8 元/立方米结算证书的真实
性。合同具有相对性，每份合同都是独立存在的，其他合同的结算并不能推定涉案合同
的结算与其必然一致。故发包人认为工程款单价应为 5 元/立方米的主张不能成立。

19-高院-089（2019）晋民申 1052 号

3.5.3.22　对承包人认为实际施工人主张的土方款已经包括在其已经支付的款项中的情形，如何处理

法院认为：关于土方款问题，发包人主张 210000 元包含于 298740 元中，发包人再
审申请称承包人主张的工程款存在不合理性且陈述矛盾，原审法院多次开庭要求发包人
提供 298740 元入账的原始凭证，发包人均未提供。其再审申请时提供的与案外人的委
托取土协议只能说明案外人曾经取土的事实，发包人所主张的 210000 元已包含于
298740 元中的事实缺乏证据支持。

19-高院-089（2019）晋民申 1052 号

3.5.3.23　发承包人均为自然人，工程完工但未结算情况下，承包人向发包人主张工程款的证言、票据等证据如何认定

法院认为：（1）马某提交的建材票据既不是正规票据，且票据记载的内容也不能
证明是马某支付的费用。（2）证人均未出庭，且部分证人都是马某的亲属，马某引用
郭某向法庭提交的证据的目的是证明部分建材由郭某出资购买，马某既然认可该部分票
据，更能证明马某要求 70 万元工程款证据不足。（3）本案双方签订协议、合作建房一
段时间、产生分歧后，未及时采取相应措施明确双方之间的权利义务，未及时固定相关
有力证据，导致对工程量、工程款和损失的计算不统一。一、二审法院基于马某虽按约
完成了部分工程，但对主张 70 万元工程款未能提供合法有效的证据，仅凭其提供的工
程造价收据和证人证言无法证明工程价款的具体数额之情形，认定马某要求返还工程款
并赔偿损失的主张证据不足，不违反法律规定，并无不妥。

19-高院-093（2019）晋民申 723 号

3.5.3.24　对约定按照定额据实结算的工程，工程逾期完工的定额标准如何适用

法院认为：《施工合同》约定："以招标文件规定的工程量清单为基础，如工程量
与实际施工不符或因市场变化予以调整，采用 2005 版《山西省建设工程计价依据》消
耗量定额计价方式确定，动态调整依据山西省及忻州市的相关文件执行，定额及相关文
件中未列项的工程参考其他行业定额或甲乙双方现场签认。"对《关于发布 2011 年
〈山西省建设工程计价依据〉的通知》（晋建标字〔2011〕166 号）是否属于合同约定
的"山西省及忻州市的相关文件"未有明确的依据。结合涉案工程的实际情况，合同
签订于 2009 年，工期约定为一年，因发包人违约致工程实际完工日期为 2014 年 9 月 20

日，此期间人工费用成本上涨，故司法鉴定中心采用《关于发布 2011 年〈山西省建设工程计价依据〉的通知》（晋建标字〔2011〕166 号）文件作为计算人工差价的计算依据并认定人工差价为 274.792217 万元，法院加以确认并无不妥。

19-高院-094（2019）晋民申 829 号

3.5.3.25 对发承包双方因鉴定所依据的合同、计价标准等存在分歧无法达成一致，导致涉案工程量、结算价款等争议问题缺乏专业性参考依据，应当如何处理

法院认为：民事诉讼是以司法方式解决平等主体之间的纠纷，是由法院代表国家行使审判权解决民事争议。民事审判关系到法律对正义事项的分配，关系到公共秩序、善良风俗的维护，关系到人民群众切身利益的保护。本案一审判决以"当事双方对于鉴定所依据的合同、计价标准等存在分歧，无法达成一致，导致涉案工程量、结算价款等争议问题缺乏专业性参考依据，无法作出认定"为由驳回承包人的诉讼请求，显然不当。合议庭在审理民事案件的过程中，有职责根据查明的事实和相关的法律、法规，针对当事人的争议按法定程序作出裁判。

发包人再次提交了《工程造价鉴定申请书》，一审法院应当依据双方签订合同时间及不同工程项目的开工时间、完工时间、交付情况等实际因素结合法律规定对鉴定标准作出认定，或者由鉴定机构确定工程量，针对双方争议的取费标准分别予以核定，法庭审理后综合作出认定。

19-高院-096（2019）晋民终 231 号

3.5.3.26 《信访处理意见》对工程款的证据效力和证明范围如何确定

法院认为：《刘某信访事项处理意见》这一文件是国家机关依职权制作的，已充分证明被申请人欠付申请人刘某 201799.22 元，该文件为被申请人对工程款问题调查后作出的处理意见，其真实性应认可，也客观反映了本案的起因与过程，尤其是刘某的挂账情况，但该文件能否足以证明挂账的该笔款项的真实性及该笔款项应支付给刘某，需要其他证据与事实予以证明。

19-高院-098（2019）晋民申 757 号

3.5.3.27 发包人内部使用的自检报告能否直接作为认定事实依据

法院认为：原审法院依据再审申请人自检报告对完成工程价款进行判决符合法律规定，申请人以其内部报告对外不生效的主张不能成立。合同签订后申请人作为发包人设计变更，不能证明工期超期是承包人责任的情形下无权主张损失赔偿。

19-高院-110（2019）晋民申 376 号

3.5.3.28 承包人中途退场后发包人委托第三方施工的事实如何证实

发包人在原审时就主张承包人实际完成的工程量不足 60%，发包人委托第三方完成了剩余工程。发包人单位为了投资数额统计的资料被原审法院认定为与承包人结算，申请再审。

法院认为：发包人于原审时就主张承包人实际完成的工程量不足 60%，不具备付

款条件，但所举证据不能证明该请求。结合双方工程部负责人进行了工程决算及涉案工程已交付使用的事实，原审判决认定发包人应按照决算工程价支付承包人欠付的工程款事实清楚。

19-高院-115（2019）晋民申 11 号

3.5.3.29　合同关于结算条款有冲突，实际中既有财政评审价又有发包人在承包人提供的结算书上签字的价格，工程结算价格应如何认定

法院认为：建设工程施工合同关系中，施工方施工并交付工程，发包人支付工程价款，是各自的主要合同义务，一般情况下，双方当事人对结算需有明确约定，工程价款的结算应当依照法律规定和合同约定进行。

本案中，发承包双方签订的《建设工程施工合同》合法有效，双方虽然在该合同的合同协议书部分约定"合同价款具体以市财政评审中心审定金额为准"，但在合同通用条款和专用条款部分，均有关于竣工结算的明确约定。其中专用条款的约定中并无由市财政评审中心审定进行结算的内容。因此，发包人认为前述合同协议书中约定的合同价款即为结算价款，财政评审中心审定价格为工程结算依据，据理不足。按照上述《建设工程施工合同》专用合同条款部分关于竣工结算的约定，发包人在收到承包人报送的《工程结算书》后应及时进行审查确认。但从项目招标投标、签订合同、进度款支付等情况来看，发包人作为学校本身并不具备对结算书进行审核的专业能力，虽然该校校长在结算书上签字盖章，但并不能认为该校对结算书予以认可。故双方当事人就工程价款结算实际并未达成一致。根据上述"有争议部分的结算如协商不成可按专用合同条款争议条款的约定方式解决"的约定，即工程价款结算可由地方政府调解或诉至人民法院解决争议，现承包人已起诉请求支付工程款，人民法院应对案涉工程价款结算的实际数额予以查清。一审判决认为应当以财政评审中心审定金额为结算依据为由，驳回承包人的诉讼请求，认定基本事实不清。应发还重审。

19-高院-116（2018）晋民终 375 号

3.5.3.30　工程不合格的进度款和承包人垫付款应否支付

法院认为：关于工程款，案涉工程竣工后经抽采均未达到合同要求，根据双方在合同中的约定，仅具备支付合同预算总价款的 30% 作为材料款的条件，对该部分款项未支付的部分发包人应当予以支付。虽然涉案工程未达到合同要求，但项目实施期间承包人垫付的费用应由发包人支付。

19-中院-04（2019）晋 11 民初 51 号

3.5.3.31　未付工程款是否属于质保金，如何认定

法院认为：涉案工程已经决算，剩余工程款不超过工程款的 5%，发包人主张剩余工程款为质保金，涉案工程至今尚未竣工验收，故质保金不应支付，承包人予以认可，第三人即实际施工人主张工程已竣工验收，但其提供的《井巷工程设计现场对照表》仅是施工方、监理方、建设方对巷道实际情况与设计情况的对照检查，而非正式竣工验

收，故剩余工程款作为质保金尚不具备付款条件，且承包人并未收到剩余工程款，故第三人请求承包人支付剩余工程款本院不予支持。

19-中院-06（2019）晋 05 民初 10 号

3.5.3.32　发包人盖章但否认签字的签证单部分的工程款如何认定

法院认为：针对双方争议的工程造价问题，经鉴定，针对工程质量问题由太原市某区人民法院委托山西省太原市建筑工程质量司法鉴定所进行的鉴定，经鉴定涉案某岛住宅小区 1 号住宅楼及地下车库已完工程造价为 27083711.27 元，本院予以认定。对《住宅楼等工程》有五笔签证单发包人提出签字人不是其工作人员，但是上述五笔签证单中均有建设单位、施工单位、监理单位盖章，故发包人仅否定签字人的签字而不认可费用的意见，本院不予支持。

19-中院-08（2017）晋 01 民初 879 号

3.5.3.33　施工合同约定工程结算款应以发包人审计结果为最终结算依据，对承包人提供的结算单发包人签字盖章确认，但认为应以审计结果确认结算价款的如何处理

法院认为：承包人与发包人之间签订有《水平井工程合同》，现案涉水平井已竣工、验收合格并交付使用，且每口井的产气量均能达到约定的标准，发包人应依约支付工程款。承包人提供的"钻井工程结算单"，发包人方对其真实性无异议，且该结算单中有原发包人与承包人双方的签字盖章确认，本院对该项证据予以采信。发包人对工程款数额提出异议，认为应实际进行审核审计结算后，才能确认工程款的数额，但发包人未提供反驳证据，故本院对"钻井工程结算单"确认的工程款数额予以采纳。

19-中院-10（2019）晋 05 民初 6 号

3.5.3.34　发包人认为承包人完成工程的煤气井产量符合约定，但煤气井并未达到约定深度应扣减工程款的主张如何处理

法院认为：关于发包人提出的煤气井垂直深度未达到招标投标文件确定的工程量，应核减工程款的抗辩主张，本院认为，原发包人与承包人双方在《水平井工程合同》第 6.3.3 条约定了关于合同价款调整，井垂直深度并未被列为调整合同价款的指标。第 3.1.5 条亦约定，结算以单井为单位，按实际完成井数量、井型、产能进行结算，并未将井深作为结算依据。现发包人提出实际施工未达到设计井深，但认可 7 口井均达到产气量的要求且双方在工程结算单中均有确认的产能奖励款，说明 7 口井的产气量均已超出双方约定的产气量，合同目的已经实现，发包人应按照合同约定支付工程款。同时，发包人仅提出核减工程款的意见，但未说明如何核减，即井深单价如何确定缺乏依据，故本院对发包人的该项抗辩主张不予采信。

19-中院-10（2019）晋 05 民初 6 号

3.5.3.35　结算后主张的延误工期的费用是否应当支持

法院认为：关于承包人主张发包人支付延误工期的机械、周转材料损失及人工费问

题，鉴于双方已完成工程结算且均无异议，故承包人现另行提出该部分损失和费用，本院亦不予支持。

19-中院-11（2019）晋01民初213号

3.5.3.36　签证单、影像资料及自然人签字能否作为主张工程款的依据

法院认为：未经验收或者验收不合格的，不得交付使用。原告作为承包人熟知工程进展情况，应当在工程竣工验收合格后的约定期限内提交竣工结算文件。现承包人仅以《绿化及景观施工合同》项下部分工程的签证单和影像记录为据主张工程总造价款。承包人提交的工程量清单系单方加盖公司公章制作，虽有部分自然人的署名但无法确认是否是发包人授权的代表。提交的签证单证明目的仅为涉案工程增加的工程量。合同约定涉及增加工程量在变更时，须有双方工地代表签字的书面工程变更单，才能作为计算工程量的依据。承包人所提证据缺乏增加工程量相应确切的证据予以证明。发包人虽不否认承包人完成合同项下的一部分工程，但双方对该部分已完工程未进行验收结算。现有证据不能证明承包人与发包人签订的《绿化及景观施工合同》中所列工程项目全部竣工完成及增加工程的实际量。

经承包人向本院申请依法作出的《工程造价鉴定意见书》，该《工程造价鉴定意见书》程序合法，具有证明效力，本院予以采信并据此确定工程总价。

19-中院-12（2017）晋06民初7号

3.5.3.37　会计账务能否单独作为工程款的确认证据

法院认为：发包人已将《工程补助合同》工程款做了往来账处理，且在借用人提起本案诉讼时发包人已经支付借用人《工程补助合同》工程款中的大部分款项。因此，借用人请求发包人给付所欠《工程补助合同》工程款的主张应予以支持。

19-高院-009（2019）晋民再259号

3.5.3.38　诉讼期间委托完成的结算能否作为主要证据

法院认为：发包人申请再审时新提交的工程价款结算书系二审后发包人单方委托所作出，且该结算书不足以推翻原审判决的相关认定，因此，该证据不属于申请再审的新证据。

19-高院-009（2019）晋民再259号

3.5.3.39　已付款是涉案付款还是案外付款的举证责任

法院认为：实际施工人认可收到的两笔款并不在工程价款鉴定范围内，而是单独核算的，双方另有结算依据在案。发包人则主张是施工必须包括的项目，因此应该包含在工程款范围内，但发包人未能提供证据对其主张加以证明，故该两笔款不应列入鉴定范围之内。

19-高院-010（2019）晋民再266号

3.5.3.40　诉讼请求未明确的利息损失应放弃还是可以另行起诉

法院认为：最高人民法院《关于审理建设工程施工合同纠纷案件适用法律问题的解释》（已废止）第十八条规定了利息的起算时间，并未规定截止时间。实际施工人的诉

讼请求明确利息计算到 2014 年 12 月 15 日，是其对己民事权利的处分，原审支持其该请求不违反法律规定，实际施工人主张原二审利息计算至 2014 年 12 月 15 日适用法律错误，不能成立。

19-高院-010（2019）晋民再 266 号

3.5.3.41　对工程款确认涉及案外人款项扣除且扣除额发生争议，如何处理

法院认为：发包人将承包人以 EPC 形式承揽的部分工程发包给第三人，因承包人主张工程款应从总价款中先对该再包工程部分工程款进行扣除，双方对再包工程价款发生争议，一审法院认为双方证据均不充足，应按较多的数额进行暂扣。经本院查明，发包人主张的其余第三方签订的合同作为扣除款较多，但发包人未能证明其中部分属于应当从承包人工程总额扣除的范围，其余额与承包人认可扣除数额比较接近，可以采纳承包人作为原告提出的诉请。

19-高院-016（2019）晋民终 352 号

3.5.3.42　对工程量无争议但对工程款有争议，法院如何处理

法院认为：关于承包人主张水工保护工程价款的请求，双方对工程量无异议，总的施工合同中也有约定的结算依据，承包人自行计算出该部分工程价款，请求予以支持，但发包人不予认可。因该部分工程涉及相关专业性问题，需双方协商配合并提供相关资料进行结算，承包人请求由本院委托第三方进行审价结算，因发包人不同意在二审期间委托审价。该部分工程款双方可另案解决。

19-高院-016（2019）晋民终 352 号

3.5.3.43　发包人已经使用施工工程但工程质量确属不合格，对此发包人可否拒绝支付工程款

法院认为：发包人认为其委托鉴定机构对案涉工程质量进行了鉴定，鉴定意见为工程质量不合格，部分应当修复、部分应当重建，主张不应支付工程价款。承包人认为鉴定意见书不能作为建设工程存在质量问题的依据，且工程在未完工验收的情况下被强行占有使用，已完工程分项工程验收均已合格，主张发包人依法应当支付工程款。根据《最高人民法院关于审理建设工程施工合同纠纷案件适用法律问题的解释（二）》（已废止）第七条规定的精神，发包人在承包人提起的建设工程施工合同纠纷案件中，以建设工程质量不符合合同约定或者法律规定为由，发包人要求承包人支付违约金或者赔偿修理、返工、改建的合理费用等损失，属于独立的诉讼请求，发包人以此为由提出反诉的，人民法院应当合并审理。发包人以此为由抗辩主张减少、迟延给付或者拒付工程价款的，不应支持。

本案中发包人在反诉请求中并未对因质量问题所造成损失提出明确的请求给付内容，以工程存在质量问题为由拒绝支付剩余工程款属于抗辩的范围，该抗辩依法应不予支持。发包人主张的工程质量问题，可另行主张权利或双方协商解决。《中华人民共和国合同法》（已废止）第五十八条规定，合同无效或者被撤销后，因该合同取得的财产，应当予以返还；不能返还或者没有必要返还的，应当折价赔偿。案涉工程已实际交付使用，原审判决依据《中华人民共和国合同法》（已废止）第二百六十九条等规定认

定发包人应当支付剩余工程价款符合法律规定。

19-高院-017（2019）晋民终 249 号

3.5.3.44 质量不合格的工程如何主张工程款

法院认为：关于案涉工程中的部分项目工程款扣减问题。一审法院查明：海盗船项目未通过国家质检局的验收，未取得验收合格证，经双方协商，该项目核减 200 万元符合法律规定。脚踏车项目由于承包人施工的土建工程不合格导致基础下沉，设备变形，没有通过安全验收，承包人至今没有进行重建和维修，故该费用应在总承包款中予以核减。

19-高院-025（2019）晋民终 153 号

3.5.3.45 中标项目的价款经双方协商变更但未达成一致意见的，诉讼中法院如何确定价款

法院认为：建设工程施工合同是在经过严格规范的招标投标程序，完全按照施工招标文件内容签订的，双方当事人对固定价格及工程结算方式予以变更需要严格的合意意思表示，仅以一方当事人认为基于种种原因和情况就否定固定价款的合同约定，显然不利于防止和限制不正当竞争行为的发生和蔓延，不利于建立和发展健康的建筑市场秩序。一审法院一方面认可合同效力，另一方面又委托工程造价鉴定，有悖当事人意思自治原则，其委托鉴定缺乏事实和法律依据。因此，已经完成的工程造价鉴定结论违反了《最高人民法院关于审理建设工程施工合同纠纷案件适用法律问题的解释》（已废止）第二十二条的规定，不能作为认定合同内工程造价的依据。

19-高院-027（2019）晋民终 64 号

3.5.3.46 工程变更的价格如何计价

法院认为：当事人对建设工程的计价标准或者计价方法有约定的，按照约定结算工程价款。在变更工程结算中，对采用固定总价的工程合同来说，如果在施工中发生工程变更事项与原合同范围内的项目，其性质和内容完全相同，在变更工程结算中，对变更工程结算价值则不予确认，仍按原合同价值确定该工程结算价值。如果在施工中发生工程变更事项与原合同范围内的项目，其性质和内容不相同，在变更工程的结算中，应参考类似工程结算单价与发包人和承包人协商重新确定变更工程结算单价，按承包人实际完成的工程量确定变更工程价值。

19-高院-027（2019）晋民终 64 号

3.5.3.47 承包人中途撤场能否直接主张工程款

法院认为：承包人在未竣工验收撤离施工现场的情况下，主张工程款实为工程进度款，承包人与发包人应继续履行《建设工程施工合同》及《关于调整"工程施工协议书包干价"的补充协议》；经鉴定工程造价意见书和工程款（进度款）支付比例确定承包人应取得的工程进度款。

19-中院-13（2018）晋 01 民初 250 号（提示：需要首先提出合同解除）

3.5.3.48 工程设备转让的价款发包人应否支付

法院认为：工程结束后，第三人作为项目部负责人与发包人签订转让协议和补偿协

议，将施工设备转让给发包人，现第三人向承包人主张欠款，因发包人尚未实际向承包人支付上述款项，且上述两份协议所涉款项并非因建设工程产生的工程欠款，不属于本案审理范围，故第三人请求承包人支付上述款项本院不予支持。

19-中院-06（2019）晋 05 民初 10 号

3.5.3.49 对承包人主张的合同解除的预期可得利益损失如何处理

法院认为：关于承包人请求判令被告支付违约解除合同造成的预期可得利益损失，由于承包人未提供足以证明造成逾期可得利益损失的证据，本院不予支持。

19-中院-08（2017）晋 01 民初 879 号

3.5.3.50 承包人主张索赔的举证责任如何实现

法院认为：索赔费用明细系承包人单方制作，发包人不予认可，且无其他证据予以佐证，本院对承包人主张的经济损失不予支持。

19-中院-01（2019）晋 04 民初 73 号

3.5.3.51 发包人应扣除的承包人的费用和鉴定费，能否作为欠付承包人工程款而向实际施工人承担责任的范围

法院认为：申请人申请再审认为应扣除承包人的费用及鉴定费与本案建设工程价款不属同一个法律关系，发生在申请人与承包人之间且无有效支付凭证予以证明。本院对其再审申请理由不予采纳。

19-高院-060（2019）晋民申 1574 号

3.5.3.52 承包人如何在诉讼中确定工程款数额

法院认为：关于本案已完工程工程款数额应如何认定的问题。承包人向发包人报送的结算文件记载的结算金额系其单方计算，承包人在审理过程中未就已完工程量申请司法鉴定，故本院对双方无争议的工程款以发包人认可的数额予以认定，发包人应当予以支付。承包人主张的工程款利息按照年利率6%计算不违反法律规定，本院予以支持，利息应自合同解除之日起开始计算。

19-中院-01（2019）晋 04 民初 73 号

3.6 工程款的支付

3.6.1 工程价款抵销引发的纠纷

3.6.1.1 监理单位出具的罚款单能否抵销对应的工程款引发的纠纷

法院认为：监理单位出具罚款单基于合同约定和施工现场处理决定，承包人有违规操作情形，监理单位出具的罚款单，应从工程款中扣除。

19-高院-002（2019）晋民终 631 号

3.6.1.2 发包人代承包人支付材料款可否抵销工程款

法院认为：发包人代承包人支付当地建材供应商的材料款，属于发包人与承包人专题会议中确认的发包人代为支付款项的一部分，与原审判决认定另外两笔代付款相同，另外两笔已从工程款中扣除，该笔未扣除没有说明理由。发包人于原审时举证证明了该笔款项的支出，应从工程款中核减。

19-高院-002（2019）晋民终 631 号

3.6.1.3　用于抵顶工程款的工程煤产生的亏吨，是工程煤待销售期间发生的质量减少，亏吨损失应当由谁承担发生纠纷

法院认为：双方签订的《施工合同》约定，发包人负有对承包人交付煤炭的保管、销售、洗煤及将煤款支付给承包人的合同义务，即发包人对所交付的煤炭资源负有保管职责。承包人认为，煤炭的亏吨应是煤炭在生产、销售和运输过程中，因自然原因导致不可抗力而产生的质量和数量变化，而本案中，发包人所主张的亏吨并非自然亏吨，依据发包人自行提供的化验报告书、售后处理报告可知，产生亏吨的原因是"两矿井洗煤厂脱水工艺原因，水分超出合同规定的 8% 上限"，发包人财务账面反映工程煤应结算收入确定的数额，并没有对亏吨事项进行体现，而且双方多次结算显示对未开票工程煤出现的亏吨问题不再考虑。所以亏吨由发包人自行承担。

19-高院-004（2019）晋民再 201 号

3.6.1.4　承包人承包煤款工程以工程煤折顶工程款，而工程煤又由发包人销售，销售产生的企业所得税及资源税的款项应否由承包人承担

法院认为：本案工程价款结算以工程煤净收益为依据，承包人已因工程收益缴纳所得税的，承包人的工程收益即工程煤净收益，不应重复缴纳，且收缴税费的主体应为税务机关，发包人关于预扣除企业所得税的上诉主张，理据不足，本院不予采信。

发包人提供《棚户区出煤记录台账表》及经承包人派人确认的过磅单显示，承包人 5 月交付煤炭后发包人截至 12 月仍在持续销售，但未提供 12 月对承包人煤炭销售的资源税缴税凭证。对发包人仅提供单方台账记录，未提供直接证据予以证明的此项主张，本院不予支持。

19-高院-004（2019）晋民再 201 号

3.6.1.5　承包人生产的工程煤属于承包人所有，但实际由发包人销售，承包人生产工程煤时煤炭市场价格和实际销售时价格不一致，价款差额由谁承担

法院认为：根据合同对工程煤售价的约定，承包人工程价款结算以最终售价为依据。结合煤炭生产时间的证据确认差价由承包人承担。

19-高院-004（2019）晋民再 201 号

3.6.1.6　发承包双方约定煤矿工程包括开挖和回填两部分，在工程开挖完成后合同解除的情况下，是否应当按照约定的回填价款扣除承包人的工程款

法院认为：双方虽然对未回填工程价格有约定，但考虑到本案双方以煤炭销售的净收益作为工程款数额结算依据的特殊性，以及未完工部分工程煤对承包人仍属于可得利益，故判决对发包人原《施工合同》中约定土方碾压回填综合单价，应进行扣减调整。

3.6.1.7 发包人应付承包人的工程款是否可以扣除管理费

法院认为：根据双方履行合同的情况看，承包人向发包人提出拨款额度的申请，先由发包人扣除管理费、税费及其他应扣的各项费用，再打款给承包人的银行账户；而承包人在出具收据时，是以申请拨款的额度列明的。可以认定承包人是认可发包人收取管理费的。同时涉案工程项目建设，外包由多个工程队施工完成，其间发包人负责工地的供水、供电、安全保护等，必然产生相应的管理费用，发包人按照一定比例向各施工队收取管理费有事实依据。承包人主张发包人收取其管理费没有事实和法律依据，不能成立。

19-高院-010（2019）晋民再266号

3.6.1.8 无产权的不动产抵债效力如何认定

法院认为：双方当事人在结算工程款过程中，发包人以工程中的地下室、车位进行抵顶问题，虽然双方当事人之间就抵顶债务问题签署《顶账协议》，但协议中涉及的地下室及车位均未办理房屋预售许可证或履行备案手续，在诉讼过程中双方当事人也未提供确实有效的证据证明地下室及车位的产权性质，在承包人未实际受领及办理过户登记的情况下，该《顶账协议》未发生效力，发包人以房抵债的主张本院不予支持。

20-中院-3（2020）晋09民初2号

3.6.1.9 发包人能否直接依据工程质量问题要求直接折抵工程款

法院认为：在诉讼过程中，发包人主张承包人施工质量存在问题，预以工程质量赔款折抵工程欠款问题，就此问题发包人并未提起诉讼主张，且双方在《遗留事项的处理协议书》中对质量问题已进行了约定。根据《最高人民法院关于审理建设工程施工合同纠纷案件适用法律问题的解释》（已废止）第十一条的规定，在承包人未明确拒绝修理、返工的情况下，发包人请求减少支付工程价款的主张在本案中本院不予支持，发包人可另行依法主张权利。

20-中院-3（2020）晋09民初2号

3.6.1.10 承包人与发包人签订的煤矿施工合同规定以施工产生的煤炭折抵工程款的形式解决工程款支付，而承包人属于中途进场施工，其与发包人约定承继前手承包人已经施工的工程，对发包人欠付前手承包人的工程款中的一部分，由承包人支付。对该代发包人付款是否属于承包人的对应义务

法院认为：由于承包人对进场前的债务予以承继，为公平界定合同权利义务，商定进场前的工程煤已经产生的工程煤收益归属于承包人。由此可以相互印证该笔款项属于承包人履行合同约定的支付义务，发包人除工程煤净收益外不再另行支付款项。因此承包人主张该笔款项系垫付，缺乏合同依据。

19-高院-004（2019）晋民再201号

3.6.1.11　煤矿工程，以施工产生的工程煤折抵工程款，同时工程煤又是通过发包人销售的施工合同纠纷的裁判规则

（1）承包人与发包人签订的煤矿施工合同规定以施工产生的煤炭折抵工程款的形式解决工程款支付，而承包人属于中途进场施工，其与发包人约定承继已经施工的工程，对发包人欠付前手承包人的工程款中的一部分，由承包人支付。对代发包人的付款是否属于承包人的对应义务发生纠纷。

法院认为：由于承包人对进场前的债务予以承继，为公平界定合同权利义务，商定进场前的工程煤已经产生的工程煤收益归属承包人。由此可以相互印证该笔款项属于承包人履行合同约定的支付义务，发包人除工程煤净收益外不再另行支付款项。因此承包人主张该笔款项系垫付，缺乏合同依据。

19-高院-004（2019）晋民再201号

（2）关于前期工程量及煤炭价格的认定。承包人进场前（前手承包人）已完成的工程量，双方在《施工合同》中已进行签字确认，对双方具有约束力。承包人提出多余施工工程量主张，但并未对多余工程量实际施工进行举证，仅以签证单为依据，本院不予采信。

19-高院-004（2019）晋民再201号

（3）关于进场前产生的工程煤价格计算问题。由于《补充合同》第十条对前期工程价格进行了详细约定，系双方真实意思表示，未进行核对确认，不影响合同效力，对承包人要求按照进场时煤炭市场价格计算该笔工程煤的主张，本院不予支持。由于发包人未对该笔工程煤进行实际销售，亦未提供相关扣除的税费证明，《补充合同》的订立系出于对承包人予以补偿的目的，因此对发包人扣除前期工程煤税费的主张，本院不予支持。

19-高院-004（2019）晋民再201号

3.6.2　代付代收

3.6.2.1　所付款项是诉争欠款还是与案外人有关的付款，如何认定

法院认为：发包人认为是向承包人支付的工程款，而承包人认为是发包人受第三方委托向承包人支付工程材料款，但未提供证据予以佐证，承包人主张证据不足不予支持。

19-高院-016（2019）晋民终352号

3.6.2.2　对承包人已经通过第三人向实际施工人付款的争议如何处理

法院认为：关于承包人主张向第三人支付款项属于已支付实际施工人的工程款，但根据承包人提供的证据不能认定，对该两笔款项，承包人可另案主张。

19-高院-032（2019）晋民再30号

3.6.2.3　承包人管理人员收取的款项能否认定为承包人收款行为

法院认为：关于欠付工程款数额的认定。关于裴某签字支出款项的问题，裴某系承包人工程施工中管理人员，争议款项虽系裴某事后补签，但也属于其对款项支出的认可，承包人诉讼中未提交证明该部分款项与涉案工程之间不具有关联性或者费用支出不合理，仅以事后补签主张不同意扣除，缺乏充分的证据予以支持，发包人认为该款项应予扣除的主张本院予以支持。

19-高院-033（2018）晋民初 509 号

3.6.2.4　发包人提供转账凭证证明代承包人偿还借款抵顶工程款的争议

法院认为：发包人主张应承包人要求，代承包人向第三人偿还借款，但没有提供承包人相应的借据，亦不能提供准确的出借人，以及借款时间、地点、方式等证据，承包人对该借款不予认可的理由成立，本院予以支持。

19-高院-034（2019）晋民再 4 号

3.6.2.5　发包人代承包人向实际施工人付款的数额，如何从应付承包人工程款中扣除

法院认为：发包人与承包人合同约定了工程价款的计算方式，对其中部分承包工程委托第三方施工，在承包人与第三方的合同中也约定了该部分的计价方式，两者价款不一样的，发包人按照后者代承包人向第三方支付工程价款，承包人主张按照其与发包人约定的计价方式扣除的不予支持。

19-高院-034（2019）晋民再 4 号

3.6.2.6　承包人工地负责人代收款是否能够作为承包人收取的工程款

法院认为：承包人工地负责人在发包人处签字的借款单、便条领取工程款，承包人不予认可，但签字的两个人都是承包人工地负责人，在之前承包人参加的专题会议上，有对该负责人作为承包人工地代表直接打收条领取的款项，计入已付承包人款项的内容，所以纠纷代收的该笔款应计入已付工程款。

19-高院-002（2019）晋民终 631 号

3.6.2.7　承包人向发包人主张工程款，发包人以工程款已经向实际施工人支付而抗辩的纠纷

法院认为：工程承包人在该工程中的实际施工人员作为第三人，通过借款和收款的形式从发包人领取的款项，发包人主张属于支付给承包人的工程款，承包人否认并主张发包人与第三人有其他合同关系而支付的款项的，仍应认定该部分款项属于向承包人实际支付的款项。

19-高院-006（2019）晋民终 591 号

3.6.2.8　发包人直接向案外实际施工人付款承包人不予认可，是否作为发包人已经向承包人支付的款项的认定

法院认为：案涉收据有案外人及发包人和承包人工程负责人的签字，能够证明案外人已经完成应完成工程的事实，该部分工程依法应认定为经发包人同意的分包工程，发包人依法需承担向实际施工人支付工程款的付款责任，承包人未提供证据证明就该部分分包工程与实际施工人进行了工程结算并付清全部工程价款，以其已签字确认的款项作为该部分分包工程结算价款明显有悖于公平原则。该部分分包工程的工程量均已经各方确认，从发包人与实际施工人工程结算的计价情况来看，计算的工程结算价款并不违背公平原则和行业惯例，实际施工人认可发包人已付清工程结算价款，根据公平原则和诚信原则，发包人认为已付清工程款的主张应予支持。

19-高院-023（2019）晋民终 113 号

3.6.2.9 对他人收取款项的责任如何认定

法院认为：再审申请人郭某对其与朱某的合伙关系没有异议。对朱某以申请人名义开具收条并收取的款项部分认可、部分不予认可的问题，依法认定朱某作为合伙人对外收取应收工程款并出具相应收据的行为对全体合伙人有效。其中包括朱某以其名义和郭某的名义出具的收据。

19-高院-109（2019）晋民申 212 号

3.6.2.10 三人代表承包人领取工程款如何认定

法院认为：发包人未能提供承包人委托常某参加招标投标和管理工程及受领工程款的授权委托书，现常某已经死亡，在合同书中"常某"字样签名真实性双方各执一词，但综合客观事实，即便常某系承包人的委托代理人，也因中标合同中原、被告关于"本合同工程款必须汇入总公司指定账户，否则视为无效合同"的约定而排除了常某受领工程的权利，发包人向常某交付承兑汇票而非背书转让给承包人的行为和以房抵账的行为，不能产生清偿工程款的效力。

20-中院-4（2019）晋 08 民初 144 号

3.6.2.11 项目部经理是否有权代表发包人进行涉外经济活动

法院认为：关于申请人认为裴某不具有代表申请人项目部负责人身份参加诉讼有对外进行经济活动的资格的理由，经审查，裴某系涉案工程项目部经理，直至本案诉讼申请人也未提交解除其项目经理或者负责人身份的相关证据。因此，中铁二十五局集团有限公司的该理由亦不成立。故驳回中铁二十五局集团有限公司的再审申请。

19-高院-054（2019）晋民申 1814 号

3.6.3 履行数额抗辩

3.6.3.1 对同样内容的两个收据，承包人提出是发包人要求重复出具，发包人不予认可如何认定

法院认为：承包人出具两个收据，承包人提出收据重复计算，发包人主张未重复计算，承包人不能证明收据所载事实的基础原因，对其重复计算主张不予支持。

19-高院-034（2019）晋民再 4 号

3.6.3.2 发包人与承包人对支付工程款凭证是否重复计算发生纠纷

法院认为：一审法院组织承包人与发包人核对工程款拨付明细时，承包人出示了工程收款笔数和数额，发包人质证认为第 5 笔和第 6 笔包含在第 4 笔中，一审予以认定并进行了相应的扣减，二审中发包人提供了承包人收据证实第 5 笔和第 6 笔未包含在第 4 笔中，二审法院据此对工程款拨付数额相应调增。承包人再审认为调增部分重复计算，再审中能够证明第 4 笔中未包含第 5 笔和第 6 笔，所以对承包人主张的重复计算不予支持。

19-高院-010（2019）晋民再 266 号

3.6.3.3 单纯 40 万元的收据能否产生收款的证明效果

法院认为：施工单位出具收据后又主张未收到款项应承担举证不能的责任。

19-高院-103（2019）晋民申 731 号

3.6.3.4 对支付的两笔款是否重叠发生分歧录音证据的效力如何判定

法院认为：本案的核心焦点是录音中的 20 万元如何认定。发包人以本案的收据中未注明包含承包人收取的 20 万元现金、另有通话录音为证为由，坚持主张已经支付 95 万元工程款，但未提供有力事实证据和法律依据，故本院难以支持。二审法院基于当庭播放电话录音，根据承包人法定代表人谢某当庭对电话录音的质证，该录音中也不能明确证实承包人认可发包人付款 95 万元的事实，且该份电话录音不完整，又无其他证据与该电话录音相佐证的情形，未认定该 20 万元不在 75 万元收据中，有事实证据和法律根据，并无不妥。

19-高院-111（2019）晋民申 195 号

3.6.3.5 对已经支付的工程款如何分配举证责任

法院认为：关于实际给付工程款问题，双方当事人虽未向本院提供具体支付款项凭证，但是承包人自认实际给付工程款数额，发包人虽对此数额有异议，但差距甚小，在发包人也无具体付款凭证的情况下，本院以承包人自认给付工程款数额认定本案已付工程款。

20-中院-3（2020）晋 09 民初 2 号

3.7 工程款支付时间抗辩

3.7.1 发包人以工程尚有遗留问题等主张工程款履行期限尚未届满，行使付款抗辩权应如何处理

法院认为：关于发包人上诉请求所提承包人未完成现场全部工作内容、涉案工程未竣工验收，未出具工程保修函、未补齐已收款的建筑业专用发票，发包人支付工程价款的约定期限尚未届满，依法享有先履行抗辩权，不应支付工程价款的问题，本案证据能够证明涉案工程已经竣工验收。发包人应向承包人支付工程价款。工程遗留需整改部分双方可协商利用质保金修缮解决。在发包人支付工程款后，承包人应按照税法的相关规定向发包人出具发票并移交涉案工程竣工资料。

19-高院-016（2019）晋民终 352 号

3.7.2　发包人使用未完工工程的工程款如何支付

法院认为：发包人应否向承包人支付欠付工程款。承包人在案涉工程基础、主体等分项工程项目施工完毕后，经第三方检测单位鉴定出具了基础、主体验收记录及主体结构为合格的鉴定报告，发包人在未组织竣工验收的情况下已将部分工程实际投入使用，其应当支付剩余工程价款及给付迟延付款的利息。

19-高院-022（2019）晋民终 176 号

3.7.3　未开具发票能否作为拒付工程款抗辩理由

法院认为：关于已付工程款，在发包人不能证明其主张的支付工程款数额，双方也没有约定以开具增值税发票作为结算依据的情况下，仅凭承包人开具的增值税发票数额不能作为支付工程款数额的依据。

19-高院-035（2018）晋民终 897 号

3.7.4　发承包双方对工程质量有争议时，是否可以先对不涉及质量问题的工程款进行处理

法院认为：承包人与发包人签订《分包合同》后，承包人施工了部分工程，在 2017 年 5 月提前退场，因双方对承包人承包工程的质量等问题存在较大争议，二审法院对其中的不涉及质量问题的"排烟风口开口及封堵 64400 元的工程款"予以支持，对承包人承包工程的其他部分款项，"其可待解决质量问题后另行主张工程价款"，并无不当。

19-高院-083（2019）晋民申 859 号

3.7.5　未到期的质保金是否可以直接确定具体时间支付

法院认为：关于质保金的尾款，由于双方合同约定的质保金返还期限尚未到期，故本案对该部分主张在本次判决主文中不予处理，待期满后由发包人按约定向承包人返还。

19-中院-11（2019）晋 01 民初 213 号

3.7.6　合同无效后发包人应否向承包人承担付款责任

法院认为：发包人和承包人签订的《建设工程施工合同》及《建筑工程补充协议》因违反国家法律、法规强制性规定，应认定为无效。但是根据《关于审理建设工程施工合同纠纷案件适用法律问题的解释》（已废止）第十四条第一款第（三）项规定："建设工程未经竣工验收，发包人擅自使用的，以转移占有建设工程之日为竣工日期。"本案工程未经竣工验收，承包人提供的工程项目施工结束证明可证明原告已交工，被告已使用该工程，可以依法认定，该工程已竣工验收合格，发包人应依法向承包人支付工程款。

19-高院-026（2019）晋民终 136 号

3.7.7 工程竣工后承包人提交竣工结算材料不合格能否向发包人主张工程款利息

法院认为：承包人起诉时主张应在竣工验收合格日后支付工程价款并赔偿利息损失，其中10%的质保金自竣工验收日满一年时起算。发包人认为承包人未在竣工验收后提交一式四份的竣工结算材料，其不应支付利息。承包人的该项主张符合双方合同中工程款支付方式的约定，本院依法予以支持。双方在合同中并未将提交一式四份的竣工结算材料约定为支付工程款的条件，发包人据此主张不应赔偿利息损失缺乏事实依据，因此产生的争议双方应协商解决或另行主张权利，如承包人未按合同约定完全履行合同义务，依法应承担相应的违约责任，但并不能因此免除发包人因违约应赔偿利息损失的责任承担。双方当事人对欠付工程款利息计付标准没有约定时，按照中国人民银行同期同类贷款利率计息，质保期满应支付质保金对应利息。

19-高院-033（2018）晋民初 509 号

3.7.8 承包人主张工程价款时发包人提出未开具发票，能否成为拒绝付款的理由

法院认为：对开具发票的问题双方当事人在合同中并未有明确约定，交付发票是税法上的义务，而非合同中的义务。发包人可在全部支付工程价款后，另行要求承包人开具专用发票。

19-高院-031（2019）晋民终 11 号
19-高院-035（2018）晋民终 897 号

3.7.9 发承包双方因未办理工程交付的工程款的支付时间发生纠纷

法院认为：原审认为工程未交付，以起诉之日确定利息起算日，实属不当，涉案工程已经投入使用，但可以确定工程交付时间，应当自工程交付起支付利息。

19-高院-008（2019）晋民终 557 号

3.7.10 发包人上诉请求所提承包人未完成现场全部工作内容、涉案工程未竣工验收，未出具工程保修函、未补齐已收款的建筑业专用发票，发包人支付工程价款的约定期限尚未届满，依法享有先履行抗辩权，不应支付工程价款的问题

法院认为：本案证据能够证明涉案工程已经竣工验收。发包人应向承包人支付工程价款。工程遗留需整改部分双方可协商利用质保金修缮解决。在发包人支付工程款后，承包人应按照税法的相关规定向发包人出具发票并移交涉案工程竣工资料。

19-高院-016（2019）晋民终 352 号

3.7.11　发承包双方虽然对付款时间有约定，但发包人欠付款项属于支付哪一笔款项，涉及如何计算利息的纠纷

法院认为：合同中发包人和承包人就工程付款条件、完工期限及如何付款等作出约定，开工后发包人陆续向承包人支付款项，承包人也一并向发包人提出请求发包人支付其未依照合同约定付款节点未足额付款的利息，无法分清发包人支付的是所欠工程款还是工程进度款，故工程欠款金额的违约利息应以工程最终认定金额为本金、以工程最终确认之日为起点计算。

19-高院-018（2018）晋民终 332 号

3.7.12　发包人发函中具有要求复工和同意支付补偿款两项内容，对支付补偿款的时间先后如何确定

法院认为：发包人发函中具有要求复工和同意支付补偿款两项内容，但没有说明两者之间的关联性，发包人主张支付补偿款以复工为前提的理由不能成立。

19-高院-028（2019）晋民再 81 号

3.7.13　合同约定按工程进度分段分节点支付工程款，但实际进度和竣工日期有争议时，进度款支付时间如何确定

法院认为：《总承包协议》约定了涉案工程主体部分的工程款付款方式为分段分节点付款，但因双方对涉案工程的实际竣工日期有争议，工程未按合同约定全部施工完毕，亦未经竣工验收，故无法按照分段分节点付款并计算利息。发包人认可的接收涉案工程日期可以确定为竣工日期，以实际欠款为基数，按中国人民银行发布的同期同类贷款利率计算利息。

19-高院-031（2019）晋民终 11 号

3.7.14　承包人未履行维修义务时发包人可否拒绝支付工程款

法院认为：涉案工程已经验收合格交付使用，承包人对工程款享有支付请求权。承包人请求支付工程款与发包人要求履行返修义务是两个不同的法律关系，发包人不应当以承包人未履行返修义务为由不支付工程款。

19-高院-015（2019）晋民再 196 号

3.7.15　工程交付期限不明的利息支付起点认定标准

法院认为：双方就工程完成了进度验收、确认为合格并同意支付进度款，且后期再未进行施工，该工程应视为已经实际交付给发包人，发包人应从该日起向承包人支付相应款项及利息。

19-高院-056（2019）晋民申 1809 号

3.7.16　工程款付款时间未约定的如何确定

法院认为：由于本案双方《合作施工协议》中仅约定了结算标准，并未对应付款的时间作出明确约定，原审法院根据已查明的发包人与承包人完成结算的事实时间，判令承包人自该日期起向实际施工人承担还款义务并承担利息损失亦无不当。

19-高院-059（2019）晋民申 2068 号

3.7.17　工程因质量问题尚未维修的工程款应否支付

法院认为：本案诉讼是在涉案工程还未全部完工双方因工程质量问题发生纠纷时，再审申请人提起的要求给付工程款的诉讼。原一审法院审理就再审申请人所建房屋分别对工程质量维修费用、工程质量进行鉴定，鉴定意见显示建筑工程质量维修费用为35599.44 元。

在该鉴定意见书的"分析说明"中，还有"维修费用中不包括围墙向西倾斜，建筑存在不方正的情况"的说明，也就是说，该笔维修费用所指的维修范围并不是涉案房屋存在质量问题的全部范围，未包含在上述维修费用中的其他应该维修的范围，也是再审申请人必须进行修复处理的。在上述房屋工程质量部位进行技术结构性修复未完成之前，双方也无法进行结算。故原二审法院依据该《鉴定意见书》作出所建房屋存在结构性质量问题，不符合国家施工质量验收规范标准。承包人应当对存在工程质量问题的部位进行技术结构性修复，并经相关部门或发包人验收合格后，再行要求发包人支付双方约定的工程款项的判决说理充分，适用法律正确，本院予以支持。

19-高院-070（2019）晋民申 1704 号

3.7.18　工程质量不合格的工程款如何解决

法院认为：因现场评定排烟系统不合格。二审判决结合承包人未能完成涉案工程的事实，对承包人主张的相应部分工程价款不予支持，并告知承包人可在修复、调试、更换合格产品后另行主张相应的工程款项，并无不当。

19-高院-083（2019）晋民申 859 号

3.7.19　对欠款未能支付的责任涉及的利息主张，如何进行举证分配

法院认为：发包人自认有部分款项未支付给承包人，认为不能支付的原因是承包人造成的，关于此主张，发包人并未提起反诉也未提供充分的证据证明，故原审法院根据相关法律和司法解释判令发包人支付其所欠工程款的利息并无不当。

19-高院-089（2019）晋民申 1052 号

3.7.20　工程已经实际使用但未结算工程款的纠纷，利息是否应当予以支付

法院认为：案涉工程申请人已经实际使用，双方因为结算问题诉至法院，申请人已

经支付了多少工程款，还应当支付多少工程款，正是本案需要解决的问题。故申请人以本案未结算为由主张不应支付逾期利息难以成立。法院依据工程竣工后即交付使用的事实，判令申请人从竣工之日起支付逾期利息符合本案实际情况。

19-高院-094（2019）晋民申 829 号

3.7.21　发承包双方签订的支付工程款和恢复施工的约定，是否能得出两者的时间顺序

法院认为：发承包双方签订的补充协议中并未将承包人恢复施工列为付款的前置条件，发包人抗辩拒绝支付补充协议约定工程款的理由缺乏依据。

19-中院-01（2019）晋 04 民初 73 号

3.7.22　工程结束时间如何认定

法院认为：因双方当事人在《工程施工合同》中未约定欠付工程款利息，欠付工程款的利息按照中国人民银行发布的同期同类贷款利率计息；关于计息的起算时间，《工程施工合同》约定：工程结束后 30 天内给付剩余全部工程款。发包人确认的工程竣工总结算及与承包人签订的总结算明细的时间应确认为工程结束时间，此后 30 日内为应付工程款之日。

19-中院-02（2019）晋 06 民初 42 号

3.7.23　质量保修金退还期限如何确认

法院认为：根据《最高人民法院关于审理建设工程施工合同纠纷案件适用法律问题的解释》（已废止）第十四条第（一）项"建设工程经竣工验收合格的，以竣工验收合格之日为竣工日期"的规定，以及双方签订的《建设工程施工合同》的附件 3 工程质量保修书第二条约定，质量保修期从工程实际竣工之日算起，工程质量保修期最长的为五年，其余为两年或不低于两年。第五条约定了质量保修金的返还"质量保修期满后，无质量问题，7 天内返还全部质量保证金"。本案中现已超过最长五年的质保期，且发包人未对涉案工程提出质量问题，故承包人主张退还质保金的请求本院予以支持。质保期满后产生的逾期利息本院予以支持。

19-中院-05（2019）晋 01 民初 621 号

3.7.24　发包人能否以发票问题作为拒付工程款的抗辩理由

法院认为：关于诉讼过程中发包人以承包人未开具发票进行抗辩问题，本案双方当事人签订《建设工程施工合同》的目的在于对涉案工程进行开发建设，而未开具并交付工程款发票并不会对合同目的产生根本影响，且当事人在合同中并未对开具发票及给付工程款的顺序进行约定，故发包人以承包人未向其开具发票为由进行抗辩的理由本院不予采纳。

20-中院-3（2020）晋 09 民初 2 号

3.7.25 在互相违约情形下保证金应否退还

法院认为：从约定内容看，该200万元属于履约保证金，是为了保证合同履行并且在一方违约时，另一方可从保证金中获得赔偿。原判认定：原、被告均未依约全面履行自己的义务，承包人未能依约交工并完成竣工验收，拖延完成工程进度，发包人亦未能依约支付部分工程进度款。从表现出的事实上看，双方互有违约行为，但各执一词，均主张对方违约为因，己方迟延履行为果，对方应承担违约责任而己方应当免责，综合考虑及前期合同有关约定与履行情况，从尽可能妥善解决双方之间纠纷的角度考虑，以双方互不承担违约责任为宜。原判在不追究违约责任的情况下未对保证金是否退还作出处理，结合发包人上诉请求中并未主张承包人承担违约赔偿责任，因此，该200万元保证金应予退还。

19-高院-002（2019）晋民终 631 号

3.8 违约责任

3.8.1 违约的确认

3.8.1.1 对协议约定的违约责任还需要承担哪些举证义务

法院认为：关于钢材款利息、周转材料费用、停窝工费及塔式起重机罚款的承担问题。发包人主张双方签订的《施工合同》《补充协议》《承包方工程量完成情况说明》无效，而且即使该协议有效，承包人既不能证实其实际损失数额，也不能证明协议的基础性事实，不应由发包人赔偿损失。经法院审理查明，双方签订的《施工合同》《补充协议》《承包方工程量完成情况说明》对钢材款利息、周转材料费用、停窝工费及塔式起重机罚款的承担均作出了明确约定，协议有效，双方应按照约定内容履行。对发包人的主张本院不予采信。

19-高院-001（2019）晋民终 730 号

3.8.1.2 主张违约赔偿如何举证

法院认为：发包人提出要求承包人赔偿损失，但发包人未提供相关证据证明实际损失，其请求法院委托司法鉴定来确定损失，然而发包人不能提供实际损失的相关鉴定资料，该请求无法支持。

19-高院-007（2018）晋民初 519 号

3.8.1.3 发包人以承包人未履行返修义务为由拒绝支付工程款是否构成违约

法院认为：涉案工程已经验收合格交付使用，承包人对工程款享有支付请求权。承包人请求支付工程款与发包人要求履行返修义务是两个不同的法律关系，发包人不应当以承包人未履行返修义务为由不支付工程款。

19-高院-015（2019）晋民再 196 号

3.8.1.4 未完工程在未解除时是否可以主张违约金

法院认为：关于反诉原告发包人诉请的违约金，虽然工程已经完成验收，但案涉合同尚未履行完毕，双方当事人亦未请求解除合同，故关于违约责任本案不予处理，当事人可另行诉讼解决。

19-中院-04（2019）晋11民初51号

3.8.1.5　发包人以承包人违约单方解除合同的责任如何认定

法院认为：承包人按约对所承包工程进行了施工，双方因售楼部的建设发生争议，发包人以承包人拒绝发包人进入工地进行监管为由，单方解除双方签订的《建设工程施工合同》，强行将承包人施工人员赶出工地，并拖欠施工进度款，造成违约。发包人据此应当承担支付工程款的义务和相应的违约责任。

19-中院-08（2017）晋01民初879号

3.8.2　迟延付款责任

3.8.2.1　关于逾期付款的利息问题

法院认为：关于付款条件是否达成及应否支付逾期利息的问题。发包人棚户区改造项目土石方工程由于第三方的原因，于2014年8月停工，但双方对已完工程已验收合格。除双方约定的质保金自工程竣工验收合格之日起，一年期满无任何质量问题14日内付清外，发包人即应支付远洋房产公司剩余工程款，逾期未付，根据《最高人民法院关于审理建设工程施工合同纠纷案件适用法律问题的解释》（已废止）第十七条"当事人对欠付工程价款利息计付标准有约定的，按照约定处理；没有约定的，按照中国人民银行发布的同期同类贷款利率计息"及第十八条"利息从应付工程价款之日计付"的相关规定，发包人对欠付承包人工程款应当承担相应的违约责任。

19-高院-004（2019）晋民再201号

3.8.2.2　完工且实际使用的工程如何确定利息起算日期

法院认为：关于上诉人是否应承担利息，如何承担及如何计算的问题。本案所涉工程承包人已提交竣工报告证明其已全部完工，且发包人已实际使用，根据合同约定，发包人应支付相应的工程价款，但至今仍未支付，故原审法院支持承包人主张从发包人使用之日起计息的请求并无不当，应予维持。

19-高院-014（2019）晋民终429号

3.8.2.3　如何确定发包人应向承包人赔偿利息损失的起算日期

法院认为：承包人提交证据能够证明案涉工程已交工，发包人已使用该工程，原审判决据此认定竣工日期并无不当，并以此作为赔偿利息损失起算日期符合法律规定。

19-高院-026（2019）晋民终136号

3.8.2.4　施工合同通用条款约定逾期审查承担支付利息责任是否应当适用

法院认为：建设工程施工合同通用条款约定：发包人收到竣工结算报告及结算资料后28天内无正当理由不支付工程竣工结算价款，从第29天起向承包人按同期银行贷款利率支付拖欠工程价款的利息，并承担违约责任的内容。对当事人具有约束力。

19-高院-027（2019）晋民终 64 号

3.8.2.5 涉案工程的迟延付款违约金如何确定

法院认为：合同约定承包人提交竣工结算书等结算资料后发包人在一定时间付款，逾期应当按照约定违约金的标准支付违约金，但因不存在提交结算书等结算资料的除外，所以约定的迟延付款违约金不应适用。

19-高院-008（2019）晋民终 557 号

3.8.2.6 未竣工但已经交付工程的工程款利息何时开始起算

法院认为：原审认为工程未交付，以起诉之日确定利息起算日，实属不当，涉案工程虽未竣工，但可以确定工程交付时间，应当自工程交付时间支付利息；利率按法定利率标准执行，即 2019 年 8 月 19 日之前按照中国人民银行同期同类贷款利率计算，2019年 8 月 20 日后的利率按全国银行间同业拆借中心公布的贷款市场利率计算。

19-高院-008（2019）晋民终 557 号

3.8.2.7 迟延支付工程款利息如何计算

法院认为：因本案未约定利率标准，利率按法定利率标准执行，即 2019 年 8 月 19日之前按照中国人民银行同期同类贷款利率计算，2019 年 8 月 20 日后的利率按全国银行间同业拆借中心公布的贷款市场利率计算。

19-高院-008（2019）晋民终 557 号

3.8.2.8 欠付工程款的利率如何确定

法院认为：本案中，双方当事人对欠付工程款的利息没有约定，承包人请求按中国人民银行同期同类贷款利率计息符合法律规定，依法予以支持，利息从应付工程款之日起计付。

19-高院-024（2018）晋民初 440 号

3.8.2.9 未经发包人审核的竣工结算报告应否作为计算利息的依据

法院认为：双方签订的《建设工程施工合同》合同通用条款约定，发包人根据确认的竣工结算报告后 14 天内，支付承包人至工程竣工结算总价 95% 的工程款；该发包人无正当理由不按工程进度款付款，从第 29 天起向承包人按照同期银行贷款利率支付拖欠工程价款的利息。本案符合约定条件，应按约定计算利息。

19-高院-015（2019）晋民再 196 号

3.8.2.10 迟延支付质量保修金是否应支付利息

法院认为：《建设工程施工合同》和《工程质量保修书》中双方约定的保修金基数不一致，二审按照结算总价款的 5% 计算质量保修金，当事人未提出异议，本院予以采纳。因工程质保金分期支付而发包人未能按约定分期支付，应按照约定分段计算利息，至本判决确定的支付之日。

19-高院-015（2019）晋民再 196 号

3.8.2.11 没有约定利率标准的应如何确定

法院认为：双方对欠付款项利息的计付标准没有明确约定，对承包人主张按照6%的年利率计算不予支持，利息按照中国人民银行同期贷款利率给付该款项计算至实际付清之日止的利息。

19-中院-03（2019）晋 06 民初 40 号
19-中院-04（2019）晋 11 民初 51 号

3.8.2.12 工程质量不合格时发包人要求承包人按约定另行支付罚款，如何定性和处理

法院认为：发包人反诉要求承包人承担因产气量未达到合同要求的罚款的请求，因约定的奖罚方式仅与产气量相关联，并不建立在支付工程价款的基础上。在合同履行期间，基于产气量的多少不仅有惩罚，还有奖励。奖罚是双方基于合意的一项专门约定，且与是否违约无关，故发包人请求承包人承担罚款应予支持。

19-中院-04（2019）晋 11 民初 51 号

3.8.2.13 约定按履约标的双倍作为违约金的条款如何处理

法院认为：双方当事人在协议中约定违约方向对方支付当期履约款的双倍作为违约金。该条款约定的违约金明显偏高，原告主张的违约金以到期债权的百分之三十计算违约金不符合《中华人民共和国合同法》（已废止）及相关解释中违约金的规定，但被告占用该笔资金数月，给原告造成一定的经济损失。违约金可按照中国人民银行同期贷款利率分段计算。

19-中院-07（2019）晋 06 民初 8 号

3.8.2.14 当事人约定的日千分之五迟延付款违约金应否支持，窝工损失如何确定

法院认为：根据双方签订的《建设工程施工合同补充协议》和付款情况确定发包人预期付款，因此按约定以应付款日期按照逾期付款的日千分之五计算。

关于承包人请求支付停工损失、窝工损失及机械租赁费。本院认为，按照双方约定的逾期付款违约金足以弥补承包人的该项损失，且承包人表示如被告支付违约金将放弃该诉讼请求，故本院不再支持承包人的该项诉讼请求。

19-中院-08（2017）晋 01 民初 879 号

3.8.2.15 承包人主张发包人未能按约定支付工程进度款，应分期按万分之三支付逾期付款违约金是否应当支持

法院认为：承包人主张，从工程开始施工之时，发包人就未能按照合同约定按期向承包人支付工程进度款，在双方结算后仍未及时付款，拖欠至今。根据合同的约定，发包人应按照应付款项的万分之三向承包人支付逾期付款违约金。截至 2019 年 1 月 4 日，发包人应承担的分段支付违约金为 5100511.74 元。发包人认为，承包人主张的违约金数额过高，应根据承包人的实际损失进行相应调整，承包人主张的工程总价不是固定的价款，双方对最终的工程款结算金额并未确定，发包人不应支付逾期付款的违约金。本院认为，原发包人双方在合同中约定的工程款的支付阶段系建立在工程价款为固定单价的基础上，即单口井合同价款为 10490000 元，但承包人提交的用于确认工程款的《钻井工程结算单》中，经双方结算确认的每口井的工程款均进行了调整，故可以确认双方工程款的数额系在双方签署了结算单后才能够确认，不能以合同约定的固定单价确认工程款，在双方无法确认工程款的情形下，发包人方亦无法按照合同约定的付款阶段支付工程款，故承包人方提出的按阶段计算违约金的主张，本院不予支持。2018 年 4 月 9 日，双方最后一次结算后才能够确认实际应付工程款，2018 年 5 月 8 日，承包人向发包人开具了全部工程款发票，发包人在收到承包人开具的发票后，应按时支付工程款，故逾期付款违约金应自 2018 年 5 月 8 日起，每逾期一天，按照未付款项 14765971.38 元的万分之三向承包人支付。

19-中院-10（2019）晋 05 民初 6 号

3.8.2.16 约定的贷款利息的三倍的违约金是否应当支持

法院认为：根据《银行大楼补充协议》约定（若超过约定付款时间 15 日，则发包人按照同期银行贷款利息的三倍支付违约金给承包人）及承包人向发包人送达且发包人签收的第 11 号与第 12 号《联络函》的事实，承包人主张计取违约金符合上述合同约定。故发包人应按同期银行同类贷款利率（或同期全国银行间同业拆借中心公布的贷款市场报价利率）的三倍自约定违约金起算日起至实际付清之日计算违约金。

20-中院-1（2020）晋 01 民初 392 号

3.8.2.17 约定的贷款基准利率的两倍违约金是否应当支持

法院认为：双方《建设工程施工合同》约定逾期超过 56 天支付的，发包人应按中国人民银行同期同类贷款基准利率的两倍支付违约金。根据发包人签收二次结构结算书，加上约定的审核时间和不计算违约金期间期满日为违约金起算点，按同期银行同类贷款利率（或同期全国银行间同业拆借中心公布的贷款市场报价利率）的两倍至实际付清之日计算违约金。

20-中院-1（2020）晋 01 民初 392 号

3.8.2.18 已经支付但未能按约定期限支付的质保金是否应当支付利息？约定每日千分之一实际主张年 24% 资金占用费的违约责任如何处理

法院认为：发包人虽然已经将履约保证金全额退还承包人，但未能按约定期限退还，根据双方签订的《建设工程施工合同》的约定，双方对第一次返还的 1000 万元履约保证金的违约责任约定明确，每延迟返还一日须按每日千分之一的标准支付承包人资金占用费，承包人主张按年利率 24% 支付履约保证金资金占用费用，符合法律规定，予以支持。

20-中院-1（2020）晋 01 民初 392 号

3.8.2.19 合同其他条款约定了利率，对没有约定利率的迟延付款，如何确定违约金

法院认为：关于第二次 1000 万元履约保证金返还违约金，原、发包人双方未在协议中作出明确约定，应按中国人民银行同期同类银行贷款利率计算保证金资金占用费用。

20-中院-1（2020）晋01民初392号

3.8.2.20 未约定迟延付款利息的利率如何处理

法院认为：自2019年8月20日起，中国人民银行已经授权全国银行间同业拆借中心于每月20日（遇节假日顺延）9时30分公布贷款市场报价利率（LPR），中国人民银行贷款基准利率这一标准已经取消。因此，自此之后人民法院裁判贷款利息的基本标准应改为全国银行间同业拆借中心公布的贷款市场报价利率。

本案中，涉案工程进行竣工验收，发包人（指挥部办公室）在《竣工验收证书》上加盖公章，承包人要求发包人（指挥部办公室）自盖章满14日起支付利息有事实和法律依据，本院予以支持。鉴于双方当事人对欠付工程价款利息的计付标准没有约定，发包人（指挥部办公室）应当对2019年8月20日前后分段计算利息（自2015年10月9日起至2019年8月19日止按照中国人民银行发布的同期同类贷款利率计息，自2019年8月20日起至欠款还清之日止按照全国银行间同业拆借中心公布的贷款市场报价利率计息）。

20-中院-2（2020）晋04民初10号

3.8.2.21 未约定付款时间的工程款利息如何确定

法院认为：关于工程款利息计算问题，本案涉案工程部分工程未完工，双方当事人对已完工程在2019年8月20日进行了结算，在结算过程中，双方当事人未对付款时间进行约定，依照《最高人民法院关于审理建设工程施工合同纠纷案件适用法律问题的解释》（已废止）第十七条、第十八条的规定，本案工程款利息应从2019年8月20日起按1年期全国银行间同业拆借中心公布的贷款市场报价利率计付。

20-中院-3（2020）晋09民初2号

3.8.3 工期违约

3.8.3.1 诉讼中工期延期是综合评判还是总体分析

法院认为：建设单位主张工程延期，虽然合同中约定有竣工日期，但有证据证明施工单位未存在擅自停工的事实，且案涉建设工程是否完工双方当事人存在异议，在没有合法有效的证据证明的情况下，建设单位关于延误工期的主张不予支持。

19-高院-027（2019）晋民终64号

3.8.3.2 能够证明承包人未能按进度施工但发包人无法证明影响程度和损失数额的如何处理

法院认为：发包人提供证据证明承包人施工中组织不力、人员管理不到位、工程被要求整改等事实，但未明确证明承包人因上述原因导致工期延误的具体天数，每一个索赔事项没有与之对应的明确索赔请求，根据《中华人民共和国合同法》（已废止）第二百八十三条的规定及双方当事人的合同约定，工期依法可以顺延。工程施工中出现组织不力、人员管理不到位、工程被要求整改等问题后，建设单位、监理单位、施工单位进行了协商解决，发包人在本案提供的证据不能证明因上述原因对工期的具体影响程度及相应的具体损失数额，其据此提出索赔并要求承包人赔偿损失的请求，依法应不予支持。

19-高院-024（2018）晋民初 440 号

3.8.3.3 合同约定有窝工损失，但发包人主张承包人未按合同约定及时索赔是否应予以支持

法院认为：承包人提供的证据能够证明索赔事项均系发包人的原因造成，按照合同的计价原则计算的停窝工损失并不显失公平，对承包人主张赔偿停窝工损失的诉讼请求依法应予支持。发包人认为承包人未按合同约定及时行使索赔权利，故其不应承担赔偿责任的理由，与《中华人民共和国合同法》（已废止）第二百八十四条的规定不相符，依法不能支持。

19-高院-024（2018）晋民初 440 号

3.8.3.4 承包人迟延交付工程，且至诉讼时仍未交付是否构成延期交付和违约

法院认为：已完工程交付时间晚于约定的竣工时间，发包人以此认为承包人延期交付工程构成违约，但根据双方签订的《工程联系函》，明确了工程在合同约定期间不能竣工验收和交付，由发包人自愿承担由此造成的一切责任和损失。据此发包人主张承包人应支付违约金的请求与《工程联系函》不符，不予支持。

19-高院-012（2019）晋民终 495 号

3.8.3.5 竣工报告载明的工期已经超过约定工期，但双方未在竣工报告中明确工期延期，是否应认定为工期延期

法院认为：承包人应否支付发包人因工期延误而产生的违约金。双方签订的《建设工程施工合同》虽然约定了施工总天数 240 天和以建设工程监理单位发出的开工令为开工日期，未约定竣工日期，也无证据证明监理单位发出开工令，但在建设单位、监理单位、施工单位三方签字盖章确认的《竣工报告》中明确载明"开工日期为 2011 年 11 月 20 日，计划竣工日期为 2013 年 6 月 10 日，实际竣工日期为 2013 年 5 月 30 日"，并未显示工期延误。竣工报告经三方签字认可，属于三方对开工日期、计划竣工日期、实际竣工日期确认的一致意思表示，对各方均具有法律效力。故发包人根据《竣工报告》计算误工期限违背三方对《竣工报告》中对上述事实的确认，因发包人未能举证其在《竣工报告》上签字时存在违背真实意思的情形，对其主张承包人承担工期延误的违约责任，本院不予支持。

19-高院-015（2019）晋民再 196 号

3.8.3.6 在承包人超过约定竣工日期后双方进行确认结算是否属于对逾期完工的认可

法院认为：双方在合同中对承包人违约责任作出约定，但发包人在明知承包人超过约定竣工日期的前提下仍对承包工程予以确认结算，应当视为双方已经就工程逾期完工

事项进行了处理并达成一致意见，发包人不得再以承包人工程延迟竣工为由主张承包人承担未如期完工的违约责任。

19-高院-018（2018）晋民终 332 号

3.8.3.7 承包人超过竣工日期竣工如何认定工程延期

法院认为：建设单位主张工程延期，但作为建设单位的市政府未能证明工程存在未完工事实的，其要求施工单位继续履行合同的主张可以另行诉讼。虽然合同中约定有竣工日期，但有证据证明施工单位未存在擅自停工的事实，且案涉建设工程是否完工双方当事人存在异议，在没有合法有效的证据证明的情况下，建设单位关于延误工期的主张不予支持。

19-高院-027（2019）晋民终 64 号

3.8.3.8 承包人存在不同原因的停工，如何认定停工的性质

法院认为：发包人向承包人主张履行合同期间部分月份停工构成违约，由此可以认定承包人其他月份的停工不构成违约。

19-高院-028（2019）晋民再 81 号

3.8.3.9 停工后未能开工的责任如何认定

法院认为：政府文件明确发包人停止建设的期间为 2 个月，在该期限届满之后的时间仍未开工的责任应由发包人承担。

19-高院-028（2019）晋民再 81 号

3.8.3.10 复工和付款的约定无履行先后时如何确定

法院认为：发包人发函中具有要求复工和同意支付补偿款两项内容，但没有说明两者之间的关联性，发包人主张支付补偿款以复工为前提的理由不能成立。

19-高院-028（2019）晋民再 81 号

3.8.3.11 发包人设计变更和工期延误期间如何确定

法院认为：合同签订后申请人作为发包人设计变更，不能证明工期超期是承包人责任的情形下无权主张损失赔偿。

19-高院-110（2019）晋民申 376 号

3.8.3.12 对工期是否延误问题如何进行认定

法院认为：关于发包人主张承包人存在工期迟延的问题，双方签署的《工程竣工验收会议纪要》载明：工程从开工到竣工（发包人入住），实际施工日除去因地基设计施工四次修改原因导致的施工延误和冬季施工延期，实际施工时间并未超过补充协议约定的工期，承包人不存在工期延误的事实。

19-中院-11（2019）晋 01 民初 213 号

3.8.3.13 多种因素导致的工期延期的责任如何认定

法院认为：关于发包人反诉要求承包人承担工程逾期和交付工程过程资料的请求，涉案工程存在未批先建的事实，而且在承包人撤场时未对已完工程量进行确认，确实存

在未按工程进度支付工程进度款的行为；承包人在收到前期工程进度款后也未依约向发包人开具发票，因此，双方在履行合同中均存在瑕疵，应承担相应责任。发包人的反诉请求并无确凿证据证明，反诉请求理由不足，本院不予采信。

19-中院-13（2018）晋01民初250号

3.8.4 质量违约——维修主体如何确定

经过两个以上施工主体完成的工程，质量责任主体如何确定。

法院认为：对发包人以工程存在质量问题为由提出的鉴定申请，因工程完工后已交付使用多年，明显超出合理的保质期限，且在实际施工人施工之前已有其他工程队实施了路基工程，因此，发包人提出以现有的路面状况鉴定当时实际施工人的工程质量问题，不符合客观事实，对其鉴定申请不予支持。

19-高院-009（2019）晋民再259号

3.8.5 质量违约——维修赔偿款的数额确定

3.8.5.1 质量问题施工造成的发包人损失赔偿需要考虑哪些因素

发包人再审请求改判承包人赔偿其因施工质量问题造成的损失。

法院认为：发包人为支持自己的主张提供了其与承租人签订的合作协议、商铺漏水告知函及复函、《商铺租赁合同》复印件，承包人对上述证据的真实性提出异议。本案曾经进入执行程序，经查询，发包人无租金收入，可见租赁合同真伪不明，发包人所举证据不能证明实际损失的发生。本院认为，发包人所提供的证据尚不足以证明损失的实际发生，故其该项请求本院不予支持。

19-高院-015（2019）晋民再196号

3.8.5.2 验收后工程发生需要维修的事项时，发包人是否可以要求承包人根据约定的质量违约金条款履行支付义务

法院认为：双方所签的《建设工程施工合同》约定，承包人在工程竣工验收时未达到质量要求，要支付合同价款2%的质量违约赔偿金，由发包人直接从工程款中扣抵。本案中，案涉工程已经验收合格交付使用，建设单位、监理单位、施工单位均签字盖章予以确认，应当认定案涉工程在工程竣工验收时达到质量要求。发包人要求承包人承担质量违约金不符合合同约定，不予支持。

19-高院-015（2019）晋民再196号

3.8.5.3 对质量不合格部分是否需要拆除的举证责任如何确定

法院认为：本案双方当事人在另案关于工程价款的诉讼中由鉴定机构对涉案工程质量进行了鉴定，鉴定结论表明涉案工程存在质量问题。再审申请人未能提供相应证据推翻此鉴定结论，故原审法院依据此鉴定结论认定涉案工程存在质量问题并无不当。根据被申请人的申请为确定质量不符合设计要求导致的损失，一审法院依法委托鉴定机构对涉案工程拆除不符合设计要求部分及修建符合设计要求的工程费用进行鉴定，确认拆除不符合设计

要求部分及修建符合设计要求的工程总造价。再审申请人主张不需要拆除重建，但未提供工程适修性的依据，也未提供工程可修复至符合设计要求的方案，故再审申请人主张涉案工程不存在质量问题及不需要拆除重建的申请理由不能成立。（修复方式举证责任）

19-高院-037（2019）晋民申 2791 号

3.8.6 质量违约——举证责任

3.8.6.1 对未交付的工程是否存在质量问题的举证责任主体和举证方式如何确定

法院认为：关于未交付工程是否存在质量问题、是否应由承包人修复并承担修复费用的问题，因发包人仅提供部分现场照片，不能充分证明未交付工程存在质量问题，主张由承包人修复并承担费用的请求本院不予支持。可委托第三方进行质量鉴定，如确实存在质量问题，应另案解决。

19-高院-012（2019）晋民终 495 号

3.8.6.2 虚假印章能否作为有效验收合格的手续

法院认为：以发包人曾经使用过的公司名称的印章和负责人确认的竣工验收手续，对发包人具有法律效力，竣工验收手续载明的竣工时间早于签署时间是对验收的时间进行了追认。

19-高院-030（2019）晋民终 22 号

3.8.6.3 劳务分包的结算是否包括对质量问题的确定

法院认为：涉案劳务分包的自然人与承包人进行了结算。按照建筑市场的交易惯例，结算的目的是最终确定因履行合同而产生的债权债务数额，结算时会对所有影响最终价款产生的因素一并予以解决，而并非不考虑工程质量、工期等。因此，本案中双方当事人已经进行了结算，可以认定工程质量已经或视为验收合格。虽然承包人主张工程存在严重质量问题，但未能提供充分有效的证据加以证明。据此，对劳务分包人主张支付工程欠款的诉请予以支持并无不当。

19-高院-036（2019）晋民申 1503 号

3.8.6.4 已经投入使用的工程是否可以以工程质量不合格主张赔偿

法院认为：该工程已于 2012 年 12 月竣工并投入使用，已不在验收的合理期限。该工程竣工后，经专门的造价咨询有限公司审核并作出审核报告，报告认定的工程量当事人双方及审核单位均签章确认。2014 年 10 月 30 日，发包人与承包人签订了《还款协议书》，协议明确发包人应支付承包人的工程款。该债权已被人民法院（2017）晋 0105 民初 3354 号民事判决所确认并已进入执行程序。现发包人以该工程未经验收、工程质量不符合合同要求，要求承包人赔偿损失的理由和证据不足，一、二审判决并无不当，其再审申请不符合《中华人民共和国民事诉讼法》第二百条第（二）、（六）项规定的情形。裁定驳回发包人的再审申请。

19-高院-51（2019）晋民申 2358 号

3.8.6.5 农村已实际使用的房屋工程质量的举证标准如何确定

法院认为：发包人再审主张工程存在质量问题，并提供村委和邻居证明，而双方签

77

订的《建房协议》中的约定，涉案房屋的质量问题应参照国家房屋质量标准中的有关要求予以认定，现发包人所提供的周边邻居、紫沟梁村委会的证明并不能证明涉案房屋质量不符合国家房屋质量标准的要求，且该涉案房屋再审申请人已实际居住多年，故其质量存在问题的主张不能成立。

19-高院-62（2019）晋民申 2051 号

3.8.6.6 用工程鉴定发现不符合图纸和验收规范是否能要求确认质量不合格和维修

法院认为：涉案工程发包人在未验收的情况下已使用多年，其在陆续支付工程款时未提出工程质量问题。发包人自行委托的司法鉴定所作出的鉴定意见，仅证明生产车间地面基层的厚度不符合设计图纸和《建筑地面工程施工质量验收规范》的有关要求；生产车间屋面层梁柱节点高强度螺栓的连接外观质量，不符合《钢结构工程施工质量验收规范》（现行为《钢结构工程施工质量验收标准》）的有关要求。该鉴定意见书不能证明涉案工程地基和主体结构需修复、加固、更换、重做，也未证明高强度螺栓因连接外观质量需修复、加固、更换、重做。发包人提交的证据不足以证明涉案工程存在质量问题，其要求确认损失的鉴定申请一、二审法院不予受理，并无不当。

19-高院-065（2019）晋民申 1376 号

3.8.6.7 工程使用与否发生争议的认定标准

法院认为：双方对案涉工程未经验收，承包人于 2015 年数次对案涉温室大棚进行过维修均不持异议。承包人称其是在合作社使用该大棚中出现了漏雨等情况下进行的维修，合作社称其没有占用大棚，大棚一直闲置，显然与实际情况不符。对温室大棚存在的质量问题，二审法院认为由于合作社已使用四年，承包人也承认进行过维修，由于时间较长，已不宜再通过鉴定来确定原因，并根据公平原则对合作社作出了补偿，符合法律规定。

19-高院-069（2019）晋民申 1616 号

3.8.6.8 转包工程未经鉴定的质量如何认定

法院认为：实际施工人向转包人主张工程款案件中，转包人提出工程质量问题委托第三人维修的主张，对工程维修问题双方发生争议，转包人会同工程发包人工作人员制作的照片确认工程有质量问题，而且转包人和发包人无直接法律关系，实际施工人无证据证明其主张，原审法院在此基础上结合案件实际情况认定返还工款数额并无不当。申请人所提再审主张，本院无法支持。

19-高院-074（2019）晋民申 1627 号

3.8.6.9 承包人如何确认工程质量合格并取得有效证据

法院认为：关于发包人主张承包人工程质量不合格及工程未最终结算，不应当支付工程欠款及利息的申请理由。法院经审理查明，双方于 2017 年签订了《建设工程施工合同》，2018 年承包人向发包人发出工程验收联系单，发包人回复"承包工程部分未完成，部分不合格"。经查明，该涉案车间已实际投入使用。结合双方《建设工程施工合

78

同》第三部分专用条款第 17 条竣工验收约定："工程未经验收擅自使用的视为合格。"故发包人该申请理由不能成立。

关于承包人主张发包人已经实际使用涉案工程。经查，承包人已提交相关领导在案涉工程调研的网站信息资料、发包人进入试生产阶段的网络信息及大同日报传媒的新闻报道等资料，可以证实涉案车间已投入使用。

19-高院-100（2019）晋民申 517 号

3.8.6.10　交付使用工程的质量如何认定

发包人辩称基础工程验收及主体结构工程验收只有签字没有盖章的问题。

法院认为：本案所涉工程已由发包人实际交付居民使用，发包人亦无证据证明工程存在质量问题，且双方办理工程结算手续，发包人也同意按照工程结算书的内容履行，且实际履行了部分合同义务，应视为发包人认可基础工程验收及主体结构工程验收已经合格，应自办理结算手续时开始起计算欠付工程款利息。

19-中院-05（2019）晋 01 民初 621 号

3.8.6.11　发包人提出工程质量问题但未能申请鉴定应如何处理

关于发包人主张部分工程出现地面下沉、裂缝等问题是由承包人施工质量所导致的问题。

法院认为：因该问题涉及复杂的专业技术层面，发包人应依法对此负有举证证明的义务。原一审时发包人也口头提出过质量鉴定申请，但未正式向本院申请司法鉴定，虽然其在二审时向法院申请鉴定，但在发回重审后经本院释明，发包人明确表示不再申请鉴定，故发包人没有证据证明该部分工程地面下沉的现象是由承包人的施工质量原因所导致的。根据现有证据证明发包人已为承包人办理了工程分段验收和整体验收合格手续，故发包人提出工程质量问题的反诉主张没有证据支持，同时对其要求承包人对试验站平台地面下沉的现象承担修复义务的主张亦不予支持。

19-中院-11（2019）晋 01 民初 213 号

3.8.6.12　施工人改变合同约定的施工行为如何认定

法院认为：实际施工人改变了合同约定，但发包人对承包人提交的工程验收单予以确认，且发包人从未向承包人提出过要求承包人承担违约责任的主张，工程竣工发包人不得再以承包人违约为由主张违约责任。

19-高院-020（2019）晋民再 107 号

3.8.7　质量违约——发包人主张维修责任的程序

3.8.7.1　发包人迟延通知是否应当承担责任。发包人通过诉讼主张承包人采取修理等措施是否属于履行通知义务

法院认为：发包人与承包人签订的《工程质量保修书》明确约定了保修义务。《鉴定意见》载明的工程存有质量缺陷是由多种原因所致；由于渗漏面积分散已不适合局部

修补，建议整个屋顶重铺卷材防水层及重做防水设施，并确定了维修费用。本案诉讼中，发包人发现屋顶漏水时未及时履行通知义务构成违约，该违约行为导致损失扩大的结果，发包人依法应承担相应的责任。发包人反诉请求承包人依合同约定进行补救、整改、重做，应当视为其履行了通知义务，但承包人认为责任不清至今未履行保修义务，亦构成违约，依法亦应承担相应责任。结合案涉《鉴定意见》对漏水原因的鉴定结论，原一审法院酌定承包人承担维修费用的百分之五十并无不当，应予维持。

19-高院-015（2019）晋民再 196 号

3.8.7.2 已经投入使用的工程发包人未经通知维修，能否直接主张质量不合格的维修费

法院认为：由于涉案工程发包人未经竣工验收已经实际使用，又以质量问题不符合约定为由主张权利，不符合法律规定。加之没有在质量保修期内通知承包人进行维修的证据，故要求承包人支付该笔费用依据不足。

19-高院-031（2019）晋民终 11 号

3.8.7.3 发包人以工程质量问题为由扣除相应的工程款是否构成违约

法院认为：在诉讼过程中，发包人主张承包人施工质量存在问题，预以工程质量赔款折抵工程欠款问题，就此问题发包人并未提起诉讼主张，且双方在《遗留事项的处理协议书》中对质量问题已进行了约定，根据《最高人民法院关于审理建设工程施工合同纠纷案件适用法律问题的解释》（已废止）第十一条的规定，在承包人未明确拒绝修理、返工的情况下，发包人请求减少支付工程价款的主张本院不予支持，发包人可另行依法主张权利。

20-中院-3（2020）晋 09 民初 2 号

3.8.8 其他违约

承包人主张按约定支付停等费和冬季施工补偿费，为何不予支持？

法院认为：关于停等费：双方合同中约定的按天计算停等费，承包人主张发包人应支付停等费，但未提交证据证实其在施工期间实际的停等天数及产生停等的原因，故无法确认其存在停等费的实际损失。关于冬季施工补偿费：双方约定的冬季施工期间所发生的费用，经双方确认后计入工程结算，现双方已对工程款进行了结算，承包人在工程款结算后，另行提出要求发包人支付冬季施工补偿费，不符合双方合同的约定，本院不予支持。

19-中院-10（2019）晋 05 民初 6 号

3.9 合同解除

3.9.1 如何认定发包人合同解除的合理性

法院认为：发包人提供的证据能够证明因工程不能如期竣工，已侵害了回迁安置权

利人的合法权益，且导致其投资款项不能及时取得收益，企业陷入经营困难和债务危机，双方当事人合同僵局的持续对发包人显失公平，故对发包人请求解除合同的主张应予支持。

19-高院-024（2018）晋民初 440 号

3.9.2　发包人未支付工程款能否主张合同解除

法院认为：发包人未按照《补充协议》约定支付工程款，现承包人要求解除合同符合法律规定，本院予以支持，发、承包人双方签订的《总承包合同》自发包人收到解除通知之日起解除。

19-中院-01（2019）晋 04 民初 73 号

3.10　优先权

3.10.1　竣工日期有争议，应否作为否定优先权的依据

法院认为：最高人民法院《关于建设工程施工程价款优先受偿权问题的批复》，建设工程承包人行使优先权的期限为六个月，自建设工程竣工之日或者建设工程合同约定的竣工之日起算。目前承包人所建 1 号楼已办理完竣工验收手续，2 号楼和商场等工程竣工但未办理验收手续。对工程竣工之日双方存有争议，实际也晚于合同约定的竣工之日，承包人提起诉讼也未对工程竣工之日予以明确，不具备主张全部工程价款优先受偿权的条件，原审判决不予支持并无不当。

19-高院-002（2019）晋民终 631 号

3.10.2　工程一直未予竣工结算的优先权起算时间如何确定

法院认为：承包人行使建设工程价款优先受偿权的期限为六个月，自发包人应当给付建设工程价款之日起算。工程交付后双方一直未进行竣工结算，双方签订的合同及补充协议未对建设工程价款优先受偿权作出约定，承包人在一审提起诉讼时未主张按照实际交付时间计算工程款，且未主张工程款利息，案件发回一审重审时增加优先受偿权的诉讼请求已经超过六个月的除斥期间，其请求不予支持。

19-高院-007（2018）晋民初 519 号

3.10.3　分包人主张的工程价款优先受偿权是否应当支持

法院认为：《最高人民法院关于审理建设工程施工合同纠纷案件适用法律问题的解释（二）》（已废止）第十九条规定，建设工程质量合格，承包人请求其承建工程的价款就其承建工程部分折价或者拍卖的价款优先受偿的，人民法院应予支持。根据该规定，与发包人签订施工合同的承包人或者与发包人、总包人三方共同签订合同的分包人有权享有工程价款优先受偿权。本案中发包人与承包人签订合同，承包人与分

包人签订劳务分包合同，分包人主张工程价款优先受偿权不符合法律规定，依法应不予支持。

19-高院-021（2019）晋民终215号

3.10.4 解除施工合同的承包人是否享有优先权

法院认为：本案中承包人提供了已完工部分工程的验收手续，发包人未提供有效证据推翻该验收手续，应当认定已完工的工程质量合格。对未达到启动验收程序条件的部分工程，合同解除后，案涉工程将由第三人完成续建，承包人已无法启动验收程序，发包人在诉讼中未对已验收的工程质量提出具体的异议，根据公平原则，应当推定其认可承包人施工承建的工程质量合格。承包人依法在其所承建的工程范围内享有建设工程价款的优先受偿权。

19-高院-024（2018）晋民初440号

3.10.5 承包人能否在诉讼中主张优先受偿权

法院认为：根据《中华人民共和国合同法》（已废止）第二百八十六条的规定，"发包人未按照约定支付价款的，承包人可以催告发包人在合理期限内支付价款。发包人逾期不支付的，除按照建设工程的性质不宜折价、拍卖的以外，承包人可以与发包人协议将该工程折价，也可以申请人民法院将该工程依法拍卖。建设工程的价款就该工程折价或者拍卖的价款优先受偿。"该法条规定的优先受偿权属于当事人在执行过程中的权利，并非民事审判过程中的民事实体权利。同时，在《最高人民法院关于审理建设工程施工合同纠纷案件适用法律问题的解释（二）》（已生效）第二十条规定中，虽然也对承包人的优先受偿权进行了明确规定，但是适用该法律条文的前提为"未竣工的建设工程质量合格"，本案中，承包人未向本院提供充分证据证明工程质量合格的情况下，承包人的该诉讼主张本院不予支持。

20-中院-3（2020）晋09民初2号

3.11 工程鉴定

3.11.1 鉴定费如何承担

法院认为：原判依据本案具体情况确定鉴定费按7：3比例承担，是法官的自由裁量权，并未违反法律规定。双方认为不应承担鉴定费的理由依据不足，不予支持。

19-高院-002（2019）晋民终631号

3.11.2 鉴定费由申请方负担还是根据鉴定结果确定

法院认为：《诉讼费用交纳办法》第十二条第一款规定鉴定费等费用由人民法院根

据谁主张、谁负担的原则，决定由当事人直接支付给有关机构或者单位，人民法院不得代收代付。本案中发包人主张按议价结算工程款，而实际施工人主张按定额结算工程款并申请鉴定，故鉴定费用应由实际施工人承担。

19-高院-010（2019）晋民再266号

3.11.3　对判决确定的鉴定费超过实际缴纳数额和承担比例问题法院如何处理

法院认为：发包人主张原审法院判决鉴定费比实际缴纳的鉴定费多，且承担比例不正确。根据双方合同履行及违约情况，原审法院判决由发包人承担鉴定费并无不当，承包人承担多出部分本院予以纠正。

19-高院-014（2019）晋民终429号

3.11.4　鉴定费的承担是否参考鉴定的必要性问题

法院认为：案件在一审过程中经施工单位申请法院许可进行了工程造价鉴定，一审法院认可鉴定的必要性，所以鉴定费大部分由建设单位承担；二审法院认为鉴定大部分内容不存在必要性，所以鉴定费改判大部分由施工单位承担。

19-高院-027（2019）晋民终64号

3.11.5　发包人对鉴定提出异议但鉴定人未出庭，鉴定能否作为认定案件事实的依据

法院认为：发包人上诉请求所提原审判决依据的工程造价鉴定意见书中多项内容与客观事实不符，且鉴定人员未出庭接受质询的理由，经查，原审法院委托造价公司作出工程造价鉴定意见后，双方均提出质疑，造价公司分别给双方出具了书面答复意见，原审法院第五次开庭审理对鉴定意见进行了质证，加之原审合议庭邀请了市人大代表、具有工程造价鉴定专业知识的人民陪审员参与案件审理，最终采纳鉴定机构的鉴定意见并无不当。发包人主张鉴定人员没有出庭接受质询，鉴定书不能作为证据使用的理由不充分，不予支持。

19-高院-035（2018）晋民终897号

3.11.6　工程造价类鉴定是否适用国家司法鉴定管理部门登记管理，当事人对鉴定人提出异议与鉴定人出庭有无关系

再审申请人主张鉴定机构均无司法鉴定资质，鉴定机构三个鉴定人员无司法鉴定执业许可证。法院认为：根据《全国人民代表大会常务委员会〈关于司法鉴定管理问题的决定〉》《最高人民法院对外委托鉴定、评估、拍卖等工作管理规定》等相关规定，除法医、物证、声像资料三类鉴定的专业机构，应具备司法鉴定资格外，其他鉴定由相关行业协会或主管部门取得资质，经人民法院审查入册的可进行人民法院对外委托鉴定。因此，对工程造价类鉴定并未实行专门的国家司法鉴定管理部门登记管理，鉴定机

构及其鉴定人员具有相应的鉴定资质，可以接受法院委托进行鉴定。再审申请人在二审中申请鉴定人出庭，但未提出对鉴定意见有异议，故二审法院未通知鉴定人出庭并无不当。（鉴定资质）

19-高院-037 （2019）晋民申 2791 号

3.11.7 当事人是否有权对法院委托的鉴定意见进行重新鉴定

法院认为：发包人和承包人对双方申请、由法院委托的鉴定机构出具的《鉴定意见书》及《补充说明》予以认可后，除非发包人可以举证证明原鉴定有误，否则不予重新鉴定，原《鉴定意见书》及《补充说明》可以作为案件的定案依据。

19-高院-020 （2019）晋民再 107 号

3.11.8 当事人有异议的鉴定结论的鉴定人未出庭能否作为认定事实依据

法院认为：承包人对鉴定机构出具的司法鉴定意见书提出了异议，但并未申请重新鉴定，也没有证据证明其申请鉴定人员出庭作证。况且鉴定人员出庭作证的决定权在法庭。原审法院依照法定程序对司法鉴定意见书进行了审查核实，并在民事判决书中对该证据的采信与否依法进行分析，阐明了认证理由，不属于未经质证的证据，承包人该项再审理由不能成立，本院不予支持。

19-高院-064 （2019）晋民申 2092 号

3.11.9 当事人二审提出鉴定申请应如何处理

法院认为：本案中，再审申请人直至二审庭审中才提出鉴定申请。根据《最高人民法院关于审理建设工程施工合同纠纷案件适用法律问题的解释（二）》（已废止）第十二条规定，"当事人在诉讼前已经对建设工程价款结算达成协议，诉讼中一方当事人申请对工程造价进行鉴定的，人民法院不予准许"，故二审法院未启动重新鉴定，并无不当。

19-高院-068 （2019）晋民申 1595 号

3.11.10 对有争议的鉴定结论如何进行认定

法院认为：发包人和承包人双方对工程量和工程价款发生争议，经鉴定，双方对无争议工程量确定了工程价款；对有争议的工程无法确定，双方当事人均不能提供充分证据证明自己的主张；承包人对鉴定意见书虽有异议，但并未提出书面复议申请或重新鉴定申请，视为对鉴定意见的认可。一、二审法院根据鉴定结论判决驳回李某的诉讼请求并无不当。一审判决后，被申请人并未上诉，视为对一审判决的认可和对反诉请求的放弃。

19-高院-073 （2019）晋民申 1397 号

3.11.11 市财政委托造价公司作出评审报告，对其证据可靠性的举证责任如何分配

法院认为：再审申请人作为发包人的受让主体对工程款的金额及支付有异议。因该工程涉及公益事业项目，建设资金来源于国债，市财政投资评审中心（市财政）委托造价公司对工程项目的工程款进行审核并作出评审报告，申请人认为该评审报告程序和内容都存在重大问题，认为该评审报告的来源不明，评审中的工程计量、计价方式和计价标准都存在问题，但评审中心并未回复。申请人对此主张未向本院提供证据加以证明。申请人在案涉工程中的权利义务是承接而来的。故申请人主张要结算工程价款，必须有申请人的认可方才有效的主张不能成立。

19-高院-085（2019）晋民申917号

注：对鉴定提出异议，首先应证明鉴定本身存在的问题，而不能要求法庭查明鉴定本身的完整、真实、合法性。

3.11.12 一审未提出鉴定部分的工程款是否推定当事人无异议

法院认为：在一审程序中双方当事人对工程造价的确定进行了证据交换及协商确认，最终双方确定只对有争议部分的工程造价进行鉴定。该鉴定系一审法院在经双方同意并知情的情况下委托鉴定机构作出的，申请人在鉴定时如对无争议部分工程款有异议，应予提出并进行鉴定，但申请人并未提出且同意只对有争议工程款进行鉴定，故一审法院认定的无争议部分工程款并无不当。

19-高院-094（2019）晋民申829号

3.11.13 对涉及图纸深化设计的鉴定如何处理

法院认为：申请人强调鉴定机构混淆了图纸深化设计和设计变更的区别，但鉴定中心是根据双方签订的《山西省建设工程施工合同》及双方认可的设计图、工程签证单等材料运用《山西省建筑工程预算定额》等文件进行鉴定的，所以原审法院对鉴定结论加以确认符合法律规定。

19-高院-094（2019）晋民申829号

3.11.14 二审阶段是否可以申请重新鉴定

法院认为：一审原告单方委托鉴定作为其证据提交，一审法院也将其作为认定案件事实的依据，一审被告二审中不认可该鉴定意见，并申请重新鉴定，经查一审原告在案件已经诉至一审法院的情况下自行单方委托工程造价鉴定，且鉴定材料由一审原告单方提供，所依据的三本结算书并未由一审被告和监理公司加盖公章确认，属于鉴定所依据的材料不完善。而且鉴定结论未明确是否将未完工排除在外，对一审被告的重新鉴定申请，二审法院可以将案件发回原审法院重审。

19-高院-38（2018）晋民终285号

3.12 发票税款、竣工资料、合同解释、工程交付（如涉及抗辩则转到抗辩内容）

3.12.1 工程已经实际使用的情况下，发包人主张承包人继续履行竣工验收义务（包括交付完整合格的竣工验收资料）并赔偿检测费，是否应当支持

法院认为：《最高人民法院关于审理建设工程施工合同纠纷案件适用法律问题的解释》（已废止）第十四条规定："建设工程未经竣工验收，发包人擅自使用的，以转移占有建设工程之日为竣工日期。"该规定系解决发包人与承包人之间就竣工日期产生的争议，工程未经竣工验收合格可能会损害他人的合法权益和社会公共利益，故该规定并未免除发包人和承包人应当履行的工程竣工验收义务。竣工验收证明书能够证明发包人和承包人对案涉工程形成竣工验收资料进行了验收，但不能证明承包人已将该工程竣工验收资料向发包人移交的事实，故发包人请求承包人交付完整的竣工验收资料的主张，予以支持。因案涉工程未完成竣工验收，因此产生的工程质量检测费属于必然产生的合理费用，发包人和承包人提供的证据均不能证明竣工验收未完成系一方的原因形成，原审判决认定双方对半承担检测费符合公平原则。

19-高院-023（2019）晋民终113号

3.12.2 发包人向承包人主张税款是否应当支持

法院认为：施工协议中约定发包人有代扣代缴税款的义务，但承包人提供其缴纳税款的票据不能证明用于案涉工程缴纳税费，对其将涉案税款计入应付工程款的主张，本院依法不予支持。

19-高院-023（2019）晋民终113号

3.12.3 发包人要求承包人交付全部竣工验收资料的请求应否支持

法院认为：因承包人实际施工以外的工程项目由发包人外包，客观上形成了多项工程资料。鉴于外包工程不是承包人实际施工，由承包人收集全部工程资料交付发包人不现实，故承包人应向发包人提供自己实际施工的全部竣工资料，由发包人收集齐其他分包工程资料后，负责组织竣工验收较为妥当。

19-高院-012（2019）晋民终495号

3.12.4 承包人因发包人欠付工程款拒绝交付工程是否合理

法院认为：关于发包人主张承包人占用涉案工程一、二层底商及负一层，造成租金损失应予赔偿的理由，经查，本院另案生效判决确定。发包人和承包人双方产生纠纷后，案涉工程的商用部分由承包人占有未予实际交付；承包人享有收取全部工程款的权

利，同时负有交付全部工程的义务。本院生效判决已确定发包人支付承包人全部工程款，并从工程交付时间起计收利息，那么承包人亦应于生效判决确定的交付时间交付全部工程，承包人应适当予以承担未交付的损失。发包人主张应从合同约定的交付时间开始计算损失与生效判决确定的交付时间不符，以工程交付时间为依据较为妥当；发包人依据相邻商场店铺计算的租金损失不完全合理，房屋租赁合同本身存在的风险亦应予以考虑，加之不妨碍商用部分发包人已经出租，故本院酌情支持。

19-高院-012（2019）晋民终 495 号

3.12.5　发包人诉请承包人开具发票是否予以支持

法院认为：收款方向付款方开具发票既是收款方的法定义务，也是合同附随义务，发包人请求承包人开具已支付工程款的专用发票符合交易规则，应予支持。

19-高院-012（2019）晋民终 495 号

3.12.6　实际施工人应否向承包人开具发票

法院认为：承包人在应付实际施工人款项已扣除相应税款的情形下，要求判令实际施工人向其开具含有承担纳税义务的发票，将导致实际施工人为同一收款行为重复纳税，故承包人的此项再审请求亦不应支持。

19-高院-059（2019）晋民申 2068 号

3.12.7　承包人可否向发包人主张未含税工程款对应的税款

法院认为：施工协议中约定发包人有代扣代缴税款的义务，但承包人提供其缴纳税款的票据不能证明用于案涉工程缴纳税费，对其将涉案税款计入应付工程款的主张，本院依法不予支持。

19-高院-023（2019）晋民终 113 号

3.12.8　承包人向发包人主张税款的请求应如何处理

法院认为：对税金部分，承包人提交税务师事务所有限公司出具的预缴税款报告确认：根据对发包人提供资料对该工程在建筑服务发生地提供建筑服务需预缴的各种税费款，发包人认可该报告数额，对承包人要求发包人支付该税金的请求本院予以支持。

19-中院-05（2019）晋 01 民初 621 号

3.12.9　发包人诉讼主张承包人交付竣工资料和配合验收的应如何处理

法院认为：关于被告反诉请求承包人履行提供施工及竣工验收资料、参加竣工验收、配合完成竣工验收义务的诉讼请求，本院认为工程施工资料是工程竣工验收必须提供的资料，承包人有义务将其完成施工的工程资料移交被告，并有义务在其施工工程范围内配合被告完成竣工验收工作。

3.12.10 未经验收使用的工程，发包人要求承包人履行交付竣工资料和工程质量检测费是否予以支持

法院认为：《最高人民法院关于审理建设工程施工合同纠纷案件适用法律问题的解释》（已废止）第十四条规定："建设工程未经竣工验收，发包人擅自使用的，以转移占有建设工程之日为竣工日期。"该规定系解决发包人与承包人之间就竣工日期产生的争议，工程未经竣工验收合格可能会损害他人的合法权益和社会公共利益，故该规定并未免除发包人和承包人应当履行的工程竣工验收义务。竣工验收证明书能够证明发包人和承包人对案涉工程形成竣工验收资料进行了验收，但不能证明承包人已将该工程竣工验收资料向发包人移交的事实，故发包人请求承包人交付完整的竣工验收资料的主张，予以支持。因案涉工程未完成竣工验收，因此产生的工程质量检测费属于必然产生的合理费用，发包人和承包人提供的证据均不能证明竣工验收未完成系一方的原因造成，原审判决认定双方对半承担检测费符合公平原则。

19-高院-023（2019）晋民终 113 号

3.13 诉讼管辖、时效、抗诉、新证据、既判力及其他程序问题

3.13.1 二审提出施工合同纠纷违反专属管辖应如何处理

法院认为：关于发包人所提原审法院受理本案违反专属管辖的问题，发包人未在一审时提出过管辖异议，说明其认可双方约定管辖的条款，二审提出管辖异议本院不予支持。

19-高院-016（2019）晋民终 352 号

19-高院-076（2019）晋民辖 27 号

3.13.2 无具体仲裁机构的仲裁条款应如何处理

法院认为：当事人约定："凡因合同引起的或与合同有关的任何争议，协商、调解不能达成协议，要求仲裁的应提交仲裁委员会。"该约定并未指向明确的仲裁机构，无法确定具体的仲裁机构，双方亦未达成补充协议，故该仲裁条款约定无效。（约定仲裁效力）

19-高院-043（2019）晋民辖终 114 号

3.13.3 BOT 合同中涉及建设工程施工合同纠纷的管辖如何处理

法院认为：在履行 BOT 合同过程中产生的纠纷，属于建设工程施工合同纠纷。应当适用专属管辖的规定，按照不动产纠纷确定管辖。（BOT 合同管辖）

19-高院-043（2019）晋民辖终 114 号

3.13.4 对建设工程施工合同签订时约定的仲裁机构尚未设立，但在纠纷发生时仲裁机构已经设立的合同纠纷如何确定管辖

法院认为：发承包双方签订施工合同的时间为 2013 年 9 月，吕梁仲裁委员会设立登记时间为 2018 年 9 月。虽然发承包双方在合同中有条款约定"在履行合同过程中产生争议时，调解不成，向吕梁市仲裁委员会提请仲裁"，但合同订立时，并未成立吕梁市仲裁委员会。故合同约定的仲裁条款不明确，属无效条款，当事人可以选择向人民法院提起诉讼。本案系建设工程施工合同纠纷，应当适用专属管辖的规定，按照不动产纠纷确定管辖。本案建设项目位于山西省吕梁市，属于吕梁市中级人民法院辖区，且诉讼标的额已超 3000 万元，故吕梁市中级人民法院对本案依法享有管辖权。

19-高院-044（2019）晋民辖终 115 号

3.13.5 对当事人虚列诉讼金额提高管辖级别的管辖上诉程序中法院如何处理

法院认为：承包人请求发包人支付工程款及违约金、停窝工损失费及现场签证费用、逾期支付工程款的违约金等，且其提供了合同及相关证据材料，其诉讼请求能否得到支持，属于实体审理问题，原审裁定并无不当。发包人上诉理由不能成立，故驳回上诉，维持原裁定。

19-高院-044（2019）晋民辖终 115 号

3.13.6 《建设工程施工合同》和补充协议是否能够形成独立的两个纠纷

法院认为：当事人主张《补充协议一》是对《建设工程施工合同》剩余工程量达成的独立的新的协议条款，与已经仲裁的《建设工程施工合同》纠纷属于独立的两个部分。但法院查明 2018 年 1 月 29 日发承包双方达成《施工合同补充协议一》，而《建设工程施工合同》仲裁委员会于 2018 年 2 月 2 日作出（2016）并仲调字第 254 号调解书。本案双方当事人先达成《补充协议一》，仲裁委员会依据该协议作出仲裁调解书，该仲裁调解书对本次起诉所涉工程款纠纷已进行了确认。该仲裁调解书未被人民法院依法裁定撤销或者不予执行的情况下，上诉人就同一纠纷再次向人民法院起诉，人民法院依法不应受理。虽然一审法院将《中华人民共和国民事诉讼法》第一百二十四条第二款作为确定本案不予受理的法律依据不当，但处理结果正确，故予以维持。

19-高院-045（2019）晋民终 770 号

3.13.7 工程 EPC 总承包合同的管辖如何确定

法院认为：承包人一审诉请为支付工程款和利息，其主张该纠纷系因合同履行引起的债权债务纠纷，依据其与发包人签订的工程 EPC 总承包合同中约定由合同签订地的人民法院管辖。本院认为本案系建设工程施工合同纠纷，应当适用专属管辖的规定，按

照不动产纠纷确定管辖。原审法院裁定管辖权提出的异议成立，本案移送工程所在地人民法院处理正确。

19-高院-047（2019）晋民辖终 108 号

3.13.8 因装修合同产生的纯给付金钱义务纠纷，是否优先使用约定管辖

法院认为：依据约定管辖优先于法定管辖的适用原则，且本案为纯履行给付金钱义务的案件，按照约定应由太原市小店区人民法院管辖。小店区人民法院以约定解决争议的管辖条款违反不动产专属的法律规定无效为由，由太原市中级人民法院报请本院指定管辖。

本案为装饰装修合同纠纷，属于与建设工程施工合同有关的纠纷。根据《最高人民法院关于适用〈中华人民共和国民事诉讼法〉的解释》第二十八条规定，本案应按照不动产纠纷确定管辖。

19-高院-067（2019）晋民辖 34 号

3.13.9 当事人以合并审理主张移送管辖的主张如何处理

法院认为：发承包双方的诉讼请求均是基于双方签订的《建设工程承包合同》中约定的权利义务，属于当事人基于同一法律关系起诉的情形，属于可以合并审理的情形。但是，两诉原告诉讼请求相互独立，承包人提起主张工程款的反诉，亦可另行单独提起工程款诉讼。发包人主张本案应合并由太原市杏花岭区人民法院管辖的理由不能成立，本院不予支持。本案系建设工程施工合同纠纷，工程所在地位于太原市杏花岭区，且诉讼标的额为人民币 30182802.3 元。依据《最高人民法院关于调整高级人民法院和中级人民法院管辖第一审民商事案件标准的通知》（法发〔2015〕7 号）第一条关于"当事人住所地均在受理法院所处省级行政辖区的第一审民商事案件：天津、河北、山西……所辖中级人民法院管辖诉讼标的额 3000 万元以上一审民商事案件"之规定，太原市中级人民法院对本案有管辖权。发包人提出的本案应移送至太原市杏花岭区人民法院审理的上诉请求及理由不能成立，本院不予支持。故驳回其上诉，维持原裁定。

19-高院-075（2019）晋民辖终 73 号

3.13.10 对建设工程纠纷的仲裁协议约定不明的案件如何确定管辖

法院认为：《中华人民共和国仲裁法》第十八条规定："仲裁协议对仲裁事项或者仲裁委员会没有约定或者约定不明确的，当事人可以补充协议；达不成补充协议的，仲裁协议无效"。案涉《建设工程勘察合同（一）》第九条虽约定合同争议解决方式为提交仲裁委员会仲裁，但当事人在协议中并未对仲裁机构作出明确的约定，亦无证据显示双方对此达成过补充协议。因此，《建设工程勘察合同（一）》中约定的仲裁条款无效，人民法院对本案有管辖权。

本案系建设工程施工合同纠纷，应按照不动产纠纷确定管辖，由不动产所在地人民法院管辖。本案案涉工程所在地位于山西省太原市，且诉讼标的额为 40436631.64 元，符合

太原市中级人民法院受理一审民商事案件的标准，太原市中级人民法院对本案有管辖权。

19-高院-091（2019）晋民辖终 67 号

3.13.11 对原审法院漏裁的诉讼请求应如何处理

法院认为：本院原审民事判决对实际施工人主张的利息未进行审理和判决属于遗漏诉讼请求，应发回重审，但考虑到本案欠付工程款数额确定、利息起算时间及计算标准，《最高人民法院关于审理建设工程施工合同纠纷案件适用法律问题的解释》（已废止）有明确规定，为减少当事人讼累，本院予以纠正。该解释第十七条、第十八条规定，以结算欠付工程款日起按照中国人民银行发布的同期同类贷款利率计算予以支持。对实际施工人主张承包人、分包人与二次分包人共同支付其欠付工程款及利息，相互承担连带责任的主张不予支持。

19-高院-013（2019）晋民再 218 号

3.13.12 当事人能否对已经确认的事实进行否认

法院认为：发包人欠付承包人工程款的数额。《鉴定意见书》已认定本案涉案工程数额，承包人确认已收到发包人支付的工程款，之后又主张部分并未实际收取，根据《最高人民法院关于适用〈中华人民共和国民事诉讼法〉的解释》第九十二条、《最高人民法院关于民事诉讼证据的若干规定》第八条的规定，承包人未提交证据证明其自认收到工程款中其他费用的具体数额，对该主张承包人在有证据时可另行起诉主张。

19-高院-014（2019）晋民终 429 号

3.13.13 对容易发生歧义的合同如何进行解释

法院认为：合同的解释应结合合同签订的目的、合同初始法律关系、合同上下文、合同后续文书的意思表示综合进行认定。

19-高院-029（2019）晋民再 102 号

3.13.14 发包人能否对其股东承担的责任提起上诉

法院认为：原审判决发包人股东承担连带责任但该股东并未上诉，因该判决未导致发包人责任的增加，而且发包人不能证明原审判决有违反法律禁止性规定或者损害国家利益、社会公共利益的情形，所以对发包人主张其股东不承担连带责任不予支持。

19-高院-030（2019）晋民终 22 号

3.13.15 建设工程是否可以使用承揽合同的相关规定

法院认为：建设工程施工合同纠纷的承包人应按照合同约定建设符合设计施工质量要求的工程。《中华人民共和国合同法》（已废止）第十六章是有关建设工程合同的法律规定，其中第二百八十七条规定，本章没有规定的，适用承揽合同的有关规定。故原审法院根据案件的实际情况，适用《中华人民共和国合同法》（已废止）第二百六十二条的规定，即承揽合同中对质量不合约定的责任规定，并不存在适用法律错误。

19-高院-037（2019）晋民申 2791 号

3.13.16 未订立书面合同却适用合同法律的规定进行审理是否符合法律规定

法院认为：关于原判决适用法律是否存在错误的问题。本案中，双方当事人虽未订立书面合同，但作为义务履行方的承包人已将涉案工程建造完毕，且双方签署了《工程安装预决算书》《工程结算书》，均可视为发包人对该项工程的认可，发包人事实上已接受承包人对其义务的履行，故原审法院依据《中华人民共和国合同法》（已废止）审理不存在适用法律错误。

19-高院-049 （2019）晋民申 2527 号

3.13.17 一审当事人提出的追加的诉讼请求如何确定，二审法院如何处理

法院认为：一审中发包人曾提出申请追加反诉请求的申请书，但落款处无具体时间。原审向双方确认诉讼请求的询问笔录于 2019 年 8 月 6 日形成，原审判决于 2019 年 8 月 12 日作出，判决书中既未对发包人所提交的追加诉讼请求申请事项作出表述，也未对双方对此争议事项应否支持提出的理由进行论证分析，判决内容不能认定为对发包人所追加反诉请求部分作出审理、判决。《最高人民法院关于适用〈中华人民共和国民事诉讼法〉的解释》第三百二十六条规定，对当事人在第一审程序中已经提出的诉讼请求，原审人民法院未进行审理、判决，第二审人民法院可以根据当事人自愿的原则进行调解；调解不成的，发回重审。从本案发包人追加反诉请求的内容及事由来看，一审判决遗漏诉讼请求的错误在二审程序中不能直接处理和纠正，否则就可能使这一诉讼请求指向的当事人丧失对该项判决内容的上诉权，二审审理中当事人一方明确表示不同意调解，本案依法应发回重审。

19-高院-042（2019）晋民终 613 号

3.13.18 二审没有发表辩论意见是否应认定程序违法

法院认为：法院在诉讼活动中居于主导地位，法官在开庭审理过程中对庭审活动具有组织、指挥的职责。二审人民法院对上诉案件可以不开庭审理。也就是说，当事人行使辩论权并不局限于庭审中的辩论。二审辩论时，承包人没有发表辩论意见，仅提交书面辩论意见的情形，不能认定为原审法院违法剥夺当事人辩论权的情形。承包人该项再审理由不能成立，本院不予支持。

19-高院-064（2019）晋民申 2092 号

3.13.19 跨越民法总则实施的诉讼时效如何确定

法院认为：根据合同约定合作社支付工程款的最后时间点应是 2016 年 4 月，即承包人最迟应当在此后 2 年内主张权利。至 2017 年 10 月 1 日民法总则实施前，承包人尚

未超过民法通则规定的 2 年诉讼时效，其于 2018 年 11 月前提起本案诉讼，也未超过民法总则规定的 3 年诉讼时效，符合《最高人民法院关于适用〈中华人民共和国民法总则〉诉讼时效制度若干问题的解释》（已废止）第三条的规定，因此合作社认为本案起诉已经超过了法定诉讼时效的理由不成立。

19-高院-069（2019）晋民申 1616 号

3.13.20 分公司向检察院申诉期间被注销的抗诉案件如何处理

法院认为：分公司向检察院申诉期间被注销，母公司享有依法申请再审的权利，但母公司并未向检察机关申诉，而检察院继续依据分公司的申请进行抗诉启动再审程序，因分公司被注销后已丧失民事诉讼主体资格，其行为依法不产生法律效力，其申诉行为无效，不能产生启动抗诉程序的结果，母公司亦不能依承继参加因此启动的再审诉讼。

19-高院-072（2019）晋民再 207 号

3.13.21 对另案提起的工程款主张如何适用前案认定的事实

法院认为：本案既然以前案二审生效判决作为依据，意味着认定前案鉴定说明中的其他内容，本案二审在前案鉴定的土方工程量与本案鉴定的边坡土方工程量存在关联性且不重复的情况下，认定实际施工人重复起诉依据不足。尤其是在本案转包人不认可实际施工人诉讼证据单方委托鉴定、亦不申请重新鉴定的前提下，改判驳回实际施工人起诉，与最高人民法院《关于民事诉讼证据的若干规定》不符。

19-高院-088（2019）晋民再 27 号

3.13.22 因公司内部原因导致不能提交的证据在再审中提交是否属于新证据

法院认为：发包人向本院申请再审提交了该公司部分合同和账目，系复印件，称因公司股东变动进行了内部封存，不能向原审法院提供，再审作为新证据提交。经审查，该证据不是民事诉讼法中规定的新证据，不属于因客观原因无法取得的证据。发包人提供上述证据是要证明涉案工程承包人未全部完工，发包人交付他人施工并支付工程款。该主张在原审法院已经提出，生效判决认定发包人仅提供了同案外人签订的零星剩余工程施工合同，未提供同本案工程相关的具体施工工程量及结算和支付价款的情况，不能证明其主张。发包人以同样理由向本院申诉，所举证据亦不属于新证据，本院不予采信。

19-高院-115（2019）晋民申 11 号

3.13.23 间接证据能否作为时效依据

法院认为：承包人提交的《接洽函》、山西省汽车客票收据、发票、微信记录及证人证言可相互佐证，表明其不断行使权利导致诉讼时效中断，对发包人（指挥部办公室）人民政府认为原告诉求已经超过诉讼时效的辩解意见本院不予采纳。

20-中院-2（2020）晋 04 民初 10 号

4 建设工程施工合同的签订管理

4.1 概述

建设工程施工合同的签订问题，主要体现在许多施工企业缺乏法律人员参与。之所以缺少专业法律人员的参与，理由主要是两个方面：一是施工企业作为合同的弱势一方觉得承揽工程实属不易，不具备对合同条款商谈的基础条件，担心一旦进行条款协商将丧失业务承揽资格；二是施工企业认为合同是固定合同范本，合同签订没有技术含量，不需要专用的法律人员参与，所以导致施工企业作为承包人在签订阶段没有实务型律师参与，还有的施工企业虽然有法务或者律师参与审查，但效果一般，很难真正维护施工企业的合法利益。为了进一步阐述施工企业在施工合同签订时的重要性和可行性，下面将从七个方面进行分述。

4.1.1 施工合同是设定承包人权利义务的基础，对承包人的利益有重大影响

建设工程施工合同的内容包括协议书、通用合同条款和专用合同条款三个部分，具体包括工程概况、范围、合同工期、质量标准、签约合同价和合同价格形式、工期和进度、材料与设备、试验与检验、变更、价格调整、合同价格、计量与支付、验收和工程试车、竣工结算、缺陷责任与保修、违约、不可抗力、保险、索赔和争议解决，这些内容都直接关系到承包人的切身利益，如工程的范围决定承包人实施工程的边界，如果固定总价合同下工程范围约定不清，会使承包人实施工程的建设成本存在不确定风险。工期进度是承包人需要完成工程的期限，如果合同签订对工期的开工、停工、复工、竣工包括后期索赔事宜不能作出确定性的约定，那么承包人需承担工期超期的责任，而造成超期的责任人可能是发包人或者第三人。工程的价格、价格调整是工程确定价格的基础，如果约定不明或作出对承包人不利的约定，会直接导致工程款的减少。支付期限是实现资金回笼的关键因素，付款期限约定不明会导致承包人资金无法实现，诸如此类等问题都直接关系到承包人的根本利益。

4.1.2 承包人具有进行施工合同条款的商谈基础条件

对建设工程施工合同有没有资格谈及、有没有必要谈及，承包人在很多时候持否定

态度，理由是承包人没权谈，合同版本没必要谈。事实上承包人的理解是错误的，具体理由如下：

4.1.2.1 承包人具有与发包人商谈合同条款的资格和权利

从法律层面而言，发包人和承包人属于平等的民事主体，合同内容属于平等协商的结果，否则无法产生法律效力，如果按照格式条款由发包人单方确定反而会在争议时适用不利于发包人的解释，这也是发包人不想得到的结果。从客观层面而言，我们不能否认发包人具有的优势地位，比如合同价款的支付方式，在现实中双方一直在谈，并不会因为承包人的弱势地位就不谈，因为这关系到承包人的切身利益，如果不谈或者谈不好，承包人就没有利润甚至亏损，此时宁肯不做也要谈，发包人也认可承包人对此的商谈方式，所以谈是客观存在的事实，之所以其他条款没有谈，是更多的人认为不重要，不必要谈，关于其中要求我们之前已经说过，所有内容都很重要，关系到经济问题，甚至关系到行政责任和刑事责任问题。

4.1.2.2 适用合同范本仍然需要商谈合同条款

合同本身就是谈判下的一种妥协结果，是双方利益博弈的结果，合同范本的通用条款是对双方权利义务的一种中间态度，而这种中间态度是处在一个理想状态下，比如发包人提出工程变更增加工程量，发包人会通过工程监理下发工程变更的通知文书，承包人会根据合同的价格约定制定变更工程量引起价格变化的变更估计申请，发包人会根据承包人的申请进行审批。而事实上发包人提出的是口头变更，变更时变更图纸还未能完成，承包人提出变更估计的意见发包人不办理签收也不予审批，让承包人先工作再说。同时合同对变更估计没有相应的程序性或者实体性规定，最终承包人对工程变更引起价格变化完工未能提供有效证据无法主张工程款，对因此增加的工期未能得到发包人认可，承包人需要承担超越工期的责任。为了解决现实中发包人的消极且损害承包人利益的问题，可以通过约定发包人不下发书面变更通知承包人有权拒绝变更，估价变更审批完成之前承包人可以暂停变更，因此造成的经济损失由发包人承担，工期应进行相应顺延。这样才能从现实角度使承包人的利益得到保护。这些内容进行商谈是承包人确定工程成本和施工方案的基础，进行商谈能够得到发包人的理解和认同。

另外，《建设工程施工合同（示范文本）》（GF-2017-0201）专用合同条款的内容承包人即使不争取相应的内容，发包人未必就会按照通用合同条款进行适用，往往发包人会通过专用合同条款进行利益博弈，以获取更多权利或免除更多责任，为了应对发包人的利益攫取，承包人必须进行必要的自我保护，否则无异于成为待宰羔羊，届时只能成为发包人剥削的对象。任何一个承包人都会采取自我防卫，对发包人来说也是必须面对的一个现象，不会因为承包人的权利保护就放弃工程建设的目标。

4.1.3 承包人进行合同条款的商谈具有可操作性

4.1.3.1 承包人对签订条款的商谈符合招标投标法律制度的规定

有人认为，对建设工程施工合同，即便发包人同意与承包人进行合同条款的商谈，但大部分工程属于必须招标投标的项目，或者被发包人采取招标投标的方式来确定，招标时合同条款已经完成，承包人进行投标并经发包人确定中标时，合同的内容已经完成，作为合同签订只是对招标投标内容在合同的固化，不具有合同条款商谈的可操作性，而且法律也不允许对招标投标确定的条款进行商谈。这种认识是错误的，招标投标法律规定涉及合同的内容是"拟签订合同的主要条款"而不是全部条款，而且中标后发包人与承包人签订的合同书并非完全需要和"拟签订合同的主要条款"一致，而是按照招标文件和中标人的投标文件订立书面合同。招标人和中标人不得再行订立背离合同实质性内容的其他协议。在《最高人民法院关于审理建设工程施工合同纠纷案件适用法律问题的解释》（一）规定，招标人和中标人另行签订的建设工程施工合同约定的工程范围、建设工期、工程质量、工程价款等实质性内容，与中标合同不一致，一方当事人请求按照中标合同确定权利义务的，人民法院应予支持。我们更多调整或者商谈的不是这些实质性的条款，而是对事实的确认和证据搜集方面的技术性的内容，所以对该内容的协商和签订，不会涉及违反招标投标相关法律的问题。

4.1.3.2 在《建设工程施工合同（示范文本）》（GF-2017-0201）中具有自主协商条款的设置

有人提出合同范本中都是固定的设置，如果协商的内容超出范本的设置结构，则无处可以安排。关于这个问题，首先需要看合同范本本身的作用。首先我们看范本对专用合同条款的使用说明。专用合同条款是对通用合同条款原则性约定的细化、完善、补充、修改或另行约定的条款。合同当事人可以根据不同建设工程的特点及具体情况，通过双方的谈判、协商对相应的专用合同条款进行修改补充。《建设工程施工合同（示范文本）》（GF-2017-0201）并非强制性使用文本。合同当事人可结合建设工程具体情况，根据《建设工程施工合同（示范文本）》（GF-2017-0201）订立合同。可见专用合同条款仅是通用合同条款的细化，并且可以另行约定，而范本本身也是指导性的文本，当事人可以在文本之外另行约定相应的内容。另外在范本中也规定，除专用合同条款另有约定外，解释合同文件的优先顺序如下：合同协议书；中标通知书（如果有）；投标函及其附录（如果有）；专用合同条款及其附件；通用合同条款；技术标准和要求；图纸；已标价工程量清单或预算书；其他合同文件。

上述各项合同文件包括合同当事人就该项合同文件所作出的补充和修改，属于同一类内容的文件，应以最新签署的为准。

这样承包人与发包人协商合同条款时，应当根据需要确定文本的效力等级，如果属于协议书的范畴即最高效力级别的，应当作为《补充协议》进行约定，并约定该补充协议与合同协议书具有同等效力。如果是对通用合同条款的细化或者完善，可以将其列入专用合同条款及其附件的范围。如果合同范本无合适的地方可以对应，可以签到《补充专用合同条款》，并约定与专用合同条款相同的效力等级，此内容可能是合同协商最多的情形。

4.1.4 承包人应当设置合同审查的责任律师和机制

4.1.4.1 审查原则的确定

在合同的签订环节，有的施工企业有律师或者法务参与合同的审查，但就合同的审查缺乏明确的原则，如果按照惯常的思维模式，合同的审查是合法性审查和严谨性审查，也就是防止和杜绝签订无效或者违反法律的合同，然后是合同内容表达具有严谨性，防止语言发生歧义，但这些不符合承包人的根本目的，无效的合同业务不能不做，合同严谨并不能解决承包人的利益需求，如因为发包人原因导致工程停工，应当顺延的工期日期和承包人的损失如何确定？现实中承包人很难完成签证，该部分责任也由承包人自行承担，即使能够证明发包人责任，具体损失和工期也只能依赖鉴定进行确定，而引入鉴定时时间成本和经济成本都非常高，最终会影响整体工程款的结算和支付问题，也就是惯常的合同审查无法满足承包人的需要，如果双方约定发包人停工一天的工期延期时间和损失的具体计算方法，虽然也难以保证绝对公平，但可以极大提高承包人的索赔效率，也能够促进整体工程款的结算，不是对承包人非常有利吗？所以应当建立合同审查的基本原则。我们认为施工合同的审查应当做到两个原则，一是务实原则，二是效率优先原则。

4.1.4.2 优化律师审查合同的机制

传统的合同审查是顾问律师的一项业务，很多时候律师合同审查完成得非常好，但对合同的履行可能产生的效果，审查律师基本不进行考虑。如合同约定"施工机械进场后发包人向承包人支付工程款的10%为首期进度款"，审查律师经审查修改为"施工机械进场后7日内发包人向承包人支付工程款的10%为首期进度款"，该表述从时间上约定了承包人应当取得进度款的时间，从签订角度不会有争议。实际中承包人设备进场后向发包人催要该进度款无果引发诉讼时就会产生争议，如何确定承包人设备进场的时间？承包人用什么证据证明进场设备符合当事人的约定？因为合同履行中没有证据确认环节，所以承包人获取已索要进度款的基础证据在诉讼时有很大的难度。如果承包人将项目工程和律师直接匹配，并对工程款的结算或者诉讼确定金额与项目律师收入挂钩，审查律师不但会考虑合同签订的环节，而且会考虑合同履行的流程和证据搜集，一般情况下会约定为"承包人应当在施工机械进场前48小时通知发包人，发包人应当在进场时开始24小时内签发进场确认单，发包人应当在机械进场后7日内向承包人支付工程款的10%为首期进度款"。如此约定不但符合合同签订的要求，也符合履约的需求。

4.1.5 加强施工合同的签订管理能够带来施工企业的重大红利

合同的签订管理，是将承包人在现实中结算难、付款难、索赔难的痛点问题融进每一个合同的环节，通过预先设置举证条件和惩罚机制来解决承包人的需求，并根据签订时双方的现实状况，结合条款商谈的难易程度灵活自如地嵌入合同文本中，有的需要雷厉风行的表达，有的则要有声细语般的融入，对承包人收款金额、收款时间、索赔金额都能实现大的回收，一般项目即使不考虑启动司法程序，也能达到5%以上的利润增加，即使到时候不去直接主张该部分款项，也可以成为谈判的一个筹码。

4.1.6 施工合同签订管理的内容安排

4.1.6.1 内容

施工合同的签订分为"签约提示""工程质量""工程价款的确定""工程款的支付""工期""其他"六个方面，其中签约提示是对合同签订应知基础常识的提示，提醒承包人应当了解的常识和控制的方法，对承包人主张工程款的纠纷进行梳理，从反向提前应当解决问题的思路和方法在其他五个部分进行了分析，每一个问题都是为满足承包人现实需求而来，不是对法律和法理的分析。我们也不做裁判合理性的分析，我们不可能改变司法裁判的分歧，也不能要求裁判者的裁判方式，有纠纷就有风险，如何防范风险是我们的目标，法理分析和法律解读不是防范风险的内容。如在合同履行过程中税率降低，是否应当降低工程价款的问题，法律界争议非常大，很难统一，我们不参与法律的争议，而是约定：本合同工程款为不含税工程款，税率按现行税率9%执行，由发包人承担并与工程款同时支付，承包人按本合同约定时间和要求开具增值税发票。合同履行期间如果税率变更，发包人以承包人开具的增值税发票实际税率确定税款进行承担并向承包人支付。

4.1.6.2 结构

合同签订管理中将每一个需要解决的问题划分为一个点，该点实际为司法实践中的主要争议点，也是承包人需要维护自身权利的关键节点，每个节点会详细分析节点形成的原因、现实的争议状态、法律规定等内容，并最终对每个节点的不同方面进行总结，最后将每一个节点需要采取的应对方法进行总结（在各节点最后），读者既可以简单直观地看到该节点需要采取的措施，也可以从之前的详细内容中知道该节点是什么，解决问题的思路和方法是什么，也能够知道方法的来源等。

4.2 签约提示

4.2.1 发包人履约能力的风险

根据《中华人民共和国民法典》第七百八十八条的规定："建设工程合同是承包人进行工程建设，发包人支付价款的合同。"《建设工程施工合同（示范文本）》（GF-2017-0201）2.6规定，发包人应按合同约定向承包人及时支付合同价款。合同中发包人应当支付的工程款根据不同的时间段和目的，分为预付款、进度款、结算款、质保金等各种款项，发包人不能及时支付工程款将会影响承包人合同目的的实现，所以特别需要对发包人的付款能力进行评估。

如果发现存在发包人无法支付全部工程款的风险，一般考虑的应对方式是让发包人提供资金来源证明和支付担保，资金来源证明和支付担保的约定在《建设工程施工合同（示范文本）》（GF-2017-0201）专用合同条款 2.5 有专门的书写部分。在书写时应当注意：因为《建设工程施工合同（示范文本）》（GF-2017-0201）通用合同条款 2.5 规定："除专用合同条款另有约定外，发包人应在收到承包人要求提供资金来源证明的书面通知后 28 天内，向承包人提供能够按照合同约定支付合同价款的相应资金来源证明。"也就是如果直接适用通用条款或者画"/"，则会产生承包人先行通知要求发包人提供资金证明的义务，否则发包人不需要承担提供资金证明的义务，而且必须是通知后 28 天内向承包人交付才符合合同规定。如果在合同中约定了具体提供时间，则会免除承包人在履约过程中提出的让发包人提供资金证明的义务和留存证据证明实施通知行为的责任，因为履约过程中的风险具有不确定性，所以遵守提前防范风险的原则就成了必要，建议双方在合同签订时明确发包人提交资金证明的期限，如计划开工日期 28 天前。

另外一个隐藏的容易发生争议的问题是资金来源证明的要求，资金来源证明第一个问题是出具主体，如政府工程由谁出具，能否由财政部门或政府的其他部门出具？如果是国有或者民营企业，是由其单位出具承诺书还是需要第三方公司出具？还是必须由银行等金融机构出具？第二个问题是如第三方单位出具了资金来源证明，出具单位是否有义务监督管理保证专款专用呢？也就是出具机构是否具有承担出具证明的对应义务？在实际中出具单位不必承担任何义务。例如银行出具了甲公司有银行存款 2.2 亿元的来源证明，而工程总价款是 2 亿元，能够覆盖工程需要，但证明出具后第二天甲公司将全部资金偿还银行贷款，后期无法支付工程款了。为了解决这类问题，建议在合同中约定资金来源证明的要求，包括对出具主体的要求、出具主体应当承担的责任范围等。

应对发包人不能全部支付工程款风险的另外一个办法是让发包人提供支付担保。根据《保障农民工工资支付条例》第二十三条规定，建设单位应当有满足施工所需要的资金安排。没有满足施工所需要的资金安排的，工程建设项目不得开工建设；依法需要办理施工许可证的，相关行业工程建设主管部门不予颁发施工许可证。建设单位应当向施工单位提供工程款支付担保。根据法释《最高人民法院关于适用〈中华人民共和国民法典〉有关担保制度的解释》（〔2020〕28 号）第一条的规定，担保的方式包括抵押、质押、留置、保证等，为了保证担保的可操作性，建议在合同中约定担保的具体方式、担保权设立的期限等，在必要时可以将担保的相关合同作为附件在签订《建设工程施工合同》时一并签订。

法律规范的要素分为假定、处理和制裁，制裁是保证合同能够履行的基础，合同的保障就是违约责任，所以在签订合同时应当约定：发包人不能履行提供资金来源证明、提供支付担保或者提供的内容不符合约定要求的，应当承担的具体赔偿责任，并在一定期限内发包人仍未能改正的，承包人享有单方的合同解除权，还应当约定合同解除时发包人应当承担的赔偿责任范围和数额。该部分内容应当填写于违约责任一节，具体违约责任的签订内容将在对应一节阐述。

总结：

（1）约定发包人提供资金来源证明的时间和要求；

（2）约定出具资金来源证明主体的责任范围；

（3）约定发包人支付担保的方式和具体内容；

（4）约定发包人未能履行提供资金来源证明和支付担保的违约责任。

4.2.2　发包人决策效力的风险

根据《中华人民共和国民法典》对法律主体的分类：民事主体包括三大类，第一类是自然人，第二类是法人，第三类是非法人组织。其中自然人主体包括个体工商户、农村承包经营户；法人分为营利法人、非营利法人和特别法人。营利法人包括有限责任公司、股份有限公司和其他企业法人等；非营利法人包括事业单位、社会团体、基金会、社会服务机构等；特别法人包括机关法人、农村集体经济组织法人、城镇农村的合作经济组织法人、基层群众性自治组织法人。

发包人与承包人签订合同时的行为人是否具有代理权，影响到合同的法律效力，而发包人内部决策是否有效一般情况下并不会影响到合同效力，但如果承包人对此具有过错的，则可能涉及合同的效力问题。为了防止合同效力受到影响，同时因为发包人缺乏有效的内部决策，导致合同履行过程中因为发包人的内部问题执行受到影响，承包人的工程款也从根本上无法实现。为此承包人应当在合同签订时尽可能取得发包人内部有效决策机构对签订合同的确认。其中容易发生纠纷的组织一般包括除机关法人外的其他特别法人、营利法人和非营利法人三大类。

特别法人的主要代表是村民委员会，根据《村民委员会组织法》第二十四条规定，涉及村民利益的事项，经村民会议讨论决定方可办理；而涉及村民利益的事项包括从村集体经济所得收益的使用和本村公益事业的兴办和筹资筹劳方案及建设承包方案，也就是说对村集体公益建设及其他投资建设或者使用集体收益进行投资建设，都需要由村民会议讨论决定后才可以实施。所以与村民委员会签订合同时应当具有相应的村民会议讨论决定的凭证，其他特别法人可以参照适用。

《中华人民共和国民法典》第七十九条到第八十一条规定，设立营利法人应当依法制定法人章程。营利法人应当设立权力机构和执行机构，执行机构召集权力机构会议，决定法人的经营计划和投资方案，决定法人内部管理机构的设置，以及法人章程规定的其他职权。执行机构为董事会或者执行董事的，董事长、执行董事或者经理按照法人章程的规定担任法定代表人；未设董事会或者执行董事的，法人章程规定的主要负责人为其执行机构和法定代表人。一般情况下类似于董事长、执行董事或经理等担任公司法定代表人，可以通过查阅公司登记信息知道，法定代表人属于法律规定有权代表公司从事对外活动，在合同签订时应当由法定代表人本人实施，或者由其授权的代理人实施合同的签订。内部决策的机构则应当根据该营利法人的章程规定确定，并根据章程规定的该权利机构的决策程序确定其效力，并尽可能使营利法人的决策文件由承包人收执原件。无法获取原件的应当收执复印件，由营利机构的法定代表人或者代理人签字确认并加盖印章。

根据《中华人民共和国民法典》第八十八条到第九十三条的规定，事业单位法人除法律另有规定外，理事会为其决策机构。事业单位法人的法定代表人依照法律、行政法规或者法人章程的规定产生。社会团体法人应当依法制定法人章程，社会团体法人应当设会员大会或者会员代表大会等权力机构。社会团体法人应当设理事会等执行机构。理事长或者会长等负责人按照法人章程的规定担任法定代表人。捐助法人应当依法制定法人章程。捐助法人应当设理事会、民主管理组织等决策机构，并设执行机构。理事长等负责人按照法人章程的规定担任法定代表人。据此我们可以确定非营利法人的内部决策权利机构和对外的法定代表人身份，然后根据非营利法人章程或类似文件确定的决策程序确定其内部决策的有效性，并作为与之签订合同的依据。

总结：

（1）取得发包人一方内部同意工程发包或签订合同的有效依据存查；

（2）与发包人法定代表人或其授权代表签订合同。

4.2.3　合同无效的风险

依据《中华人民共和国民法典》第五百零八条合同效力适用民事法律行为的规定，建设工程施工合同则自始没有法律约束力，行为人因该行为取得的财产，应当予以返还；不能返还或者没有必要返还的，应当折价补偿。有过错的一方应当赔偿对方由此受到的损失；各方都有过错的，应当各自承担相应的责任。

《中华人民共和国民法典》第七百九十三条规定，建设工程施工合同无效，但是建设工程经验收合格的，可以参照合同关于工程价款的约定折价补偿承包人。经修复仍不合格的，发包人对建设工程不合格造成的损失有过错的，应当承担相应的责任。

《最高人民法院关于审理建设工程施工合同纠纷案件适用法律问题的解释（一）》第六条规定，建设工程施工合同无效，一方当事人请求对方赔偿损失的，应当就对方过错、损失大小、过错与损失之间的因果关系承担举证责任。同时第二十四条规定，当事人就同一建设工程订立的数份建设工程施工合同均无效，但建设工程质量合格，一方当事人请求参照实际履行的合同关于工程价款的约定折价补偿承包人的，人民法院应予支持。

根据上述法律规定可以看出，合同无效后如果工程质量合格，可以参照合同约定的工程价款进行折价补偿，而补偿属于填补原则，其补偿最大额度为不超过承包人为工程实际支出的成本，这一点和法释《最高人民法院关于审理建设工程施工合同纠纷案件适用法律问题的解释》（〔2004〕14号）（已废止）第二条规定的参照合同约定支付工程价款的内容发生根本性冲突，支付工程价款和折价补偿，两者体现出来的不再是无效合同按有效结算的内容，而是补偿性处理，这时承包人的利润就不属于支付的范畴，而且就成本而言也很难得到实现。

补偿的根本原则还是对成本的填补，那么法院在审理案件时确定成本将可能从以下几种途径进行：一是通过鉴定来确定，二是按照合同约定的内容确定，三是法院酌情认定。在三者中，鉴定是我们在合同签订阶段无法预判的，但无论是鉴定还是法院酌情认定，乃至鉴定都会参考无效合同约定的基础数据，如果我们在投标或者签订合同中在总价中划分了成本和利润，则会对法院审理时确定的成本产生根本性影响，而发包人看中的更多的是承包人的总体价格，而其中利润多少不是重点考虑的范围，更何况既然约定成本，自然需要增加成本的数额，相对降低利润的数额，对发包人来说更能够接受。

总结：

在投标（合同）价格范围内明确成本的比例或数额，并尽可能提高该比例或数额。

4.2.4　合同无效的情形

根据《中华人民共和国民法典》第一百五十三条、第一百五十四条的规定，《中华人民共和国招标投标法》第三条、第五十条、第五十二条、第五十三条、第五十四条、第五十五条、第五十七条、第五十八条、第六十四条的规定，《招标投标法实施条例》第二条、第三条的规定，《最高人民法院关于审理建设工程施工合同纠纷案件适用法律问题的解释（一）》（法释〔2020〕25号）第一条到第三条的规定，《必须招标的工程项目规定》（中华人民共和国国家发展和改革委员会令第16号），《发展改革委关于印发〈必须招标的基础设施和公用事业项目范围规定〉的通知》（发改法规规〔2018〕843号），《国务院关于〈必须招标的工程项目规定〉的批复》（国函〔2018〕56号），《国家发展改革委办公厅关于进一步做好〈必须招标的工程项目规定〉和〈必须招标的基础设施和公用事业项目范围规定〉实施工作的通知》（发改办法规〔2020〕770号）的规定，如下建设工程施工合同无效：

（1）承包人未取得建筑业企业资质的；

（2）承包人超越资质等级的；

（3）没有资质的实际施工人借用有资质的建筑施工企业名义的；

（4）建设工程必须进行招标而未招标的；

（5）承包人因转包建设工程与他人签订的建设工程施工合同；

（6）承包人因违法分包建设工程与他人签订的建设工程施工合同；

（7）另行签订的其他合同导致建设工程施工合同背离中标合同实质性内容的；

（8）未取得建设工程规划许可证等规划审批手续签订的建设工程施工合同；

（9）招标代理机构违反《中华人民共和国招标投标法》规定，泄露应当保密的与招标投标活动有关的情况和资料，影响中标结果的；

（10）招标代理机构违反《中华人民共和国招标投标法》规定，与招标人、投标人串通损害国家利益、社会公共利益或者他人合法权益，影响中标结果的；

（11）依法必须进行招标的项目的招标人向他人透露已获取招标文件的潜在投标人的名称、数量或者可能影响公平竞争的有关招标投标的其他情况的，或者泄露标底，影响中标结果的；

（12）投标人相互串通投标或者与招标人串通投标的，投标人以向招标人或者评标委员会成员行贿的手段谋取中标的；

（13）投标人以他人名义投标或者以其他方式弄虚作假，骗取中标的；

（14）依法必须进行招标的项目，招标人违反《中华人民共和国招标投标法》规定，与投标人就投标价格、投标方案等实质性内容进行谈判，影响中标结果的；

（15）招标人在评标委员会依法推荐的中标候选人以外确定中标人的；

（16）依法必须进行招标的项目在所有投标被评标委员会否决后自行确定中标人的。

4.2.5　合同相对性的影响

在签订合同时，承包人往往会受签约相对人之外主体的"光环"所影响，如发包人的股东、项目工程的投资人、项目经营的品牌等，甚至会把这些关联主体的履约信誉转移到发包人本身，因此产生对项目工程决策的影响，在后期履约过程中发现决策失误，而此时形成的损失已经无法挽回。

根据《中华人民共和国民法典》对民事主体的划分，民事主体包括自然人、法人和非法人组织，其中容易发生纠纷的是子公司、分公司、政府下设部门三类。根据《中华人民共和国公司法》第十四条的规定，公司可以设立子公司，子公司具有法人资格，依法独立承担民事责任。子公司是按照《中华人民共和国公司法》的规定设立的有限责任公司或者股份有限公司，子公司具有独立的法人资格，以其所有的财产对外承担责任，之所以叫子公司而区别于公司的是其有一个母公司，母公司和子公司都属于公司，只不过母公司拥有子公司全部或绝大部分股权（或股份），对子公司具有一定的控制权。但因为子公司是按照《中华人民共和国公司法》的规定设立，在子公司设立时母公司及其他股东已经认缴或者实缴一定数额的资本，子公司拥有该资本的所有权，并以此对外承担责任。现实中母公司决定投资建设某项目工程时，会设立一个项目公司作为子公司，由该子公司作为发包人与承包人签订合同，承包人会基于母公司的庞大资产体系或信用能力对合同的履行产生绝对的信赖，事实上该合同的相对人是该子公司，而非投资设立子公司的母公司，母公司对子公司的债务不承担责任。同时有的项目是一些拥有大型品牌的公司授权经营的项目，但该项目的承建、运营、管理和该品牌公司并没有任何关系，与承包人签订合同的相对人均是其他第三方主体，所以承包人在签订合同时一定要确定合同相对人，并以相对人的信誉和履约能力作为审查的重点。同样的道理，承包人在签订合同时也会考虑由工程分包人、转包人承担责任作为风险判定的基础，事实上突破合同相对性只是法律规定的例外情况，承包人仍应当以合同相对人的风险判定为基础原则。

根据《中华人民共和国公司法》第十四条的规定，公司可以设立分公司。设立分公司，应当向公司登记机关申请登记，领取营业执照。分公司不具有法人资格，其民事责任由公司承担。设立分公司的公司叫作总公司，总公司和分公司属于相对的两个组织，有总有分，分公司是指公司在其住所以外设立的从事经营活动的机构。分公司的经营负责人由总公司任命，分公司的经营范围和权利范围由总公司决定，所以在签订建设工程施工合同时，承包人应当审查分公司的授权，虽然未经授权，法律规定由分公司所在的总公司承担责任，但承包人如果明知分公司不具有签订合同的权利而仍然与之签订合同，有可能以恶意串通认定合同无效。

另外一类特殊主体是政府的下设部门，如指挥部、办公室、筹建处等，这些机构本身并没有独立的资产，属于为特定的项目所设立，该类发包人无法履行义务时，责任由谁承担往往无法确定，所以在签订该类合同时最好与政府或其职能部门签订，如果确实无法回避，应当由设立该特设部门的政府或职能部门出具授权或者承担最终责任的承诺，在承包人留存相关证据后再行签订合同。

与政府设立的特设临时机构相同，有时企业也会要求某项目部等单位作为发包人与承包人签订建设工程施工合同，此时承包人应当要求已经登记的单位签订合同，并且该单位符合承包人合理风险范围内的主体，而不能和不属于法律主体的单位科室、部门签订合同。

总结：

（1）审查合同相对人的签约资格和履约能力；

（2）与特殊主体签约应当取得有效权利主体的授权等手续并留存备查。

4.2.6　签约行为人代理权审查

发包人签订建设工程施工合同时，执行合同签订的人包括法定代表人和代理人两种，在法定代表人签订时只需要审查其身份信息即可，而现实中主要风险是代理人代为签订的情形。根据《中华人民共和国民法典》第一百六十二条、第一百六十四条、第一百六十五条、第一百六十八条、第一百七十一条的规定，代理人实施代理行为，必须在代理权限内，以被代理人名义实施时才对被代理人发生效力。行为人没有代理权、超越代理权或者代理权终止后，仍然实施代理行为，未经被代理人追认的，对被代理人不发生效力。为了保证代理行为的效力，委托代理授权应该采用书面形式，授权委托书应当载明代理人的姓名或者名称、代理事项、权限和期限，并由被代理人签名或者盖章。无论代理人是发包人的股东或者董事，以及发包人的工作人员，只要代理人不是发包人的法定代表人，就应该要求其提供授权委托书。

承包人在审查时应当查明代理人的身份信息、授权委托书和代理行为人的一致性，并确保合同由审查确认后的代理人本人实施签署，且签署时在授权委托书的期限内，并且签署的时间和实际签署日期一致，不一致的应当作出说明。代理人的代理权限具有签订建设工程施工合同的内容，在签署时建设工程施工合同变更修改的，代理权限应该包括具有修改的权利。

另外需要注意：承包人不得和发包人共同委托同一人签署合同，也不得存在分别委托的代理人具有利害关系的情形，否则可能会被认定承包人和发包人、代理人恶意串通，损害发包人合法权益。

总结：

对发包人的签约代表应进行身份和权利审查。

4.2.7　文件的交接

建设工程施工合同涉及的周期长、往来文件量大，也就导致作为双方履行的义务情况需要的证据收集量复杂且庞大，司法实践中大量的纠纷引发不是义务是否履行，而是是否有证据证明已经履行了义务。根据《中华人民共和国民事诉讼法》第六十四条规定，当事人对自己提出的主张，有责任提供证据。第六十三条规定证据包括：当事人的陈述；书证；物证；视听资料；电子数据；证人证言；鉴定意见；勘验笔录。承包人作为工程款的主张方，首先需要提供工程量的证据，其次需要提供工程质量合格的证据，对工程的变更、工程的价格都需要提供证据证明。如果发包人提出实际工期超过约定的工期，承包人需要对超过工期的期间责任应当由发包人承担的事实提供证据。由此可见，在实际发生争议时承包人负有繁重的举证义务。

建设工程施工合同的承包人履行的是完成建设工程的施工任务并向发包人交付工程的义务，发包人履行的义务是提供施工条件并向承包人支付工程款。工程施工的义务分解为非常复杂而细小的工作，需要由承包人实施，比如工程开工，承包人需要向监理人提交工程开工报审表，工程进度款申请需要承包人报送工程量，工程质量需要向监理人通知验收，发包人违约需要履行督促通知的行为等，无一不需要向发包人送交文件。实际中发包人及监理人往往对承包人提交的文件拒绝签字，因为担心签字需要承担责任，所以承包人的通知、交付文件的结果是没有证据，如工程设计发生变更，工程增加工作量的情况下，发包人一方更是要求承包人履行施工任务，但对工程价款等文件资料不送达、不签收，一旦发生纠纷，承包人往往毫无证据可以提供。

为了解决上述问题，需要通过合同签订时约定文件交付的环节，以增加承包人的举证能力，另外在履约管理过程中注意证据的识别和搜集能力。合同签订的主要方式是约定文件的交付方式。交付方式的约定在能够实现与发包人文件交接的同时完成证据的搜集。首先可以争取考虑采用电子邮件的方式交接，其特征是电子邮件的交付具有即时性，交接成本低，速度快，而且在电子邮件设置好邮件的保存方式，能够同时取得收取和交付文件的证据。同时为了保证电子邮箱与当事人的一致性和文件交接的及时效果，合同中应当约定当事人对应的电子邮箱，并明确当事人应当每天保证一次以上的电子邮箱查阅，并对电子邮箱进行相应的维护，确保电子邮箱收发文件不存在障碍。另外约定该电子邮箱在合同履行期间包括争议发生期间仍作为接收文件的方式，只要合同相对方发送了电子邮件即视为有效送达。在电子邮箱地址发生变化时应当及时通知对方，否则引起的责任由其自行承担。通过上述约定可以实现电子邮箱有效送达的证据收集的基础工作。

电子邮箱送达有特殊的缺点，一是需要电子载体且不便于读取，通过手机查看视觉效果较差，需要打印出来才便于使用和读取；二是例如实物交付、文件原件交付等则不宜使用，对方当事人不同意使用或者无法使用电子邮箱交付的，则建议通过邮寄或者委托第三方交付的方式解决。该送达方式主要的缺点是对方当事人感情上无法接受，认为本来能够当面交付的文件却通过邮寄来获取证据，容易产生对立情绪。事实上在合同签订时如果进行商谈，则对立情绪相对较少，而且可以在承包人内部设定一项管理制度，即向发包人送达的资料需要由公司某部门如法务部审查才能交付，这样通过公司而非项目部向发包人寄送资料也就有了合理的理由。当然在合同中应当约定发包人的收件地址、电话、收件人等具体的收件方式。

有些情况下因为当事人或者项目工程的特征，导致约定具体的送达方式可能被对方无法认可，那么在合同中可以考虑采用一个概括性的方式解决交接问题，如在合同中可以约定采取电子邮箱、邮寄、当面交接，微信、录像等方式向对方交接文件，并将对方的微信号、电子邮箱、地址等作为合同的附件一并留存，这样任何一种方式的交接都可以产生文件交接的结果并进行证据收集。特别是现在微信被高频使用，照片、视频可以简单生成和发送，在简洁获取证据的情况下，微信交接也不失为一个比较不错的方案。但是微信交接有一个根本性的缺陷，就是如何将微信交接的电子内容存储下来，并且保证其证据的原始性是比较困难的，因为一旦发生诉讼，往往需要将该证据最原始的内容通过原手机的载体提供才能作为原件，否则的话，因为无法确定该证据的来源，会产生不被认定的结果。为了解决这个问题，实践中会以证据公证的形式将该内容保存。但是如果将微信内容一个一个通过截屏方式保存的话，其工作量比较大。后期可以采用将微信记录通过下载的方式在技术上进行处理。

总结：

（1）约定采用电子邮箱交接一般文件；

（2）约定通过邮寄或委托第三方交付方式解决其他资料交接；

（3）特殊情况采用微信、视频、录音等方式交接。

4.2.8 工程鉴定

根据《建设工程造价鉴定规范》（GB/T 51262—2017）、《建设工程司法鉴定程序规范》（SF/Z JD0500001—2014）、《最高人民法院关于审理建设工程施工合同纠纷案件适用法律问题的解释（一）》第十一条、第三十条、第三十二条、第三十三条的规定，建设工程因质量、造价、修复费用、工期等事实发生争议的，鉴定人运用科学技术或者专门知识对涉及的专门性问题进行鉴别和判断并提供鉴定意见的活动。

工程鉴定的鉴定依据是鉴定项目适用的法律、法规、规章、专业标准规范、计价依据，当事人提交经过质证并经委托人认定或当事人一致认可后用作鉴定的证据。计价依据是指由国家和省、自治区、直辖市建设行政主管部门或行业建设管理部门编制发布的，适用于各类工程建设项目的计价规范。工程量计算规范工程定额、造价指数、市场价格信息等。工程鉴定的基础是当事人对专门性问题缺乏统一的认识或者证据不足，所以鉴定更多的依据是规范性文件，这样导致鉴定结果很难符合当事人最初的意思表示。

工程鉴定所需期限比较长，根据《建设工程司法鉴定程序规范》（SF/Z JD0500001—2014）的规定，司法鉴定机构应在收到委托人出具的鉴定委托书或签订《建设工程司法鉴定协议书》之日起六十个工作日内完成委托事项的鉴定。鉴定事项涉及复杂、疑难、特殊的技术问题或者检验过程需要较长时间的，经与委托人协商并经鉴定机构负责人批准，完成鉴定的时间可以延长，每次延长时间一般不得超过 60 个工作日。在鉴定过程中补充或者重新提取鉴定资料，司法鉴定人复查现场、赴鉴定项目所在地进行检验和调取鉴定资料所需的时间，不计入鉴定时限。鉴定还涉及补偿鉴定和重新鉴定，鉴定期限还会更长，且以上述规定的鉴定工作日延长一次计算，时间达到 120 个工作日，合计为 168 个自然日，基本达到半年的时间，加上委托期间、现场勘察、召开听证会议等其他工作时间，会大大超过半年的时间，有的鉴定甚至超过一年。

工程所涉鉴定的收费是根据司法鉴定机构所在地省级司法和物价行政部门发布的收费项目和标准协商确定，该收费标准是在工程价款的基础上按一定的比例进行收费，因为建设工程施工合同纠纷的标的额本身基数比较大，所以收费的绝对数额也比较高，特别是工程鉴定，一般会涉及几个内容的鉴定，更加导致鉴定费用的增加。

作为解决工程专业问题的鉴定程序，因为问题的专业性，周期长、费用高，而且鉴定结果的不确定性，所以对当事人来说是极其想回避却因为争议本身的客观存在又无法回避的一个问题，为此应尽可能地通过合同的签订和履行管理来解决或尽可能解决争议，有效降低对鉴定的适用频率。

总结：

工程鉴定专业性强，周期长、费用高，而且鉴定结果具有不确定性，应尽可能降低对鉴定的适用频率。

4.2.9　合同解释

合同的解释是对合同内容的说明，解释的目的是对合同未约定、约定不明、约定矛盾、约定不合理的部分进行说明，以推演出合同当事人在签订合同时的真实意思表示。合同解释存在的根本原因是合同当事人发生纠纷需要按合同的约定进行解决，但合同本身对该需要解决的问题缺乏明确的约定或约定存在不合理性，所以利用一定的规则对合同进行解释。

《中华人民共和国民法典》第一百二十四条、第四百六十六条、第四百九十八条、第五百一十一条是对合同解释的相关规定，解释包括有相对人的解释和无相对人的解释，该划分的原因是两者的解释方法截然不同，有相对人的解释主要是以合同词语本身的文义解释为主，结合关联的合同其他内容、合同当事人的交易性质和交易目的、交易习惯，利用诚实信用的原则进行解释，这属于对合同解释的一般性原则规定。对合同有两种以上文字订立并约定具有同等效力的，对各文本使用的词句推定具有相同含义。如果各文本使用的词句不一致，因为需要解释的词语本身无法使用，所以只能根据上下文的相关约定内容，结合合同当事人的交易性质和交易目的、交易习惯，利用诚实信用的原则进行解释。

对格式条款的理解发生争议的，应当按照通常理解予以解释，也就是仍然按照上述有合同相对人的解释方法进行解释。对格式条款有两种以上解释的，因为格式条款的提供者具有起草合同的优越性，根据公平和诚实信用的原则，应当作出不利于提供格式条款一方的解释。格式条款和非格式条款不一致的，非格式条款是双方充分协商的结果，相对于格式条款而言，格式条款提供者的相对方缺乏话语权和主动空间，所以应当采用非格式条款。

对合同内容没有约定的争议事项，《中华人民共和国民法典》第五百一十一条做了具体的规定，质量要求不明确的，按照强制性国家标准履行；没有强制性国家标准的，按照推荐性国家标准履行；没有推荐性国家标准的，按照行业标准履行；没有国家标准、行业标准的，按照通常标准或者符合合同目的的特定标准履行。价款或者报酬不明确的，按照订立合同时履行地的市场价格履行；依法应当执行政府定价或者政府指导价的，依照规定履行。履行地点不明确，给付货币的，在接受货币一方所在地履行；交付不动产的，在不动产所在地履行；其他标的，在履行义务一方所在地履行。履行期限不明确的，债务人可以随时履行，债权人也可以随时请求履行，但是应当给对方必要的准备时间。履行方式不明确的，按照有利于实现合同目的的方式履行。履行费用的负担不明确的，由履行义务一方负担；因债权人原因增加的履行费用，由债权人负担。

《中华人民共和国民法典》对合同解释的规定适用于所有的合同，建设工程施工合同有其本身的特殊性，一般会采用招标投标的形式确定合同主体，便会有招标文件、投标文件及中标通知书，还有工程造价的预算，合同涉及专用的技术要求和图纸，而合同一般采用的是住房城乡建设部和国家工商行政管理总局联合制定的《建设工程施工合同（示范文本）》（GF-2017-0201）。合同文本包括合同协议书、通用合同条款和专用合同条款三大部分，合同后有附件以进一步明确需要约定的内容，这样就可能因不同文件对同一问题的约定有所不同而产生争议，对上述文件的争议，当事人可以约定如何确定效力等级问题，如果当事人没有约定，则适用示范文本通用合同条款的规定。根据《建设工程施工合同（示范文本）》（GF-2017-0201）的规定，组成合同的各项文件应互相解释，互为说明。除专用合同条款另有约定外，解释合同文件的优先顺序如下：合同协议书；中标通知书（如果有）；投标函及其附录（如果有）；专用合同条款及其附件；通用合同条款；技术标准和要求；图纸；已标价工程量清单或预算书；其他合同文件。当事人就同一类合同文件存在两份以上，而不同文本又存在矛盾的，则视后者是对前者的修订，所以会以最新签署的文件作为合同当事人的真实意思表示而予以确认。

《建设工程施工合同（示范文本）》（GF-2017-0201）3.4规定，承包人应对基于发包人按照第2.4.3项〔提供基础资料〕提交的基础资料所作出的解释和推断负责，但因基础资料存在错误、遗漏导致承包人解释或推断失实的，由发包人承担责任。该内容是对资料解释的约定，该解释是要求承包人对发包人提供的资料进行合理解释，其解释应当符合诚实信用的原则和一般标准，因承包人的过错解释产生的责任由承包人自行承担，但发包人应当对提供资料的真实性负责，因为资料自有瑕疵导致的解释错误由发包人自行承担。

另外，《建设工程施工合同（示范文本）》（GF-2017-0201）的适用范围为中国境内，汉语为中国的通用语言，合同以中国的汉语简体文字编写、解释和说明。合同当事人在专用合同条款中约定使用两种以上语言时，汉语为优先解释和说明合同的语言。

总结:

(1) 对不同类型合同文件的效力等级进行约定;

(2) 合同文本签订或修订时明确填写签订或修改的日期。

4.2.10 管辖

《最高人民法院关于审理建设工程施工合同纠纷案件适用法律问题的解释》(法释〔2004〕14 号)(已废止)第二十四条规定:建设工程施工合同纠纷以施工行为地为合同履行地。《最高人民法院关于审理建设工程施工合同纠纷案件适用法律问题的解释(一)》(法释〔2020〕25 号)并没有保留第二十四条的规定。而根据第二十四条的规定,建设工程施工合同纠纷以施工行为地为合同履行地,也就是说如果建设施工合同适用合同履行地管辖的话,是以施工行为地确定履行地,如果不适用履行地而是适用被告住所地或者其他约定管辖的话,则不考虑施工行为地问题,也就可以得出建设工程施工合同适用一般的合同纠纷管辖规定,不适用于不动产的专属管辖。《最高人民法院关于审理建设工程施工合同纠纷案件适用法律问题的解释(一)》(法释〔2020〕25 号)并没有保留第二十四条,意味着什么呢?其实在《最高人民法院关于适用〈中华人民共和国民事诉讼法〉的解释》(法释〔2015〕5 号)第二十八条规定,《中华人民共和国民事诉讼法》第三十三条第一项规定的不动产纠纷是指因不动产的权利确认、分割、相邻关系等引起的物权纠纷。农村土地承包经营合同纠纷、房屋租赁合同纠纷、建设工程施工合同纠纷、政策性房屋买卖合同纠纷,按照不动产纠纷确定管辖。这就是说自2015 年开始建设工程施工合同按照不动产纠纷确定管辖,当然关于不动产纠纷和按照不动产纠纷处理的差别各种探讨仍然不绝,但从法律角度已经作出明确规定,这样从实践的角度也就没有再行争执的必要性。

我们注意到:在部分案件中,承包人在一审时向工程所在地之外的法院提起诉讼,发包人未在一审时提出管辖异议,二审法院对二审提出的管辖异议不予支持,但该观点并非主流观点,因为从法律角度来说专属管辖属于强制性管辖规定,不能因为当事人的行为而发生改变,如果当事人没有在一审中提出异议,法院也应该进行纠正,该纠正可以在以后的各个阶段进行。

现实中存在和建设工程施工合同有关的纠纷,是否适用不动产所在地专属管辖,主要看纠纷的本质,如在履行 BOT 合同过程中产生的纠纷,其中关于工程建设施工的纠纷部分,属于建设工程施工合同纠纷的,仍然应当适用专属管辖的规定。装饰装修合同的本质也是建设工程的施工行为纠纷,属于与建设工程施工合同有关的纠纷,也应按照不动产纠纷确定管辖。工程 EPC 总承包合同本质也是属于建设工程施工合同纠纷,应当适用专属管辖的规定。

那么因建设工程产生的劳务纠纷是否适用按不动产纠纷确定管辖呢?最高人民法院民事裁定书(2016)最高法民辖 37 号案件中,法院认为,原告龙某以个人名义给装饰工程承包人提供劳务,《工程量收方统计表》《贵州省六盘水乐美时尚购物中心装饰工程木工人工费单价》等证据中，注明了各项劳务的费用，以及按照龙某完成的工作量应向其支付的劳务费数额。龙某起诉请求支付该笔劳务费，属于在履行劳务合同过程中产生的纠纷。双方争议不符合装饰装修合同纠纷的特点，不适用《最高人民法院关于适用〈中华人民共和国民事诉讼法〉的解释》第二十八条第二款关于建设工程施工合同纠纷按照不动产纠纷专属管辖的规定。作为劳务合同纠纷，应按照《中华人民共和国民事诉讼法》第二十三条的规定，由被告住所地或者合同履行地人民法院管辖。可见转包后的劳务纠纷不适用专属管辖的规定。

根据《中华人民共和国仲裁法》第四条规定，当事人可以约定采用仲裁方式解决纠纷，约定采用仲裁方式的双方应当自愿达成仲裁协议。没有仲裁协议，一方申请促裁的，仲裁委员会不予受理。第十六条规定，仲裁协议包括合同中订立的仲裁条款和以其他书面方式在纠纷发生前或者纠纷发生后达成的请求仲裁的协议。仲裁协议应当包括请求仲裁的意思表示、仲裁事项、选定的仲裁委员会。仲裁协议未指向明确的仲裁机构，无法确定具体的仲裁机构，双方亦未达成补充协议，仲裁协议约定无效。

总结：

(1) 建设工程施工合同纠纷适用不动产专属管辖的规定，不得约定改变管辖；

(2) 当事人可以约定仲裁条款，选择仲裁委员会进行管辖。

4.3　工程质量

4.3.1　工程的质量标准

工程质量是指国家现行有关法律法规、技术标准、设计文件和合同中，对工程的安全、适用、经济、美观等特性的综合要求。工程质量包括国家强制性质量标准和约定质量标准。根据《中华人民共和国标准化法》第二条规定，标准（含标准样品）是指农业、工业、服务业以及社会事业等领域需要统一的技术要求。

标准分为国家标准、行业标准、地方标准和团体标准、企业标准。国家标准分为强制性标准、推荐性标准，行业标准、地方标准是推荐性标准。其中强制性标准必须执行。国家鼓励采用推荐性标准。

《建设工程施工合同（示范文本）》（GF-2017-0201）通用合同条款 5.1 质量要求规定，工程质量标准必须符合现行国家有关工程施工质量验收规范和标准的要求。有关工程质量的特殊标准或要求由合同当事人在专用合同条款中约定。

在《建设工程施工合同（示范文本）》（GF-2017-0201）专用合同条款 5.2 有关于工程奖项的约定。该部分作为工程质量的一个内容，约定发包人对工程获取奖项的要求。工程奖项包括国家级奖项和地方奖项，其中国家级奖项是国家优质工程，包括国家级工程质量奖和鲁班奖（国家优质工程）。

根据《建设部关于印发〈国家优质工程评审管理办法〉的通知》（建监〔1995〕

161 号）的规定，国家优质工程是国家级工程质量奖。评审办法由住房城乡建设部制定，国家优质工程审定委员会组织评审公布。国家优质工程每年评审一次，数量控制在50 项左右。凡在中华人民共和国土地上建设的工程，都可申报评选。申报的工程必须按规定通过竣工验收，并经过一年的考核期。但自竣工验收至申报评选的时限，大型建设项目不得超过五年，中型建设项目不得超过三年，其他工程项目不得超过两年。申报评选国家优质工程的项目，应具有独立的生产和使用功能，主要包括：

（1）新建的大中型工业、交通、农林水利、民用和国防军工等建设项目；

（2）10 万平方米以上设施配套的住宅小区；

（3）2 万平方米以上设施配套的村镇；

（4）投资在 2000 万元以上的城市道路、桥梁、给排水、煤气、供气等工程；

（5）具有显著经济效益和社会效益的大中型改建、扩建和技术改造工程；

（6）对发展国民经济具有重大意义的其他工程。

鲁班奖是我国建设工程质量的最高奖，工程质量应达到国内领先水平。鲁班奖的评选工作在住房城乡建设部指导下由中国建筑业协会组织实施，评选结果报住房城乡建设部。鲁班奖每年评选一次，获奖工程数额不超过 100 项。获奖单位为获奖工程的主要承建单位、参建单位。鲁班奖的评选工程为我国境内已经建成并投入使用的各类新（扩）建工程。评选工程分为住宅工程、公共建筑工程、工业交通水利工程、市政园林工程。其中对申请鲁班奖的工程时间要求是工程项目已完成竣工验收备案，并经过一年使用没有发现质量缺陷和质量隐患。

应当注意工程竣工后一定时间才能申请工程奖项，而且申请条件涉及发包人完成的竣工验收备案，所以应当合理确定工程奖项与对象工程款的奖罚之间的关系，防止因为奖项的获取影响到正常工程款的取得。

总结：

明确工程质量适用强制标准还是具体的推荐标准，对工程奖项有约定时需要预判奖项获取时间对工程款的影响。

4.3.2　承包人对工程质量合格的证明标准

《最高人民法院关于审理建设工程施工合同纠纷案件适用法律问题的解释（一）》（法释〔2020〕25 号）第二十四条、第三十八条、第三十九条的规定，无论是有效合同还是无效合同，无论是竣工工程还是未完工工程，工程质量合同都是承包人取得工程款的前提条件，所以工程质量不但要合格，而且需要承包人能够证明工程质量合格，否则无法主张工程款。

根据《最高人民法院关于审理建设工程施工合同纠纷案件适用法律问题的解释（一）》（法释〔2020〕25 号）第十一条、第十四条、第三十二条的规定，证明建设工程质量合格有两种途径：一种是鉴定，只有经过鉴定机构鉴定确定工程质量合格才能认定为工程质量合格；二是能证明发包人擅自使用工程的，擅自使用部分的工程即视为合格，这时发包人擅自使用的证据就是证明工程质量合格的证据。除上述规定外，《建设工程施工合同（示范文本）》（GF-2017-0201）通用合同条款 2.7 规定发包人应按合同约定及时组织竣工验收。5.1.1 规定工程质量标准必须符合现行国家有关工程施工质量验收规范和标准的要求。有关工程质量的特殊标准或要求由合同当事人在专用合同条款中约定。《建设工程施工合同（示范文本）》（GF-2017-0201）通用合同条款中的 5.3.2、13.1.1、13.1.2、13.2.1、13.2.2、13.2.3 规定了监理对隐蔽工程的验收、分部分项验收、竣工验收的验收方式，可见组织验收是工程质量合格的第三种证明方式。要想获取更多关于三种证明方式的证据，必须在合同履行过程中加强履约管理。特别是在工程施工中，隐蔽工程验收和分部分项验收的证据，在履约管理中可以证明工程质量合格，但为了履约管理的便捷性和可行性，需要在合同签订阶段进行必要的技术处理，具体包括：

一是对鉴定机构的选择。如果在合同履行过程中双方发生质量纠纷，对鉴定机构的选择无法形成一致意见，而且双方在向鉴定机构提供便利和基础材料方面也存在抵触，那么双方可以在签订合同时对可能产生质量争议的问题确定具体的鉴定机构，作为对质量问题鉴定的基础，并和鉴定机构签订委托协议，明确鉴定的启动方式、鉴定的费用承担、鉴定的配合义务、鉴定的效力、鉴定的救济方式等，防止质量问题久拖不决给双方造成更大的损失。

二是通过证明发包人擅自使用工程来证明工程质量合格。发包人使用工程后工程由发包人控制，承包人可能无法进入工程现场，届时所谓的"证明发包人擅自使用工程"就可能成为一句空话，还有关于使用的认定问题。如果工程是一个含机器的生产车间，那么发包人在车间内调试机器是否属于使用？如果工程是一套住宅，发包人在卧室睡觉，是否能够证明厨房质量合格？如果是一幢 30 层的办公楼，发包人出租使用了其中 2层，那其他的 28 层是否使用了？擅自使用的举证由谁承担？为此针对这几个容易发生分歧的关键词应当具体做一个解释，例如：

使用：存在工程已经由发包人控制、占有、管理、维护、出租的一种情形的均为工程使用。

擅自：发包人对工程的使用即构成擅自使用，但发包人能够提供承包人向发包人移交工程的交接凭证的除外。

使用范围：合同所列项目的部分工程被发包人擅自使用，则使用范围推定为合同范围内的全部工程。

使用期限：发包人在合同履行开始后的任何一段时间使用工程的，认定为"对工程的使用直至纠纷发生时"。使用的开始日期以承包人主张的日期为准，但发包人有充足证据证明对工程使用的起始时间的除外。

三是对工程的验收。工程通用合同条款约定的验收方式是承包人提出申请，发包人或监理人等组织方进行验收，如果组织方不予验收，则认定为认可承包人自行验收的结果或者验收合格。其中有几个问题需要处理：

（1）后期如果发包人提出承包人提出验收申请时不具备申请条件的处理。对此应当约定：发包人对申请人提出验收有异议的，应当书面提出具体异议内容，否则视为申请验收符合申请条件。

（2）申请组织验收的证据问题。现实中承包人提出书面验收申请，组织方往往不予签收，导致承包人无法获取证据，如果采用快递寄送往往导致双方关系紧张，在现实中建议采用邮箱送达的方式通知，即承包人向发包人提交资料的，可以采取现场书面提交或者邮箱提交的方式，采取邮箱提交方式的应当通过承包人和发包人在合同中确定的邮箱提交，邮箱发生变更未及时通知对方的责任由变更一方承担。该材料提交方式可以适用于其他材料的交付或送达。

总结：

（1）对涉及工程质量的鉴定机构等事项进行约定；

（2）对擅自使用工程可能产生的争议内容进行解释性约定；

（3）对工程验收的申请条件和材料提交方式约定。

4.3.3　工程质量不合格的维修

工程质量不合格是指施工单位完成的建设工程不能满足工程设计要求和国家对工程质量的强制性要求，无法通过质量验收。根据《建筑工程施工质量验收统一标准》（GB 50300—2013）的规定，建筑工程质量验收划分为单位工程、分部工程、分项工程和检验批。每个被划分的单位均有具体的验收合格要求，包括质量控制资料应完整、所含分部工程中有关安全、节能、环境保护和主要使用功能的检验资料应完整、主要使用功能的抽查结果应符合相关专业验收规范的规定等。

工程质量不合格存在多种原因，根据《最高人民法院关于审理建设工程施工合同纠纷案件适用法律问题的解释（一）》（法释〔2020〕25号）第十二条、第十三条、第十八条的规定，因发包人提供的设计有缺陷、提供的建筑材料、建筑配件、设备不符合强制标准，以及直接指定分包人分包专用工程，造成工程质量缺陷的，发包人应当承担过错责任，因承包人的原因造成建设工程质量不合格的，承包人有修理、返工或者改建的义务。

根据《建设工程施工合同（示范文本）》（GF-2017-0201）的规定，发包人应要求在施工现场的发包人人员遵守法律及有关安全、质量、环境保护、文明施工等规定，并保障承包人免于承受因发包人未遵守上述要求给承包人造成的损失和责任。因发包人原因导致工程质量未达到合同约定标准的，由发包人承担由此增加的费用和（或）延误的工期，并支付承包人合理的利润。因承包人原因造成工程质量未达到合同约定标准的，发包人有权要求承包人返工直至工程质量达到合同约定的标准为止，并由承包人承担由此增加的费用和（或）延误的工期。因承包人原因造成工程不合格的，发包人有权随时要求承包人采取补救措施，直至工程达到合同要求的质量标准，由此增加的费用和（或）延误的工期由承包人承担。工程保修期从工程竣工验收合格之日起算，在工程保修期内，承包人应当根据有关法律规定及合同约定承担保修责任。

通过以上内容可以看出，工程质量不符合国家强制标准或者约定标准的责任主体可能是发包人，也可能是承包人，对于发包人的责任由发包人承担费用、工期和支付利润。承包人造成工程质量不合格由承包人承担修复的责任。另外在工程竣工验收以后，承包人具有保修的义务，保修期根据当事人的约定确定，但不得低于法定的最低保修期。《建设工程质量管理条例》第四十条规定，在正常使用条件下，建设工程的最低保修期限为：基础设施工程、房屋建筑的地基基础工程和主体结构工程，为设计文件规定的该工程的合理使用年限；屋面防水工程、有防水要求的卫生间、房间和外墙面的防渗漏，为 5 年；供热与供冷系统，为 2 个采暖期、供冷期；电气管线、给排水管道、设备安装和装修工程，为 2 年。其他项目的保修期限由发包人与承包人约定。建设工程的保修期，自竣工验收合格之日起计算。

无论是竣工前还是竣工验收后的保修都存在对工程缺陷的责任认定，这一结论导致双方发生纠纷时可能需要通过鉴定来确定责任，所以更多的属于履约管理的范畴，一方面如前所述可以通过事先委托鉴定机构并确定鉴定规则来提高效率，同时鉴定能够解决质量缺陷的原因判断，但鉴定的启动、鉴定费用的垫付、鉴定证据的搜集都需要确定责任主体，而一般情况下发包人对质量的尽快确定更具有积极性和诉求，而且大部分质量缺陷的保修发生在发包人管理使用的竣工验收后的保修期间，发包人更具有举证的能力，所以建议在合同中约定质量缺陷的举证责任由发包人承担。

另外发包人是否可以委托第三方修复并要求承包人直接承担修复费用？作为承包人，实施维修行为的成本相对小得多，而且支付的修复费用包括修复人的利润，所以承包人自然希望自己进行修复，但对发包人，特别是工程竣工或者合同解除以后，和承包人的关系已经僵化，不再愿意和承包人合作。司法实践中在发包人通过诉讼直接要求承包人支付修复费用的情形中，发包人的诉讼请求有很大一部分得到了支持，判决也大有同案不同判的情形。为解决承包人的风险，建议在合同中约定，承包人施工建设的工程，由承包人履行维修义务，发包人未通知承包人实施维修，不得要求承包人支付维修费用。这也就意味着承包人享有了未修先诉的抗辩权。为了防止承包人拒绝维修或者不积极修复，可以约定：承包人在发包人通知维修后 10 日内未开始维修的，或者开始维修后因承包人原因 30 日内仍未能维修完毕的，或者同一维修事由经过三次以上维修仍然未能修复完成的，则发包人有权委托其他人维修，由承包人支付修复费用。

总结：

（1）事先确定委托质量缺陷责任的鉴定机构和鉴定规则；

（2）约定质量缺陷的举证责任由发包人承担；

（3）约定承包人对保修工程具有未修先诉抗辩权。

4.3.4 质量保证金的数额

建设工程质量保证金是指发包人与承包人在建设工程承包合同中约定，从应付的工程款中预留，用以保证承包人在缺陷责任期内对建设工程出现的缺陷进行维修的资金。

依据《建设工程质量管理条例》第三十九条规定，建设工程实行质量保修制度。建设工程承包单位在向建设单位提交工程竣工验收报告时，应当向建设单位出具质量保修书。质量保修书中应当明确建设工程的保修范围、保修期限和保修责任等。《建设工程质量管理条例》虽然规定了质量保修制度，但没有规定质量保证金制度，质量保证金从广义法律层面出现在《住房和城乡建设部 财政部关于印发〈建设工程质量保证金管理办法〉的通知》（建质〔2017〕138 号）。根据该办法的规定，质量保证金适用在缺陷责任期内对工程质量的维修保证。缺陷责任期一般为 1 年，最长不超过 2 年，由发承包双方在合同中约定。具体内容由合同双方进行约定。

质量保证金的金额和支付方式属于必须约定的两个内容，质量保证金采用保证金或保函的方式，实践中一般采用预留保证金的方式，即在发包人向承包人支付进度款或者竣工结算款时扣除。关于质量保证金的数额办法中规定保证金总预留比例不得高于工程价款结算总额的 3%。

《财政部 建设部关于印发〈建设工程价款结算暂行办法〉的通知》（财建〔2004〕369 号）规定，发包人根据确认的竣工结算报告向承包人支付工程竣工结算价款，保留 5% 左右的质量保证（保修）金，待工程交付使用一年质保期到期后清算（合同另有约定的，从其约定），质保期内如有返修，发生费用应在质量保证（保修）金内扣除。《建设工程质量保证金管理办法》与《建设工程价款结算暂行办法》均属于同一层级的部门规章，但前者属于新的规章，且专门规定质量保证金的内容，当然应当适用前者，但是因为后者的存在和习惯，现实中发包人往往还是要求承包人缴纳的保证金为工程结算总额的 5%，该结果不会导致约定无效，但会造成发包人的资金回笼迟延，所以承包人在合同签订时应尽可能争取 3% 的质量保证金。

现实中关于工程质量保证金的纠纷是，双方对质量保证金没有约定，但发包人在工程竣工验收时会扣除一定比例的质量保证金，对此单独发生的诉讼相对较少，而且在发生的诉讼中部分法院支持了发包人按照结算工程款 5% 扣除质量保证金的主张，为了防止纠纷，建议约定具体质量保证金数额，确实要支付质量保证金的，也应该明确说明。另外，双方在专用合同条款中约定了质量保证金，在合同附件《工程质量保修书》中也约定了质量保证金，而且两者约定的内容并不一样，为引发争议埋下了祸根。

还有一个问题是质量保证金是否一定要交给发包人。质量保证金交给发包人在到期返还时总会发生拖延问题，而且质量保证金在发包人持有期间往往不向承包人支付利息，所以最好约定将质量保证金交由第三方金融机构。该款的所有权本身归承包人所有，所以其存款利息必然属于承包人所有，而且承包人还可以利用该存款通过一定的工具进行融资。所以建议将质量保证金交由第三方金融机构管理，退一步讲即使需要交由发包人管理，也应尽量争取该期间的利息所得。

总结：
（1）质量保证金应当明确约定比例，并且保证约定的唯一确定性；
（2）质量保证金在缺陷责任期内的利息应争取归承包人所有。

4.3.5 工程质量保证金的返还

建设工程质量保证金是保证承包人在缺陷责任期内对建设工程出现的缺陷进行维修的资金。既然是保证的资金就存在返还的问题，返还存在三个问题，一是返还的时间，二是返还的金额，三是未能返还的责任。

根据《建设工程施工合同（示范文本）》（GF-2017-0201）的通用合同条款的规定，质量保证金是在缺陷责任期届满后，承包人可以向发包人申请返还质量保证金，发包人在接到承包人返还保证金申请后，应于14天内会同承包人按照合同约定的内容进行核实。如无异议，发包人应当按照约定将保证金返还给承包人。对返还期限没有约定或者约定不明确的，发包人应当在核实后14天内将保证金返还承包人，逾期未返还的，依法承担违约责任。发包人在接到承包人返还保证金申请后14天内不予答复，经催告后14天内仍不予答复，视同认可承包人的返还保证金申请。由此可以看出质量保证金的返还时间是缺陷责任期满。

那么缺陷责任期是多长以及如何起算呢？根据《建设工程质量保证金管理办法》，缺陷责任期一般为1年，最长不超过2年，由发承包双方在合同中约定。也就是说双方需要在合同中协商确定，那么协商确定能否不是1年或2年，比如是6个月，或者18个月可以吗？3年呢？其实从法律角度来看，缺陷责任期的约定时间不属于超越法律，不存在无效的问题。关于缺陷责任期的起算问题，《建设工程施工合同（示范文本）》（GF-2017-0201）规定，缺陷责任期从工程通过竣工验收之日起计算，合同当事人应在专用合同条款约定缺陷责任期的具体期限，但该期限最长不超过24个月。单位工程先于全部工程进行验收，经验收合格并交付使用的，该单位工程缺陷责任期自单位工程验收合格之日起算。因承包人原因导致工程无法按合同约定期限进行竣工验收的，缺陷责任期从实际通过竣工验收之日起计算。因发包人原因导致工程无法按合同约定期限进行竣工验收的，在承包人提交竣工验收报告90天后，工程自动进入缺陷责任期；发包人未经竣工验收擅自使用工程的，缺陷责任期自工程转移占有之日起开始计算。另外，《最高人民法院关于审理建设工程施工合同纠纷案件适用法律问题的解释（一）》（法释〔2020〕25号）第十七条规定，当事人未约定工程质量保证金返还期限的，自建设工程通过竣工验收之日起满2年，承包人请求发包人返还工程质量保证金的，人民法院应予支持。所以承包人应当尽可能约定缺陷责任期在2年之内，如果无法做到2年之内的约定，可以不约定缺陷责任期或者质量保证金的返还日期。

质量保证金的用途是保证对工程的维修，那质量保证金就存在被支出的可能，根据《建设工程施工合同（示范文本）》（GF-2017-0201）通用合同条款规定，缺陷责任期内，因承包人原因造成的缺陷，承包人应负责维修，并承担鉴定及维修费用。如承包人不维修也不承担费用，发包人可按合同约定从保证金或银行保函中扣除，费用超出保证金额的，发包人可按合同约定向承包人进行索赔。承包人维修并承担相应费用后，不免除对工程的损失赔偿责任。发包人有权要求承包人延长缺陷责任期，并应在原缺陷责任期届满前发出延长通知，但缺陷责任期（含延长部分）最长不能超过24个月。因他人原因造成的缺陷，发包人负责组织维修，承包人不承担费用，且发包人不得从保证金中扣除费用。可见扣除质量保证金的前提是承包人不维修也不承担费用，承包人不维修的确定属于容易发生争议的内容，建议约定两项内容：一是发包人能够证明由于承包人原因造成的缺陷需要维修；二是由发包人承担承包人不维修的举证义务，具体要求是：发包人通知后 10 日内承包人未开始履行维修义务，且无合理理由的，属于承包人不维修。这样防止发包人任意认定承包人不维修而扣除其质量保证金。

关于质量保证金的返还还有一个问题是质量保证金的利息是否返还，利率的计算标准是什么。本身质量保证金属于承包人所有的资金，而且建设工程的质量保证金绝对数额较大，周期一般在 2 年，如果能够约定合理的利息，有利于保护承包人利益，而且属于公平之举，所以建议约定质保金按照发包人或者第三方持有期间的利息计算，并约定在期满返还时连同利息一并向承包人返还。

根据《建设工程施工合同（示范文本）》（GF-2017-0201）通用合同条款的规定，发包人在接到承包人返还保证金申请后，应于 14 天内会同承包人按照合同约定的内容进行核实。如无异议，发包人应当按照约定将保证金返还给承包人。对返还期限没有约定或者约定不明确的，发包人应当在核实后 14 天内将保证金返还承包人，逾期未返还的，依法承担违约责任。发包人在接到承包人返还保证金申请后 14 天内不予答复，经催告后 14 天内仍不予答复，视同认可承包人的返还保证金申请。这条是对承包人有利的视同同意条款，为了保证该条能够存在于合同中，合同条款应不得对本条进行修改，如果条件许可，建议将本条在专用合同条款中进行重复，以增强其效力。

对发包人可能存在不能按期返还质量保证金的条款，应当约定对迟延付款的违约责任，具体约定方式将在工程款一节中阐述。

总结：

（1）约定两年内返还质量保证金；

（2）对质量保证金的扣除限定条件并由发包人承担举证责任；

（3）约定质量保证金的利息归属；

（4）确认视同同意条款的效力；

（5）约定逾期返还质量保证金的违约责任。

4.3.6　工程质量的责任划分

根据《建设工程质量管理条例》的规定，施工单位对建设工程的施工质量负责。其中施工单位必须按照工程设计图纸和施工技术标准施工，不得擅自修改工程设计，不得偷工减料。施工单位在施工过程中发现设计文件和图纸有差错的，应当及时提出意见和建议。施工单位必须按照工程设计要求、施工技术标准和合同约定，对建筑材料、建筑构配件、设备和商品混凝土进行检验，未经检验或者检验不合格的，不得使用。在施工过程中，施工单位必须建立、健全施工质量的检验制度、严格工序管理，做好隐蔽工程的质量检查和记录。施工单位对施工中出现质量问题的建设工程或者竣工验收不合格的建设工程，应当负责返修。对竣工的建设工程实行质量保修制度，建设工程承包单位在向建设单位提交工程竣工验收报告时，应当向建设单位出具质量保修书。建设工程在保修范围和保修期限内发生质量问题的，施工单位应当履行保修义务，并对造成的损失承担赔偿责任。

通过上述工程质量的管理规定可以看出，承包人不但需要保证施工质量，对设计过错、提供材料的质量等均有相应的义务以保证施工质量合格。对竣工后的工程承担保修义务，但并非意味着承包人需要承担一切工程质量的责任，在建设过程中发包人、勘察单位、设计单位、监理人均应承担相应责任。第一种情况是法律有明文规定的，发包人未经竣工验收擅自使用建设工程，因此产生的工程质量的问题自然由发包人承担。虽然承包人仍然应当履行保修义务，但并不意味着要对工程质量负责任。第二种情况是发包人提供的材料、设备、工具等不符合合同质量要求，导致最终的工程质量不合格，该责任应当由发包人承担。虽然说承包人对发包人所提供的材料、设备、工具等具有验收的义务，但承包人本身是建设工程的施工主体，其所承担的并非严格的质量认定责任，更不具有对质量的保证义务，发包人作为提供方对因材料、设备或工具等质量不合格而造成最终工程质量不合格应当承担最终责任。第三种情况是发包人委托的勘察、设计单位的责任问题，承包人履行的是专业的承包义务，其在工程施工过程中所依赖的基础是设计单位和勘察单位的成果。在此情况下承包人没有专业能力去变更和改变勘察和设计单位的成果，而且从权利角度来说，承包人也不具备对上述结果进行修改和调整的权利，充其量仅能行使建议权。所以，对因为勘察和设计结果所产生的不合格责任自然不需要由承包人来承担。再者，在工程建设施工过程中，可能因为自然因素、不可抗力、第三人侵权等导致工程质量不合格。如果该原因发生在建设工程施工过程中，并导致工程返工或者重做，则由发包人承担相应的费用和工期责任，承包人无须对此承担责任。另外还有基于假定分包后分包人所导致的质量不合格的部分工程，应当相应地减轻或免除承包人的责任。还有如果在工程施工过程中发包人强制要求承包人实施一定的影响工程质量的行为，明显违反了《建设工程质量管理条例》第十条"建设工程发包单位，不得迫使承包人以低于成本的价格竞标，不得任意压缩合理工期。建设单位不得明示或者暗示设计单位或者施工单位违反工程建设强制性标准，降低建设工程质量"的规定。如果发包人明确因此引起的责任由承包人承担，承包人也不应当承担相应责任。

上述内容在《建设工程施工合同（示范文本）》（GF-2017-0201）的通用合同条款中并没有明确约定，如果在合同专用条款中也没有约定，那么实际发生时往往会引发争议，如发包人提供设备质量不合格导致工程质量不合格，但承包人有验收义务，对工程质量不合格也具有过错，是否应该适用混合过错，责任范围如何划分？这种纠纷涉及责任较大时就更加难以解决。要想解决该问题，双方可以在合同中约定，因发包人提供的材料、设备、工具，以及勘察、设计的原因、假定分包人的责任导致的工程质量不合格的责任由发包人承担，承包人不需要承担责任。对因自然因素、不可抗力、第三人侵权等非承包人因素导致的工程质量不合格的责任由发包人承担，需要向第三方追偿的由发包人行使追偿权利，与承包人无关。

如果工程质量问题发生在竣工验收后，当然也包括因发包人擅自使用的工程视为合格后出现的质量问题，承包人就应当一律履行保修义务吗？当然不是，对因如下原因导致的工程质量问题，承包人不需要承担责任：

其一，前述因非承包人原因导致工程质量不合格，但在工程竣工验收前未被发现，在质量保修期内发现的；

其二，发生在工程质量保修期内，因第三人侵权、使用人使用不当、不可抗力导致工程发生质量问题，该责任承包人不应当承担保修责任；

其三，提出的修复超过了工程施工的技术标准或者施工范围等，不属于承包人原有施工应当承担的责任范围；

其四，对修复的要求不符合《中华人民共和国民法典》节约资源和保护生态环境的要求，造成浪费和环境污染的。

对上述内容，因为《建设工程施工合同（示范文本）》（GF-2017-0201）通用合同条款并没有明确界定，所以建议在《工程质量保修书》中具体约定。

总结：

（1）约定非因承包人原因导致的责任由发包人承担；

（2）约定保修范围。

4.4　工程价款的确定

4.4.1　工程计量

根据《建设工程工程量清单计价规范》（GB 50500—2013）2.0.43 的规定，工程计量是指发承包双方根据合同约定，对承包人完成合同工程的数量进行的计算和确认。《最高人民法院关于审理建设工程施工合同纠纷案件适用法律问题的解释（一）》（法释〔2020〕25 号）第二十条规定，当事人对工程量有争议的，按照施工过程中形成的签证等书面文件确认。承包人能够证明发包人同意其施工，但未能提供签证文件证明工程量发生的，可以按照当事人提供的其他证据确认实际发生的工程量。再根据《建设工程施工合同（示范文本）》（GF-2017-0201）的规定，单价合同是指合同当事人约定以工程量清单及其综合单价进行合同价格计算、调整和确认的建设工程施工合同，在约定的范围内合同单价不进行调整。总价合同是指合同当事人约定以施工图、已标价工程量清单或预算书及有关条件进行合同价格计算、调整和确认的建设工程施工合同，在约定的范围内合同总价不进行调整。可见，发包人和承包人之间的合同价款是按照工程量和工程单价进行的计算所得，工程量是工程价款计算的基础，工程量需要由承包人计算，并对实际完成的工程量情况承担举证责任，然后按照工程计量的程序、标准计算和确认。

根据《建设工程施工合同（示范文本）》（GF-2017-0201）的计量规则，工程量计量按照合同约定的工程量计算规则、图纸及变更指示等进行计量。工程量计算规则应以相关的国家标准、行业标准等为依据，由合同当事人在专用合同条款中约定。除专用合同条款另有约定外，工程量的计量按月进行。工程量采用按月计算的，如当事人没有特别约定，承包人在每月 25 日向监理人报送上月 20 日至当月 19 日已完成的工程量报告，并附具进度付款申请单、已完成工程量报表和有关资料。每个工程的特殊性导致工程量的计量和报送发生差异，如果执行按月报送，需要考虑报送时间的可行性，尽量调整在可以报送的时间范围内。如果出于对承包人的报送能力或者工程进度的报送必要性等的考虑，也可以采用两月或一季度等一报送的方式。

工程计量是工程款确定的基础，在进度款的支付上，往往根据工程的计量结果确认进度款的付款数额，承包人报送的工程量只有经过发包人审核确认才能产生效力，但发包人可能基于推迟支付工程进度款等原因考虑，往往不能及时完成报送工作量的审批，这样承包人就无法提出工程进度款的主张。根据《建设工程施工合同（示范文本）》（GF-2017-0201）的规定，监理人应在收到承包人提交的工程量报告后 7 天内完成对承包人提交的工程量报表的审核并报送发包人，以确定当月实际完成的工程量。监理人对工程量有异议的，有权要求承包人进行共同复核或抽样复测。承包人应协助监理人进行复核或抽样复测，并按监理人要求提供补充计量资料。承包人未按监理人要求参加复核或抽样复测的，监理人复核或修正的工程量视为承包人实际完成的工程量。监理人未在收到承包人提交的工程量报表后的 7 天内完成审核的，承包人报送的工程量报告中的工程量视为承包人实际完成的工程量，据此计算工程价款。该内容属于通用合同条款的规定，《最高人民法院关于审理建设工程施工合同纠纷案件适用法律问题的解释（一）》（法释〔2020〕25 号）第二十一条规定，当事人约定，发包人收到竣工结算文件后，在约定期限内不予答复，视为认可竣工结算文件的，按照约定处理。承包人请求按照竣工结算文件结算工程价款的，人民法院应予支持。但双方关于工程量的争议能否直接适用该条是有争议的，因为通用条款的约定是否属于当事人的约定在司法实践中也是有争议的，曾经有最高人民法院的法官认为通用条款不能完整显示当事人的真实意思表示，而且该条款的后果对当事人的权利义务影响较大，应当以双方在专用合同条款中的约定为准。为了防止该分歧的发生，建议将该部分内容在合同专用合同条款中列出，如果确实难以和发包人在专用合同条款中约定完整内容，也应尽可能写明适用对应的通用合同条款。

工程计量除了解决工程进度款的数额确定问题外，还对工程结算价款的确定起到基础性作用，如果发包人拒绝配合对工程量进行确认，往往需要对工程量进行鉴定，整个工程的确认工作量非常大，导致鉴定周期长，鉴定费用高。为了预防这一风险，建议考虑将工程量的按期计量和分段结算相结合，其根本目的就是在每达到一个节点时进行一次工程量的结算，后期对已经结算的工程不再进行修改调整，而是把分段结算的结果作为最终结算的依据直接使用，使用分段结算的好处是可以及时确定没有争议的工程量，将有争议的工程量确定在一个相对较小的范围内，后期也就更容易消化和处理。为了实现分段结算的目的，需要首先确定分段结算的节点，包括工程节点或时间节点，该节点的确定应尽可能保证其具有可操作性；其次明确分段结算的程序问题（可以参照最终结算的程序，即承包人报送工作量）；然后监理人审核并通知发包人审批，对未能及时审批的结果视为发包人同意承包人报送的工程量等内容；最后需要明确约定分段结算是双方对已完工程的最终确认，双方当事人不得再行修改，对可能具有的差异是权利人对权利的放弃。

总结：

（1）约定工程量的报送时间和内容；

（2）约定发包人未及时完成工程量审批的后果；

（3）约定分段结算工程量的内容。

4.4.2　合同价款

4.4.2.1　基本内容

根据《建设工程施工合同（示范文本）》（GF-2017-0201）规定，签约合同价是指发包人和承包人在合同协议书中约定的总金额，包括安全文明施工费、暂估价及暂列金额等。合同价格是指发包人用于支付承包人按照合同约定完成承包范围内全部工作的金额，包括合同履行过程中按合同约定发生的价格变化，是工程最终确定的工程结算价。合同价款无论是合同价还是其他价格下的工程款项。

4.4.2.2　合同价格形式

根据《建设工程施工合同（示范文本）》（GF-2017-0201），合同价格形式由发包人和承包人协商确定，包括单价合同、总价合同和其他价格合同三种形式。

其中单价合同是指合同当事人约定以工程量清单及其综合单价进行合同价格计算、调整和确认的建设工程施工合同，在约定的范围内合同单价不进行调整。不进行调整部分的单价即固定单价，根据《建设工程工程量清单计价规范》（GB 50500—2013）的规定，单价合同是指发承包双方约定以工程量清单及综合单价进行合同价款计算、调整和确认的建设工程施工合同。

总价合同是指合同当事人约定以施工图、已标价工程量清单或预算书及有关条件进行合同价格计算、调整和确认的建设工程施工合同，在约定的范围内合同总价不进行调整。总价合同即固定总价合同，但并非固定总价一成不变，总价是来源于发包人的施工图和已标价工程量清单的基础上确定的总价，如果发包人的施工图发生变更、工程量发生变化都会导致总价的变化。

其他价格合同是指合同当事人在专用合同条款中约定其他合同价格形式。

4.4.2.3　风险范围

合同价款除了受工程量影响外，在合同履行的过程中也会因市场价格变化而发生相应的变化，还有因为法律环境的变化，导致施工工艺、质量标准等发生变化，也会影响合同价款的变化，无论是单价合同还是总价合同，都涉及一个问题，就是对合同价款是否进行调整，根据《建筑工程施工发包与承包计价管理办法》第十四条规定，合同价款调整的原因包括法律、法规、规章或者国家有关政策变化、工程造价管理机构发布价格调整信息、经批准变更设计、发包人更改经审定批准的施工组织设计造成费用增加、双方约定的其他因素。上述五种情形都会导致合同价款进行调整。

根据《建设工程工程量清单计价规范》（GB 50500—2013）的规定，建设工程发承包必须在招标文件、合同中明确计价中的风险内容及其范围，不得采用无限风险、所有风险或者类似语句规定计价中的风险内容及范围，即不可能发生绝对的不调整，只有相对的不调整，双方对调整的界限需要作出约定，可以约定哪些费用属于调整的范围，也可以约定哪些变化幅度属于调整的范围，这就是所说的风险费用和风险范围，从实务角度而言一般是确定风险的范围。根据《建设工程工程量清单计价规范》（GB 50500—2013）对工程量变化的规定，对任何一个招标工程量清单项目，当应规定的工程量偏差和工程变更等原因导致工程量偏差超过 15% 时，可以进行调整，当工程量增加 15% 以上时，增加部分的工程量的综合单价应予调低。当工程量减少 15% 以上时，减少后剩余部分的工程量的综合单价应予调高。对采购材料的价格变化规定，承包人采购材料和工程设备的，应在合同中约定主要材料、工程设备价格变化的范围或幅度。当没有约定且材料工程设备单价变化超过 5% 时，超过部分的价格应按照该规范附录 A 的方法计算调整材料是工程设备费。上述内容均是在当事人没有约定情形下的规定，当事人可以根据项目工程的特殊情形约定风险范围，如确定合同总价的 5% 作为风险范围，超过 5% 时进行价格调整，当然也可以确定其他比例和方法，作为风险范围。

4.4.2.4 风险外价格调整的约定

风险外的价格约定同样需要确定引起价格变动的原因，主要来说是三种，即工程量变化、法律变化和市场变化。变化原因的不同将可能涉及不同的风险外价格的约定模式。

工程量变化：工程量变化可能由工程设计的变更或发包人工程量清单中的工程量存在错误等导致，在"变更工程的工程款确定"中讲述。

法律变化：因法律变化导致合同价款的变化属于无法预知的不确定因素，当事人很难准确预知变化的情形，但可以约定一个处理的模式，即因法律变化导致价格变化时责任的承担主体，如因为法律的变化导致税率降低，导致的税率优惠由谁享有呢？往往法律的变化更多的是对工程质量、工艺等的要求，而建设工程的最终所有权归发包人所有，所以建议约定因法律变化引起的价格变化由发包人享有和承担，当然也可以约定承担的分配比例，如由发包人享有和承担其中 70%，承包人享有和承担 30%。

市场变化：根据《建设工程施工合同（示范文本）》（GF-2017-0201）的规定，合同当事人应在专用合同条款中约定综合单价包含的风险范围和风险费用的计算方法，并约定风险范围以外的合同价格的调整方法，其中因市场价格波动引起的调整按《建设工程施工合同（示范文本）》（GF-2017-0201）11.1〔市场价格波动引起的调整〕约定执行。11.1 的规定采用价格指数进行价格调整模式、采用造价信息进行价格调整和其他方式，其中价格指数调整模式是根据价格变化引起的指数变化和权重影响进行计算调整，其调整是在当事人约定的价格基础上进行，更符合当事人的意思表示，但是该模式的弊端在于计算需要约定相应的价格指数，且计算的权重需要合理，否则会导致计算缺乏基础性依据，而且计算过程相对复杂，计算因素容易受到干扰从而导致发生纠纷的可能性增大。采用造价信息调整，是指在合同履行期间，因人工、材料、工程设备和机械台班价格波动影响合同价格时，人工、机械使用费按照国家或省、自治区、直辖市建设行政管理部门、行业建设管理部门或其授权的工程造价管理机构发布的人工、机械使用费系数进行调整；需要进行价格调整的材料，其单价和采购数量应由发包人审批，发包人确认需调整的材料单价及数量，作为调整合同价格的依据。该方法是以造价管理部门的信息价为基础，计算的参照基础相对确定，但计算程序较为复杂，如果当事人双方发生争议进入仲裁或者诉讼，裁判人员很难准确判断调整的价格情况，往往需要通过鉴定解决，而鉴定的高成本又会导致处理争议的成本增加。其优点是上述计算的数额结论较为精确，能够更大限度地符合公平性要求。

市场发生变化时，除上述两种方法外，当事人还可以约定其他方式进行价格调整。该调整方式并没有法律或者习惯性的规定，但出于解决纠纷的效力优先原则考虑，建议约定相对简单的方法，虽然简单的方法无法保证绝对的公平公正，但对整个社会及当事人而言，效率优先就是利益最大化。为了这一目的的实现，建议当事人考虑在价格指数变化的基础上直接适用价格调整的方式，即按照合同履行时较之于合同签订时的价格指数的一定比例折算价格调整的数额，同时约定价格指数的适用方法，解决无准确价格指数适用的问题。例如合同约定固定单价为 1000 元，合同履行时较之于合同签订时综合价格指数为 1.2，双方约定的折算比例为 98%，则合同调整后的价格为 $1000 \times 1.2 \times 98\% = 1176$（元），这样计算的好处是不需要考虑价格变化的权重，防止因为权重的计算发生变化，而且双方当事人可以约定对价格指数的适用，可以减少因价格指数适用发生的纠纷。例如合同约定合同履行期限跨越 3 个月的，以 3 个月为一个价格指数的确定期间，并以 3 个月开始的日期为价格指数的确定日期；如果价格指数期间没有明确的开始期间的，以实际开工日期为价格指数的开始日期。如价格指数的确定日期无对应的价格指数，以之前或之后日期最短公布的价格指数为准，前后日期相等的以之后公布的价格指数为准。这样约定虽然有些复杂，但在发生纠纷时可以直接适用合同约定进行价格调整的确定，只要当事人能够提供实际开工日及价格指数的证据，裁判人员就可以直接依据当事人的约定确定价格调整数额，而无须通过漫长且成本较高的鉴定程序来解决。

总结：

（1）约定双方的价格形式；

（2）约定风险范围和风险费用；

（3）约定价格调整方式。

4.4.3 工程进度款的确定

4.4.3.1 基本内容

根据《建设工程工程量清单计价规范》（GB 50500—2013）的规定，进度款是指在合同工程施工过程中，发包人按照合同约定对付款周期内承包人完成的合同价款给予支付的款项，也是合同价款期中结算支付。《建设工程价款结算暂行办法》第十三条规定，工程进度款结算与支付分为按月结算支付和分段结算支付。按月结算支付即实行按月支付进度款，竣工后清算的办法。合同工期在两个年度以上的工程，在年终进行工程盘点，办理年度结算。分段结算支付即当年开工、当年不能竣工的工程按照工程形象进度，划分不同阶段支付工程进度款，具体划分方法在合同中明确。工程进度款支付是根据确定的工程计量结果，承包人向发包人提出支付工程进度款的申请，14 天内，发包人应按不低于工程价款的 60%、不高于工程价款的 90% 的标准向承包人支付工程进度款。按约定时间发包人应扣回的预付款，与工程进度款同期结算抵扣。

根据《建设工程施工合同（示范文本）》（GF-2017-0201）12.4.2〔进度付款申请单的编制〕的规定，进度付款申请单包括的内容有：（1）截至本次付款周期已完成工作对应的金额；（2）根据第 10 条〔变更〕应增加和扣减的变更金额；（3）根据 12.2〔预付款〕约定应支付的预付款和扣减的返还预付款；（4）根据 15.3〔质量保证金〕约定应扣减的质量保证金；（5）根据第 19 条〔索赔〕应增加和扣减的索赔金额；（6）对已签发的进度款支付证书中出现错误的修正，应在本次进度付款中支付或扣除的金额；（7）根据合同约定应增加和扣减的其他金额。也就是说进度款包括已完工工程款、变更工程款、预付款、质保金、索赔款、进度款修正后所对应的金额等。

4.4.3.2　进度款支付

根据《建设工程施工合同（示范文本）》（GF-2017-0201）的规定，除专用合同条款另有约定外，进度款付款周期应与工程计量周期保持一致。当然并不是进度款的支付周期和节点一定要和工程计量周期一致，但是进度款的确定需要以承包人已完工的工程量为基础，所以必须有对应的工程量为基础，进度款可以不拘泥于和工程计量一一对应，可以跨越一个或几个工程计量周期。建议在工程计量中提出分段结算的做法，可以在一般进度款支付周期的基础上，增加按照分段结算的节点作为进度款支付的另一个节点。

关于进度款的支付程序问题，根据《建设工程施工合同（示范文本）》（GF-2017-0201）的规定，进度款的支付程序包括申请单的提交、审核和支付三个程序，其中进度款申请单的提交包括 3 种，分别是：（1）单价合同的进度付款申请单，按照单价合同的计量约定的时间按月向监理人提交，并附上已完成工程量报表和有关资料。单价合同中的总价项目按月进行支付分解，并汇总列入当期进度付款申请单。（2）总价合同按月计量支付的，承包人按照总价合同的计量约定的时间按月向监理人提交进度付款申请单，并附上已完成工程量报表和有关资料。总价合同按支付分解表支付的，承包人应按照支付分解表及进度付款申请单的编制的约定向监理人提交进度付款申请单。（3）合同当事人可在专用合同条款中约定其他价格形式合同的进度付款申请单的编制和提交程序。除另有约定外，监理人应在收到进度付款申请单及相关资料后 7 天内完成审查并报送发包人，发包人应在收到后 7 天内完成审批并签发进度款支付证书。除专用合同条款另有约定外，发包人应在进度款支付证书或临时进度款支付证书签发后 14 天内完成支付，发包人逾期支付进度款的，应按照中国人民银行发布的同期同类贷款基准利率支付违约金。

根据上述规定，在合同中需要约定申请单的编制内容、合同提交程序、审批程序和支付程序、逾期付款的利息标准等。其中申请单的编制需要报送的有关资料一定要特别注意资料的可提供性，因为实际中发包人或监理人很难按照要求完成关于工程计量的资料签证，所以需要约定一些可以证明申请单真实性的证据作为提交的有关资料，防止承包人无法提供资料导致进度款支付条件不能满足。另外审批程序和支付程序在《建设工程施工合同（示范文本）》（GF-2017-0201）通用合同条款中有以送审价为准的约定，但是为了防止通用合同条款的效力不能被认定，应尽可能在专用合同条款中复述专用合同条款的对应内容，保证发包人不予答复按承包人报送的进度款认定的结果能够实现。对逾期付款的利息损失，请参考"延期付款的索赔"的内容。

总结：

（1）约定进度款支付周期并和工程计量周期一致或相衔接；

（2）约定进度款的支付程序；

（3）约定逾期付款的损失赔偿。

4.4.4　工程结算款的确定

4.4.4.1　基本内容

根据《建设工程价款结算暂行办法》的规定，建设工程价款结算即工程价款结算，是指对建设工程的发承包合同价款进行约定和依据合同约定进行工程预付款、工程进度款、工程竣工价款结算的活动。本书所述结算款仅指其中竣工结算确定的款项。建设工程的价格包括单价合同、总价合同、其他价格合同，除了固定总价合同的结算款有可能不需要调整直接根据合同确定外，其他价格类型的合同必须进行结算才能确定最终的工程结算价格，即便是固定总价合同，也存在一定的风险范围，超过风险范围仍然存在价格调整，而且实际履行建设工程施工合同时，工程变更、索赔等事项基本在每个合同中都会存在，这也导致工程的最终价款只有经过结算才能确定，而结算是一个双方行为，正常情况下只有发包人和承包人共同认可后才能作为确定工程结算款的依据。但现实是如果工程结算款未能确定，发包人就不需要支付工程结算款，这种利益驱使下，发包人就会拒绝结算，也可能拖延结算等，以未能形成有效的结算价款来搪塞，拒绝无法支付工程款。

4.4.4.2　结算程序

根据《建设工程施工合同（示范文本）》（GF-2017-0201）通用合同条款的规定，除专用合同条款另有约定外，承包人应在工程竣工验收合格后 28 天内向发包人和监理人提交竣工结算申请单，并提交完整的结算资料，有关竣工结算申请单的资料清单和份数等要求由合同当事人在专用合同条款中约定。监理人应在收到竣工结算申请单后 14 天内完成核查并报送发包人。发包人应在收到监理人提交的经审核的竣工结算申请单后

14 天内完成审批，并由监理人向承包人签发经发包人签认的竣工付款证书。监理人或发包人对竣工结算申请单有异议的，有权要求承包人进行修正和提供补充资料，承包人应提交修正后的竣工结算申请单。《建设工程施工合同（示范文本）》（GF-2017-0201）还规定，发包人在收到承包人提交竣工结算申请书后 28 天内未完成审批且未提出异议的，视为发包人认可承包人提交的竣工结算申请单，并自发包人收到承包人提交的竣工结算申请单后第 29 天起视为已签发竣工付款证书。同时《最高人民法院关于审理建设工程施工合同纠纷案件适用法律问题的解释（一）》（法释〔2020〕25 号）第二十一条也规定，当事人约定，发包人收到竣工结算文件后，在约定期限内不予答复，视为认可竣工结算文件的，按照约定处理。承包人请求按照竣工结算文件结算工程价款的，人民法院应予支持。

上述程序基本可以解读为发包人具有限时审核承包人竣工结算申请的义务，否则以承包人提交的竣工结算申请单为结算结果，习惯中称为"以送审价为准"。该范本的规定看似无懈可击，可以充分保护承包人的利益，但现实中往往并非如此，首先是发包人并非不完成审批，而是以各种理由或借口对承包人提出的竣工结算申请提出异议，像挤牙膏一样一次提出一小部分异议，有时候更是提出毫无依据的异议，导致工程一直无法结算，更无法适用以送审价为准的约定内容。更主要的是法官认为通用条款不能完整表明当事人的真实意思表示，而且该条款的后果对当事人的权利义务影响较大，应当以双方在专用合同条款中的约定为准。这就导致现实中各地法院判决不一，有很大一部分法院认同上述非官方的意见，承包人无法适用以送审价为准的通用合同条款。同时，在其他合同的范本中通用合同条款并没有明确约定以送审价为准的内容，在《关于如何理解和适用最高人民法院〈关于审理建设工程施工合同纠纷案件适用法律问题的解释第二十条〉的复函》（最高人民法院〔2005〕民一他字第 23 号）中，答复是根据建设部制定的建设工程施工合同格式文本中的通用条款第 33 条第 3 款的规定，不能简单地推论出，双方当事人具有发包人收到竣工结算文件一定期限内不予答复，则视为认可承包人提交的竣工结算文件的一致意思表示，承包人提交的竣工结算文件不能作为工程款结算的依据。

《四川省高级人民法院民事审判第一庭关于印发〈关于审理建设工程施工合同纠纷案件若干疑难问题的解答〉的通知》（川高法民一〔2015〕3 号）第十八条规定，承包人要求按照竣工结算文件结算工程价款如何处理的回答是：当事人在建设工程施工合同专用条款或另行签订的协议中明确约定发包人应在收到承包人提交竣工结算文件后一定期限内予以答复，且逾期未答复则视为认可竣工结算文件的，承包人依据《最高人民法院关于审理建设工程施工合同纠纷案件适用法律问题的解释》（法释〔2004〕14 号）（失效）第二十条的规定请求按照竣工结算文件结算工程价款的，应予支持。没有明确约定逾期未答复则视为认可竣工结算文件的，承包人请求按照竣工结算文件确定工程价款的，不予支持。当事人在建设工程施工合同专用条款中未明确约定发包人应在收到承包人提交竣工结算文件后一定期限内予以答复，也未另行签订协议约定，承包人仅以原建设部《建筑工程施工发包与承包计价管理办法》第十六条的规定，或者《建设工程施工合同（示范文本）》通用条款约定为依据，诉请依照《最高人民法院关于审理建设工程施工合同纠纷案件适用法律问题的解释》（法释〔2004〕14 号）（失效）第二十条的规定按照竣工结算文件结算工程价款的，不予支持。

4.4.4.3　解决思路

要想解决发包人拖延结算而回避支付工程款的问题，需要先解决工程结算款确定的问题。

其一，约定根据送审价结算的条款内容，以保证以送审价结算的请求能够在司法实践中被支持，首先要做到，在合同的专用合同条款中约定以送审价结算的条款内容；其次是明确约定逾期未答复则视为认可申请人提交的竣工结算文件，并且进一步约定具体的逾期期限，比如可以按照通用合同条款的内容约定为 28 天，如果该内容实在无法达成，则可以考虑退而求其次，在专用合同条款里面明确约定适用《建设工程施工合同（示范文本）》（GF-2017-0201）通用合同条款 14.2 的内容。

其二，以送审价结算的前提是承包人提交了竣工结算申请和完整的结算资料，但对申请单的内容、结算资料的内容、形式和份数等都可能发生纠纷，一旦发生纠纷，或者在诉讼中承包人被认定为未能按照约定提交竣工结算申请单和竣工结算资料，则无法适用在其后的以送审价结算的约定，所以需要对竣工结算申请单、竣工资料的内容、形式和份数都做好约定，当然在约定时争取越少越简单越好，退而求其次，一定要保证约定的内容是承包人能够独立完成的且具有可行性。

其三，为了防止承包人提交竣工结算申请单后，发包人像挤牙膏似的一次次提出异议，甚至无法形成有效的异议，需要在合同签订时约定，发包人对承包人提交的申请必须一次性告知已提交申请单存在的全部问题。对其中的部分内容提出异议的，视为认同其他内容，发包人不能之后再行提出异议。同时为了防止发包人提出不具有实质性的异议，双方应约定：发包人提出异议时必须向承包人提供相应的依据或理由，并提出具体的处理意见，否则视为发包人对承包人提交的内容无异议，当然现实中签订合同时应当根据业务情况调整相应的话语，尽可能落实该内容。

其四，在工程分段计量的基础上约定分段结算，或者分部分项结算，即根据工程的特征在合同中约定分部分项结算的节点，在工程竣工结算发生争议时，已经结算的款项属于无争议的工程结算款，约定先行支付。

其五，在合同中约定工程款的支付时间是在承包人提交竣工结算申请后的一定时间，而不以工程款的确定时间为准，未能支付期间的利息由发包人承担，该具体内容在工程款支付中的履行期限和延期付款的索赔中具体说明。

当然，竣工结算申请单的提交也属于工程竣工结算款确定的一个重要环节，该环节在履约管理中解决。

总结：

（1）专用合同条款中约定以送审价为准结算内容；

（2）约定提交结算申请的内容；

（3）约定发包人审核结算申请的要求；

（4）约定分部分项结算；

（5）约定无争议先行付款和结算款的固定付款时间。

4.4.5 未完工工程款的确定

4.4.5.1 基本内容

未完工工程是指由于当事人或者其他外部因素等导致工程未能按计划完成全部工程，从合同角度来看未完工工程包括建设工程施工合同的解除和中止，工程未能完工的原因包括当事人的原因，也包括项目本身的原因导致无法继续执行，还有不可抗力等原因导致工程无法继续，从保护承包人权利的角度而言，主要需要解决的是承包人已经完成工程的工程款的确定，因为工程未完工的程度在合同签订时往往无法预料，也就无法预先确定工程款的数额，往往需要通过在履约管理中解决。如果双方对工程款无法达成协议发生争议，承包人需要解决已完工的工程量的确认问题，还有可能涉及已完工工程量的单价确认问题，然后在此基础上进行鉴定。根据《中华人民共和国民法典》第五百六十七条的规定，合同的权利义务关系终止，不影响合同中结算和清理条款的效力。所以法律允许双方约定合同因解除而终止时对工程量和工程款的解决方法。

4.4.5.2 工程计量的解决

在正常情形下，承包人施工的工程量客观存在于施工现场，如果双方发生纠纷，承包人可以申请鉴定机构在现场进行鉴定，但现实中可能发包人已经控制了现场并拒绝配合承包人及鉴定机构进行现场鉴定，导致承包人无法完成完工工程量的举证工作，更有甚者，发包人在接管现场后再次进行工程施工，包括对原有工程进行再施工和拆除，导致无法确认承包人实际完成的工程量，在此情形下产生的举证不能的责任往往会由承包人承担。

为了解决这个问题，首先应当按照惯例在合同中约定工程量的分部分项计量或分段计量，详见"工程计量"的内容。

其次，在工程未完工承包人需要撤场时，约定撤场前确认工程量的内容，具体方法是在合同中约定：承包人需要撤场时，应当作出撤场决定并及时书面通知发包人，同时应当通知对已完工工程进行工程量（含质量）确认的时间，工程量的确认由承包人组织，发包人应当按照承包人通知的时间参与工程量的确认工作，工程量确认应当制作工作底稿，由发包人、承包人代表共同签字，双方各保管一份。发包人未能按照承包人通知的时间进行工程量确认的，或者虽然参与但拒绝签署确认底稿的，承包人可以要求两名以上无利害关系人参与进行工程量的单方确认工作，该确认结果对发包人具有法律约束力，如果发包人迟延参与承包人对工程量的确认工作，承包人已经完成部分的工程量的确认结果对发包人具有法律约束力。未能完成工程量确认工作前承包人有权拒绝撤场，为了防止承包人无限期拖延拒绝撤场的，双方可以根据项目规模确定最长工程量确认期限，在该期限内承包人应当完成工程量的确认工作。

最后，发包人有时会利用自己的地理优势强行将承包人赶出施工场地并接管施工现场，在此情形下上述约定将不能产生效果。为了防止承包人无法确认工程量情形的出现，建议约定：发包人在承包人未对工程量确认之前擅自占有施工现场的，应当对已完工程部分承担举证责任，如发包人未能证明承包人实际完成的工程量，则以承包人主张的工程量为准认定承包人已完工程量，但不能超过工程全部完工的工程量。这样约定可以有效防止发包人抢占施工现场，也可以促使发包人积极配合工程量的确认工作。

4.4.5.3　工程价格的确定

承包人实施项目工程的一部分费用是固定的，如投标费用、临建费用、项目律师费等，工程的未完工会导致承包人预期利润降低，工程未完工的责任应当由承包人承担，对未完工的单价可以不进行调整，但是如果工程未完工是发包人、第三人、项目可行性、法律变化等非承包人原因造成的，如果对已完工工程的造价仍然执行原约定单价，则对承包人有失公平。《建设工程工程量清单计价规范》（GB 50500—2013）9.3 规定，因工程变更引起已标价工程量清单项目或其工程数量发生变化时，应按规定调整：其中标价工程量清单中有适用于变更工程项目的，应采用该项目的单价；当工程变更导致该清单项目的工程数量发生变化，且工程量偏差超过 15% 时，该项目单价应按照 9.6.2 的规定调整。9.6.2 规定，对任一招标工程量清单项目，当因该节规定的工程量偏差和9.3 规定的工程变更等原因导致工程量偏差超过 15% 时，可进行调整。当工程量增加15% 以上时，增加部分的工程量的综合单价应予调低；当工程量减少 15% 以上时，减少后剩余部分的工程量的综合单价应予调高。该规范适用于在当事人没有约定时，而且对调整的幅度也是应当通过约定解决才能符合当事人预期，为此建议：约定已完工工程未达到合同约定工程量的 85% 时，双方约定的合同单价应当增加 3%，如果实际完成的工程量未能达到合同约定工程量的 50%，合同单价增加 5%。在此之所以约定实际完工量与合同约定的总量进行比较，而不适用未完工工程量占全部工程量的比例，是因为未完工的工程量本身没有实施，其实际工程量无法确定，在招标时也可能存在漏项，或者因为设计的不合理需要调整工作量，导致未完工程容易发生纠纷，因此也导致全部工程量不确定，所以采用已完工程量和合同约定工程量进行比较。

对固定总价合同因为工程未能全部完工，双方又没有约定单价，这时如何确定工程价款，在司法实践中有分歧意见，《北京市高级人民法院关于审理建设工程施工合同纠纷案件若干疑难问题的解答》（京高法发〔2012〕245 号）第 13 条规定，建设工程施工合同约定工程价款实行固定总价结算，承包人未完成工程施工，其要求发包人支付工程款，经审查承包人已施工的工程质量合格的，可以采用"按比例折算"的方式，即由鉴定机构在相应同一取费标准下分别计算出已完工程部分的价款和整个合同约定工程的总价款，两者对比计算出相应系数，再用合同约定的固定价乘以该系数确定发包人应付的工程款。

《江苏省高级人民法院关于审理建设工程施工合同纠纷案件若干问题的解答》（2018 年 6 月 26 日）第 8 条规定，建设工程施工合同约定工程价款实行固定总价结算，承包人未完成工程施工，其要求发包人支付工程款，发包人同意并主张参照合同约定支付的，可以采用"按比例折算"的方式，即由鉴定机构在相应同一取费标准下计算出已完工程部分的价款占整个合同约定工程的总价款的比例，确定发包人应付的工程款。但建设工程仅完成一小部分，如果合同不能履行的原因归责于发包人，因不平衡报价导致按照当事人合同约定的固定价结算将对承包人利益明显失衡的，可以参照定额标准和市场报价情况据实结算。

《江苏省高级人民法院建设工程施工合同案件审理指南》（2010 年）第七条规定，在工程没有全部完工的情况下，有两种不同的方式确认工程款：一是根据实际完成的工程量，以建设行政管理部门颁发的定额取费，核定工程价款，并参照合同约定最终确定工程价款；此时，对工程造价鉴定不涉及甩项部分，只须鉴定其完工部分即可。二是确定所完工程的工程量占全部工程量的比例，按所完工程量的比例乘以合同约定的固定价款得出工程价款。此时，对工程造价鉴定涉及甩项部分，即对涉案工程总造价进行鉴定。第一种方法较为经济，也是较为常用的一种方法，一般用于工程没有总体竣工验收的情况；第二种方法鉴定费用较高，一般用于工程竣工验收合格的情况。上述两种方式均具有一定的合理性，应尽量寻让双方当事人意见一致，无法取得一致时由人民法院酌情确定。

由上述内容可见，对固定总价的合同在未完工情况下如何确定是有分歧的，有的按完工比例法确认，有的按定额法确认，有的综合确定。为了防止将来在发生纠纷时无法确定或者产生预期之外的结果，建议约定未完工程的价格确定方法，另外结合工程未能完工的责任因素，建议参照前述单价的调整方法，约定因非承包人原因导致工程未完工时的价格调整方法。

总结：

（1）约定分段确认工程量的内容；

（2）约定撤场前确认工程量的内容；

（3）约定发包人强行入场的工程量举证责任导致；

（4）约定因非承包人责任未完时已完工工程单价调整的内容；

（5）约定固定总价合同未完工的价格确定和调整方式。

4.4.6 竣工结算文件的形式

4.4.6.1 基本内容

《建设项目工程结算编审规程》（CECA-GC3-2019）中 3.2.1 规定工程结算文件一般由工程结算文件汇总表、单位工程结算汇总表、分部分项（措施、其他、零星）工程结算表及结算编制说明等组成。该规程 4.5.1 规定，工程结算成果文件的形式包括：①工程结算书封面，包括工程名称、编制单位与印章、日期等；②签署页，包括工程名称、编制人、审核人、审定人姓名与执业（从业）印章、单位负责人印章（或签字）等；③目录；④工程结算编制说明；⑤工程结算相关表式；⑥必要的附件。

《建设工程施工合同（示范文本）》（GF-2017-0201）第 14 条规定，竣工结算的程序包括竣工结算申请和竣工结算审核两个基本程序，除专用合同条款另有约定外，承包人应在工程竣工验收合格后 28 天内向发包人和监理人提交竣工结算申请单，并提交完整的结算资料。除专用合同条款另有约定外，监理人应在收到竣工结算申请单后 14 天内完成核查并报送发包人。发包人应在收到监理人提交的经审核的竣工结算申请单后 14 天内完成审批，并由监理人向承包人签发经发包人签认的竣工付款证书。监理人或发包人对竣工结算申请单有异议的，有权要求承包人进行修正和提供补充资料，承包人应提交修正后的竣工结算申请单。

根据《中华人民共和国民法典》第四百七十一条、第四百七十二条、第四百七十九条、第四百八十三条、第四百八十八条的规定，当事人订立合同，可以采取要约、承诺方式或者其他方式，要约是希望与他人订立合同的意思表示。该意思表示的要求是内容具体、确定，而且表明经受要约人承诺，要约人即受该意思表示约束。承诺是受要约人同意要约的意思表示，承诺生效时合同成立，承诺的内容应当与要约的内容一致。受要约人对要约的内容作出实质性变更的，为新要约。有关合同标的、数量、质量、价款或者报酬、履行期限、履行地点和方式、违约责任和解决争议方法等的变更，是对要约内容的实质性变更。该内容的要约及承诺和结算文件的申请及审核一一对应，表明结算文件的本质是一种合同形式，就内容而言，结算文件应当包括当事人名称、工程名称、结算日期、结算金额、结算说明和必要的附件。根据《中华人民共和国民法典》第四百六十四条的规定，合同是民事主体之间设立、变更、终止民事法律关系的协议。由此可见，工程结算属于法律行为而非事实行为，对其进行划分的原因是涉及结算完成后结算文件与事实存在差异是否应当重新结算的问题。

前述结算文件是建设工程造价管理协会的规定，法律上并没有完整的规定，而由上述内容可以看出结算文件的本质为合同，其应当具备合同的内容和要件，但现实中因为结算文件是确定工程款支付的依据，所以因结算文件产生的争议也成为双方的主要争议之一，如何通过签订合同降低争议发生的可能性，是承包人尽快取得工程款的重要诉求。

4.4.6.2　问题分析

由于竣工结算文件的形式在法律上缺乏统一的标准，而且承包人作为结算文件的需求方在合同中的话语权也相对较弱，所以发包人对结算不积极会导致结算文件难以完全符合实际需求。现实中主要存在以下情形：一是签订形式不完整，具体是结算文件上没有签字人、缺乏印章、对印章的真实性存在争议、签字人的权利争议等。二是当事人对是否完成审批的结算文件的效力产生争议，如公司未经股东会同意、村委未经两会讨论等。三是以送审价为准的文件是否附有具体条件的争议，如送审文件的内容完整性、送审文件的送达效力、送审文件是否被提出异议、以送审价为准的约定内容争议等。四是结算文件的效力范围，如实际施工人与承包人之间的结算文件对发包人的效力；结算协议对债权债务转让的承接主体的效力；结算文件确定的款项是否已经包括索赔事项。五是两份以上竣工结算性质的文件相互矛盾的处理。六是结算文件的生效时间，即结算文件经双方签署是否具有法律效力。

针对第一种情况即签订形式不完整的问题，从客观上来说结算文件签订不完整一般是发包人的签订形式不完整，从而导致发包人对结算文件不予认可。但是合同中约定了形式要件，也不能改变发包人签订不完整的现实状况，反而会增加结算文件不成立的风险，所以对结算文件的形式不需要特别约定，只要把发包人代表、监理人等的权利进行放大，尽可能明确更多的人有权代表发包人签署结算文件或相关文件即可，这样有权代理发包人签署结算文件的行为人签订的协议当然也具有法律效力。对印章和其他人签字的效力纠纷则需要在履约管理中解决。

第二种结算主体内部审批问题引发的争议，应当通过履约管理处理。

第三种以送审价为准的结算文件的效力问题，在本章"工程结算款的确定"中已经阐述，应参照约定。

第四种对效力主体的适用范围问题，有人认为该问题属于法律适用问题，应当由裁判机构根据法律规定确定，但我们认为结算文件的效力如果是对他人的适用，可能会无效；如果是对自身适用，则属于当事人对自己权利的行使。如发包人和承包人在工程总承包合同中约定，承包人与分包人或者与实际施工人关于工程量、工程价款的结算结果对发包人不具有约束力，或者在合同中约定，承包人根据发包人指定的分包人进行的竣工结算的工程计量结果对发包人具有约束力。该部分约定属于合同签订主体对自身权利义务内容的约定，根据法无禁止即可为的原则，该约定为有效的约定。反之，如果发包人和承包人在合同中约定，发包人和承包人对完工工程量的计量结果适用于相应的分包人和实际施工人，但是因为该内容没有征得分包人和实际施工人的同意，而且分包人或者实际施工人在签订合同时对该约定也毫不知情，那么该约定对分包人和实际施工人就不具有约束力。

至于结算协议对后续的人如债权债务受让人、加入人、担保人的约束力的范围，则不属于建设工程施工合同签订时本身能够解决的问题。

第五种关于两份以上结算文件的效力，司法实践中存在不同的观点，有的认为后一文件是对前一文件的修订，但如果双方签订的合同是固定总价合同，而结算文件是按据实结算的方式进行了结算，那么这种情况是属于结算文件对合同进行了变更，还是属于结算文件因不符合合同的约定而不具有法律效力呢？如果固定总价合同是招标投标程序确定的合同内容，那么结算文件就属于背离招标投标合同的约定，此时仍应当以合同约定作为确定价格的基础，但如果合同并没有通过招标投标程序订立，在现实的处理就不会完全一致，正因为合同履行过程中的证据情形不完全一致，结算文件的形式又各有千秋，所以裁判结果自然也不一致。为了解决这类纠纷，除了加强结算文件签订的履约管理之外，还应当考虑以在后结算文件为准的约定，这样有一个总的原则便于遵守，可以防止纠纷的不确定性，更可以指导承包人在办理竣工结算文件的做法。

第六种结算文件的生效时间，在搜索裁判案件中发现有一些特殊性质的主体签订的竣工结算文件没有被法院认定为有效，其中突出的是学校或者学院签署的结算文件是否生效的争议问题。法院认为学校本身不具备结算的资格和能力，其签署的结算文件并未完成必要的审查，不具备法律效力。虽然对法院的上述认定是否符合法律规定具有争议，但从合同签订的角度来说可以防止纠纷的发生，或者在纠纷发生时能够尽可能增加结果的可预见性，为此应当在结算协议上增加"本结算协议是发包人与承包人确认工程价款的协议，自双方签订之日生效"。这样可以进一步确认结算文件属于法律性文件，而非事实性文件，并明确文件的生效日期，防止在司法实践中被认定为未生效。

总结：

（1）合同中尽可能扩大发包人签约代理人的范围；

（2）选择对其他结算文件的适用；

（3）选择约定在后结算文件为准的内容；

（4）约定结算协议的效力和生效日期。

4.4.7　审计结算工程款的确定

4.4.7.1　基本内容

审计是由国家授权或接受委托的专职机构和人员，依照国家法规、审计准则和会计理论，运用专门的方法，对被审计单位的财政、财务收支、经营管理活动及其相关资料的真实性、正确性、合规性、合法性、效益性进行审查和监督，评价经济责任，鉴证经济业务，用以维护财经法纪、改善经营管理、提高经济效益的一项独立性的经济监督活动。根据《中华人民共和国审计法》的规定，国务院各部门和地方各级人民政府及其各部门的财政收支，国有的金融机构和企业事业组织的财务收支，以及其他依照该法规定应当接受审计的财政收支、财务收支，依照该法规定接受审计监督。

在发包人为行政机关或者国有企业的建设工程施工合同中，为了让施工合同履行过程中的行为能够符合审计的要求，可以直接将审计部门对本单位该工程的审计确定的工程款作为发包人与承包人之间确定的工程价款。以审计结果作为确定工程款的结算依据，对发包人来说解决了其核心需求，将两件事并为一件事处理并不需要担心在审计中出现的负面评价，但是对承包人来说，对施工工程进行审计的审计单位并非承包人的意愿单位，甚至没有参考承包人的意愿，而且审计单位所实施行为是为了代表国家利益对经营活动中财务支出进行监督，无法体现和保护承包人的价值利益，更何况审计周期长，审计的期限对承包人来说毫无可控性，如果以审计结果作为工程价款结算的依据，就会导致承包人的利益无法得到保障。但是在实践中发包人往往利用其优势地位要求承包人以审计的结果作为工程价款结算的依据，那么作为承包人该如何应对和处理这一问题是现实中非常棘手的一件事情。

4.4.7.2　基本规定

2017年6月5日，全国人民代表大会常务委员会法制工作委员会给中国建筑业协会的《关于对地方性法规中以审计结果作为政府投资建设项目竣工结算依据有关规定提出的审查建议的复函》（法工备函〔2017〕22号）中称：你会2015年5月提出的对地方性法规中以审计结果作为政府投资建设项目竣工结算依据有关规定进行审查的建议收悉。我们对有关审计的地方性法规进行了梳理，并依照《中华人民共和国立法法》第九十九条第二款的规定对审查建议提出的问题进行了研究，征求了全国人大财经委、全国人大常委会预工委、国务院法制办、财政部、住房城乡建设部、审计署、国资委、最高人民法院等单位的意见，并赴地方进行了调研，听取了部分地方人大法制工作机构、政府有关部门、人民法院和建筑施工企业、律师、学者等方面的意见。在充分调研和征求意见的基础上，我们研究认为，地方性法规中直接以审计结果作为竣工结算依据和应当在招标文件中载明或者在合同中约定以审计结果作为竣工结算依据的规定，限制了民事权利，超越了地方立法权限，应当予以纠正。我们已经将全国人大常委会法工委《对地方性法规中以审计结果作为政府投资建设项目竣工结算依据有关规定的研究意见》印送各省、自治区、直辖市人大常委会。目前，有关地方人大常委会正在对地方性法规中的相关规定自行清理、纠正，我们将持续予以跟踪。

2001 年 4 月 2 日，最高人民法院以〔2001〕民一他字第 2 号答复河南省高级人民法院的《关于建设工程承包合同案件中双方当事人已确认的工程决算价款与审计部门审计的工程决算价款与审计部门审计的工程决算价款不一致时如何适用法律问题的电话答复意见》中称：你院"关于建设工程承包合同案件中双方当事人已确认的工程决算价款与审计部门审计的工程决算价款不一致时如何适用法律问题的请示"收悉。经研究认为，审计是国家对建设单位的一种行政监督，不影响建设单位与承建单位的合同效力。建设工程承包合同案件应以当事人的约定作为法院判决的依据。只有在合同明确约定以审计结论作为结算依据或者合同约定不明确、合同约定无效的情况下，才能将审计结论作为判决的依据。

2001 年 4 月 24 日，最高人民法院以〔2001〕民一他字第 19 号答复江苏省高级人民法院的《关于常州证券有限责任公司与常州星港幕墙装饰有限公司工程款纠纷案的复函》中称：你院关于常州证券有限责任公司（以下简称证券公司）与常州星港幕墙装饰有限公司工程款纠纷案的请示收悉。经研究，我们认为，本案中的招标投标活动及双方所签订的合同合法有效，且合同已履行完毕，依法应予保护。证券公司主张依审计部门作出的审计结论否定合同约定不能支持。

【《最高人民法院公报》案例】2014 年第 4 期，重庆建工集团股份有限公司与中铁十九局集团有限公司建设工程合同纠纷案最高人民法院〔2012〕民提字第 205 号民事判决书认为，根据《中华人民共和国审计法》的规定，国家审计机关对工程建设单位进行审计是一种行政监督行为，审计人与被审计人之间因国家审计发生的法律关系与本案当事人之间的民事法律关系性质不同。因此，在民事合同中，当事人对接受行政审计作为确定民事法律关系依据的约定，应当具体明确，而不能通过解释推定的方式，认为合同签订时，当事人已经同意接受国家机关的审计行为对民事法律关系的介入。在双方当事人已经通过结算协议确认了工程结算价款并已基本履行完毕的情况下，国家审计机关作出的审计报告，不影响双方结算协议的效力。

4.4.7.3　解决思路

以审计结果为依据结算工程款需要以当事人在合同中的约定为前提，发包人没有明确提出的，或者虽然提出但没有明确约定要列入合同内容时，承包人应尽可能地不要将其作为合同内容。在将以审计结果作为结算依据明确列入双方所签订的合同中时，承包人应当对审计的时间不确定性、结果不确定性等与发包人约定对应的方法。

一是周期问题，双方可以约定审计结果的作出时间以保证承包人及时获取审计结果，一般审计结果的作出时间是一个相对的期限，正因为是一个相对的期限，所以需要约定一个起算时间来保证期限的可操作性。如约定：承包人提交竣工结算申请之日起3个月内，发包人一方应当确保完成审计并向承包人交付作为结算依据的审计结果。对发包人无法保证审计结果出具时间，或者为了防止审计结果迟延出具等情形的出现，双方可以约定发包人对承包人利息损失的赔偿，关于利息部分的约定详见"延期付款的索赔"。

二是审计结果的确定性问题，虽然可以以审计结果作为双方的结算依据，但是并不能因此不对合同计价方式做约定。因为虽然是第三方独立审计，审计单位在审计的时候都需要依据合同约定的计价方式进行审计，如果双方的合同没有约定价款的确定方式，最终可能在审计过程中采用其他的计价标准，虽然有可能被采取定额而产生较高的工程价款，但更可能出于对发包人的保护，采用价格较低的方法。为了防止预期的不确定性，从谨慎性角度作为承包人应当争取与发包人约定一个合理的计价方式。另外，应当约定承包人对审计结果不服的一个救济程序。正如前面所说，审计结果是审计单位为了履行监督职责而行使。其产生和过程均与发包人有关，而承包人没有任何参与决策的权利，自然应当具有对该审计结果不服时通过第三方救济途径进行解决的权利，就是对审计结果的异议权和申请鉴定的权利。由此约定，一方面审计结果形成时承包人可以提出书面异议，发包人商同审计单位进行处理也有了依据；另一方面如果引发诉讼时合同中有约定，承包人享有申请对工程价款的鉴定权利，可以更大程度地保护我们承包人的利益。

总结：

（1）约定审计完成期限；

（2）以审计结果解释也应约定价格形式；

（3）约定审计的救济方式。

4.4.8　变更工程的工程款确定

4.4.8.1　基本内容

根据《建设工程工程量清单计价规范》（GB 50500—2013）的规定，工程变更是指合同工程实施过程中由发包人提出或由承包人提出经发包人批准的合同工程任何一项工作的增、减、取消或施工工艺、顺序、时间的改变，设计图纸的修改，施工条件的改变，招标工程量清单的错、漏，从而引起合同条件的改变或工程量的增减变化。由此可见，工程变更包括因工作、工艺、设计、条件等的变化，引起工程量的变化，而工程量是计算工程价款的依据，所以以工程变更将引起工程款的变化。工程款变化会出乎承包人的掌控范围，如果发包人和承包人因为变更工程价款无法达成一致引发纠纷，将会损害承包人的利益。

4.4.8.2 变更的形成

根据《建设工程施工合同（示范文本）》（GF-2017-0201）通用合同条款第 10 条的规定，除专用合同条款另有约定外，合同履行过程中发生以下情形的，应进行变更：

（1）增加或减少合同中任何工作，或追加额外工作；

（2）取消合同中任何工作，但转由他人实施的工作除外；

（3）改变合同中任何工作的质量标准或其他特性；

（4）改变工程的基线、标高、位置和尺寸；

（5）改变工程的时间安排或实施顺序。

变更的程序是变更权的主体确定的，《建设工程施工合同（示范文本）》（GF-2017-0201）规定，发包人和监理人均可以提出变更。变更指示均通过监理人发出，监理人发出变更指示前应征得发包人同意。承包人收到经发包人签认的变更指示后，方可实施变更。未经许可，承包人不得擅自对工程的任何部分进行变更。涉及设计变更的，应由设计人提供变更后的图纸和说明。如变更超过原设计标准或批准的建设规模，发包人应及时办理规划、设计变更等审批手续，即变更最终由发包人确定。

既然变更的决定权在发包人，则无论是发包人提出变更还是监理人或者承包人建议变更，最终均需要发包人确定变更。根据《建设工程施工合同（示范文本）》（GF-2017-0201）的规定，承包人收到监理人下达的变更指示后，认为不能执行，应立即提出不能执行该变更指示的理由。承包人认为可以执行变更的，应当书面说明实施该变更指示对合同价格和工期的影响，且合同当事人应当按照 10.4〔变更估价〕确定变更估价。

4.4.8.3 价格变更

根据《建设工程施工合同（示范文本）》（GF-2017-0201）的规定，除专用合同条款另有约定外，变更估价按照以下约定处理：

（1）已标价工程量清单或预算书有相同项目的，按照相同项目单价认定；

（2）已标价工程量清单或预算书中无相同项目，但有类似项目的，参照类似项目的单价认定；

（3）变更导致实际完成的变更工程量与已标价工程量清单或预算书中列明的该项目工程量的变化幅度超过 15% 的，或已标价工程量清单或预算书中无相同项目及类似项目单价的，按照合理的成本与利润构成的原则，由合同当事人按照第 4.4 款〔商定或确定〕确定变更工作的单价。

《最高人民法院关于审理建设工程施工合同纠纷案件适用法律问题的解释（一）》（法释〔2020〕25）第十九条规定，当事人对建设工程的计价标准或者计价方法有约定的，按照约定结算工程价款。因设计变更导致建设工程的工程量或者质量标准发生变化，当事人对该部分工程价款不能协商一致的，可以参照签订建设工程施工合同时当地建设行政主管部门发布的计价方法或者计价标准结算工程价款。

变更估价的程序：承包人应在收到变更指示后 14 天内，向监理人提交变更估价申请。监理人应在收到承包人提交的变更估价申请后 7 天内审查完毕并报送发包人，监理人对变更估价申请有异议，通知承包人修改后重新提交。发包人应在承包人提交变更估价申请后 14 天内审批完毕。发包人逾期未完成审批或未提出异议的，视为认可承包人提交的变更估价申请。因变更引起的价格调整应计入最近一期的进度款中支付。

4.4.8.4　问题的解决

现实中反映的较多问题是，监理人通知承包人变更工程后，承包人提出变更部分的价格时，监理人担心自己承担责任，一般对变更部分的估计不作出处理，导致承包人既无法取得主张变更部分价格的证据，更无法取得工程变更价格的答复，使变更部分的工程价格无法形成统一意见，于是变更工程价一拖再拖最终影响整体工程款的结算。结合上述通用合同条款的规定，考虑从两个方面解决工程变更的问题，一是约定工程变更时工程价格的计算标准；二是在工程变更中增加承包人的话语权，具体做法如下：

一是确定工程变更的价款计算标准，根据《建设工程施工合同（示范文本）》（GF-2017-0201）和法律的规定，一般采用的是按照同类项目、参照类似项目定额、固定价等方式，作为承包人需要秉持效率兼顾公平的原则，而非很多专业人员的公平兼顾效率的原则，如何不花费太多精力和时间能够解决问题才是承包人的根本意愿，比较几种价格计算标准，对固定单价、定额计价的合同，对增加的工程量按照合同已有同类项目的计价方式具有可行性，如果是参照类似项目，则可能发生如何确定类似的问题，以及按照何种标准进行参照的问题，因此产生的纠纷可能性较大，不便于选择约定，建议没有同类项目的情形，可以采取定额计价的方式确定价格。对采用固定总价确定工程价款的，在工程变更时除处理进行变更价格确定外，还需要看变更部分是否超过固定总价的风险范围，当然变更价格确定仍然是风险范围确定的基础，因为固定总价没有可以参考或者执行的单价计价方式，所以建议约定按定额计价的方式确定变更工程部分的价格。

二是工程变更的程序问题。传统施工合同中承包人往往没有工程变更的话语权，导致必须执行工程变更的工作，但无法确定变更价格也就无法获得工程款，合同中增加承包人的话语权需要重复考虑可执行的可能性，建议约定工程变更后价款先行确定抗辩权，即在合同中约定：发包人（包括监理人）通知承包人工程变更时，应当提出变更工程部分的价格，承包人应当在收到后 14 日内提出工程变更引起的工程价款调整的意见，双方未就变更工程达成一致的，承包人有权暂停工程变更及相关工程的执行，暂停期间工期顺延。发包人通知工程变更后 60 日内双方仍未能达成一致意见的，发包人有权解除和变更工程部分属于不可分割的一个整体工程范围内的合同。当然，也可以在合同中约定，发包人应在承包人提交变更估价申请后 14 天内审批完毕。发包人逾期未完成审批或未提出异议的，视为认可承包人提交的变更估价申请。

总结：

（1）约定工程变更的计价方式；

（2）约定工程变更中承包人的话语权。

4.4.9 停工索赔款确定

4.4.9.1 基本内容

停工即暂停工程施工，根据《建设工程监理规范》（GB/T 50319—2013），监理要求停工的原因包括：建设单位要求暂停施工且工程需要暂停施工的；施工单位未经批准擅自施工或拒绝项目监理机构管理的；施工单位未按审查通过的工程设计文件施工的；施工单位违反工程建设强制性标准；施工存在重大质量安全事故隐患或发生质量安全事故的。就停工程序而言，总监理工程师在签发工程暂停令时，可根据停工原因的影响范围和影响程度确定停工范围，并应按施工合同和建设工程监理合同的约定签发工程暂停令。监理人如果错误签发停工令则可能因监理人的责任停工。

根据《建设工程施工合同（示范文本）》（GF-2017-0201）通用合同条款第6条、第7条的规定，下列情形下应当停工：

（1）在施工过程中，如遇到突发的地质变动、事先未知的地下施工障碍等影响施工安全的紧急情况，承包人应及时报告监理人和发包人，发包人应当及时下令停工并报政府有关行政管理部门采取应急措施；

（2）发包人逾期支付安全文明施工费超过7天的，承包人有权向发包人发出要求预付的催告通知，发包人收到通知后7天内仍未支付的，承包人有权暂停施工；

（3）承包人应当承担因其原因引起的环境污染侵权损害赔偿责任，因上述环境污染引起纠纷而导致暂停施工的；

（4）发包人未能按合同约定提供图纸或所提供图纸不符合合同约定的；

（5）发包人未能按合同约定提供施工现场、施工条件、基础资料、许可、批准等开工条件的；

（6）发包人提供的测量基准点、基准线和水准点及其书面资料存在错误或疏漏的；

（7）发包人未能在计划开工日期之日起7天内同意下达开工通知的；

（8）发包人未能按合同约定日期支付工程预付款、进度款或竣工结算款的；

（9）监理人未按合同约定发出指示、批准等文件的；

（10）专用合同条款中约定的其他情形。

汇总上述因素，引起停工的原因有发包人的原因、也有承包人的原因，除此之外，还包括地震等不可抗力、第三人侵权影响等原因。对非因承包人原因引发的停工责任的承担问题，很可能引发承包人与发包人的纠纷，《建设工程施工合同（示范文本）》（GF-2017-0201）通用合同条款仅规定了因为发承包双方原因引起的暂停施工的责任分担问题，对非因双方原因引发的停工责任如何承担没有规定，是直接向第三方主张，还是由发包人先行承担后由发包人向责任人追偿？对不可抗力等原因所引发的损失应当如何处理？所以关于停工责任的承担主体和方式需要当事人在合同中约定。除了责任承担问题，还有对损失的确定问题。如果对任何一项损失由谁承担双方不能协商一致，就需要通过诉讼和第三方鉴定机构鉴定。不符合承包人效率优先的原则，如果双方当时能在合同中约定发生停工时损失的计算方法，则可以大大减少双方在停工时的纠纷。

4.4.9.2　问题解决

根据责任承担的基本原则，发包人和承包人因为自身过错引发的停工责任应由过错方承担，这一点双方并无争议，理论上监理人需要对因承包人引发停工而签发的停工令承担损失责任，事实上在《建设工程施工合同（示范文本）》（GF-2017-0201）中并没有规定因承包人的原因而发包人暂停施工的规定，客观上监理人在实践中只会提出对具体行为及其结果的整改，而不会提出停工，所以对此不需要考虑。对因第三人原因等非承包人原因引发的停工建议统一约定工期顺延，涉及追偿的由发包人进行追偿，当然该类停工有一定的限制条件，应当是与承包人本身没有关联性的原因所引起的停工，如第三人侵权影响设备材料入场等，因场地与第三人引发的使用权纠纷，因地质变动、事先未知的地下施工障碍的原因等，对不可抗力问题在"不可抗力赔偿款"中阐述。

对因停工引发的损失数额，基于承包人在合同中的弱势地位，《建设工程施工合同（示范文本）》（GF-2017-0201）通用合同条款中已经有规定，虽然不属于强制性条款，但承包人要想在此基础上修改使其更有利于承包人基本不具有可操作性，所以我们只探讨通用合同条款没有约定的部分。根据通用合同条款的约定，因发包人原因导致工期延误和（或）费用增加的，由发包人承担延误的工期和（或）增加的费用责任，且发包人应支付承包人合理的利润，这里涉及增加的费用和合理利润两个问题，对工期问题将在"工期索赔"中阐述。

（1）增加的费用。

首先应当进行费用项目约定。

实际产生的费用具有不确定性，费用的证据获取需要履约管理来处理，为了防止后期因不确定性发生纠纷，应尽可能完善费用的项目和标准，首先确定停工期间的费用项目，其中包括人工费、周转材料租赁费、机械费、规费、企业管理费，从费用的产生角度看，包括停工期间值守人员的费用和等待开工的人员的费用、工程照管费用、已完工程的质量及安全措施费用、停工期间机械费、其他直接费。例如：现场排污费、冬雨期防护费等。如果停工期间较长，还涉及人员和机械撤场费用和进场费用，司法实践对停工是否包括规费往往是有争议的，所以对费用项目的内容应当约定清楚。对实际产生但合同未能约定的项目可以约定据实承担。

其次是费用标准。费用标准往往按照实际产生的情况计算，但这样的话履约管理中承包人的举证责任会非常繁重，而且因为承包人可能存在合同等费用约定不规范、费用支付不及时等问题导致无法进行索赔。对费用的约定可以采取两种方法：一是分项费用约定法，二是总体费用约定法。前者较为接近公平，能够为双方所接受，但约定和操作程序较为烦琐，后者较为笼统，所以很难保证和实际费用的一致性，但该方法比较简单。

分项费用约定法是对停工期间的每项费用具体标准进行约定，根据履约过程中的数量和费用标准进行计算，从而确定每一项费用的总和。如约定人工费按照计时工的定额标准计算，如某类工人的每日工资标准为 500 元，则停工期间无论是从事何种工作的人员，包括等待开工的人员，均按照每日 500 元计算人工费。至于人员的数量可以按照《保障农民工工资支付条例》第二十八条的规定确定。该条规定，施工总承包单位或者分包单位应当依法与所招用的农民工订立劳动合同并进行用工实名登记，具备条件的行业应当通过相应的管理服务信息平台进行用工实名登记、管理。未与施工总承包单位或者分包单位订立劳动合同并进行用工实名登记的人员，不得进入项目现场施工。施工总承包单位应当在工程项目部配备劳资专管员，对分包单位劳动用工实施监督管理，掌握施工现场用工、考勤、工资支付等情况，审核分包单位编制的农民工工资支付表，分包单位应当予以配合。施工总承包单位、分包单位应当建立用工管理台账，并保存至工程完工且工资全部结清后至少 3 年，即承包人可以依据"管理服务信息平台"的用工情况确定，如果未能实现"管理服务信息平台"登记的，可以以"用工管理台账"登记的用工情况为准，为了解决发包人对台账的疑虑，可以采取按月向发包人报备"用工管理台账"和发包人抽查的检验制度解决。对机械费等费用可以按照人工费的标准约定，也可以依据《建设工程施工合同（示范文本）》（GF-2017-0201）8.8.1 的规定确定。该条规定，承包人应按合同进度计划的要求，及时配置施工设备和修建临时设施。进入施工场地的承包人的设备需经监理人核查后才能投入使用。承包人更换合同约定的设备的，应报监理人批准。可以在合同中约定，承包人配备的施工设备和修建临时设施进场时应当同时提供设备设施明细表，监理人应当一并核查明细表所载设备设施情况，其中设备设施的租赁费标准、数量等为双方确定该设备费用的依据。根据上述方法可以逐一在合同签订前期解决双方对停工费用损失的承担问题。

总体费用约定法就是根据停工的期限确定停工费用的数额，停工期限根据本书"停工日期的确定"内容确定，然后对停工期间的所有损失汇总确定，具体确定方法包括两种，其一是绝对数额法，即每停工一天承包人均获取一个固定的赔偿额，例如约定如因发包人原因导致的停工，每停工一日向承包人支付 20000 元的损失。也可以采取相对数额法，例如约定因发包人的原因导致工期停工，根据完工工程款的 1% 作为承包人每日的损失，但该方法约定时应当尽可能保证计算的基数具有可控性，实践中可以根据开工的实际期限、工程投资额等基础进行约定。

关于费用按照损失主张还是按照违约金主张的问题，为了防止费用与损失不一致，出现在诉讼中被认定缺乏事实依据的情形，根据《中华人民共和国民法典》第五百八十五条规定，当事人可以约定：一方违约时应当根据违约情况向对方支付一定数额的违约金，也可以约定因违约产生的损失赔偿额的计算方法。约定的违约金低于造成的损失的，人民法院或者仲裁机构可以根据当事人的请求予以增加；约定的违约金过分高于造成的损失的，人民法院或者仲裁机构可以根据当事人的请求予以适当减除。专用合同条款另有约定外，违约金的约定可以与实际损失有一定的差额，所以建议对停工造成的损失赔偿归属于违约的部分，按照违约金约定，不按照发包人违约支付费用的方式约定。

（2）合理利润。发包人一般比较抵触停工造成的承包人合理利润损失的约定，对此利润的标准应当尽可能有数据的来源，如同行业、同类工程、同类企业等工程利润额和工期的比例进行计算，得出每日的平均利润，然后在此基础上协商确定停工造成的承包人合理利润损失，并据此作为合同的约定条款。

总结

（1）约定非发承包双方引发停工责任的承担主体；

（2）约定损失的计算方法。

4.4.10　赶工费的确定

4.4.10.1　基本内容

赶工是为了缩短工期而实施的加快工程进展速度的活动。赶工的目的是缩短工期，缩短工期的获益主体必然是建设单位，也就是一般情况下的发包人，但引发赶工行为的并不都是因为发包人，一般包括发包人要求赶工，也包括承包人因为工期延误或者可能延误为避免承担违约责任的赶工。承包人自行实施的赶工属于对自身违约的补救措施，产生的费用和责任当然应当由承包人承担，但由发包人的原因引发的赶工，因为赶工势必会增加承包人的费用并使发包人获益，所以发包人需要向承包人支付必要的费用。但在司法实践中，如果合同没有对赶工费用作出约定，法院一般对赶工费用的主张不予支持，为了防止承包人的损失，需要对赶工费用进行约定。

根据《建设工程工程量清单计价规范》（GB 50500—2013），赶工费即提前竣工费，是指承包人应发包人的要求而加快工程进度，缩短合同工程工期，由此产生的应当由发包人支付的费用。《建设工程施工合同（示范文本）》（GF-2017-0201）通用条款第17条就不可抗力产生的赶工费作出了规定：因不可抗力引起或将引起工期延误，发包人要求赶工的，由此增加的赶工费用由发包人承担；至于赶工费用的项目和数额如何确定，并没有具体规定。

由上述内容可见，赶工费的确定需要先对赶工的原因和赶工费用的数额进行确定。在履约过程中，发包人和承包人的利益不同，如果发生争议，受损害的往往是承包人，所以承包人应当通过合同约定来防范承担的风险。

4.4.10.2　赶工原因的确定

因为承包人引起的主动赶工行为不存在主张费用的前提，所以承包人无须对此内容进行考虑，主要应当解决的是发包人提出赶工的问题。为了保证在履行过程中承包人能够获取发包人要求赶工的事实证据，可以在合同中约定：发包人要求承包人赶工的，发包人应当向承包人发出书面的赶工通知，赶工要求压缩的工期不得高于工程剩余工期的20%，发包人未书面通知承包人的视为未要求赶工。承包人收到发包人赶工通知后应当在 7 日内作出书面答复，其中应当包括可以缩短的工期及由此产生的费用，发包人应当及时对承包人提出的赶工回复进行审批，双方未就赶工的期限和费用等主要事宜达成一致书面意见的，承包人有权拒绝赶工。

4.4.10.3　赶工费数额

现实中可能存在就合同条款商谈过程中无法实现拒绝赶工的约定内容，那么承包人应当保证获取书面通知赶工的证据，该内容具有合理性，一般发包人应当在通用条款中对该内容进行约定。

发包人要求赶工后，承包人必须制作赶工方案，一般情况下包括的费用有：

（1）新增人员进场费和退场费。

因为赶工需要，首先需要增加赶工人员。赶工人员的进场费和退场费属于增加的费用，应当在合同中约定，其中应约定清楚具体赶工人员的类型（高级工、中级工、普工等）和数量并标明每个人员进退场费用。该费用可以在结合赶工人员的交通费、食宿费的基础上综合确定。

（2）夜间施工增加费、夜间施工降效费、节假日施工补贴费和人员施工降效补偿费。

（3）新增机械设备进场费、退场费和机械施工降效补偿费。

（4）增加周转性材料租赁费、其他材料租赁费。

（5）因赶工新增的生活及办公设施增加费、生产设施增加费、施工供电、供水、供风增加费、其他新增措施项目费。

（6）增加的现场管理费、企业管理费。

（7）增加的安全文明生产措施费、增加的资金成本。

（8）加速施工激励费用。

（9）增加的税金。

（10）利润。

虽然赶工主张利润具有一定的难度，但仍然不失为承包人主张的项目，因为在从事赶工的过程中承包人需要投入一定的人力、资金等资源，从而丧失了从事其他业务的机会，导致利润的降低，所以发包人应当对承包人的利润进行补偿。双方可以就该部分利润约定一个具体计算方法或数额。可以以缩短的工期为基数，也可以以工程总价款和工期为基数确定一个具体标准，在出现赶工时作为计算的依据。

按照赶工的具体项目确定赶工费虽然在现实中为发承包双方普遍认可，但在操作上具有极大的复杂性，在签约过程中因为其复杂性导致合同谈判受阻，承包人为了保证项目承包权的落地，甚至会采用丢卒保车的方法放弃主张赶工费，加之履约过程中因为赶工费的复杂性，以及计算基数的确定和计算过程的烦琐，导致无法主张赶工费，为此建议采用总体费用约定法计算赶工费标准，如工程总价为 10000 万元，合同约定工期为200 天，合同可以约定如果压缩工期的话，按照工期内每天对应工程总价的 15% 为赶工费，即压缩一日工期为 $10000/200 \times 15\% = 7.5$（万元），合同履行期间发包人要求压缩工期20天，则应当支付赶工费150万元。该约定内容简单，计算也相对方便，使承包人主张赶工费用或者取得赶工费具有更大的可行性。

总结：

（1）约定赶工原因的通知形式；

（2）约定赶工费的计算方法。

4.4.11　合同解除的损失确定

4.4.11.1　基本内容

合同解除，是指合同当事人一方或者双方依照法律规定或者约定，依法解除合同的行为。合同解除后，尚未履行的，终止履行；已经履行的，根据履行情况和合同性质，当事人可以请求恢复原状或者采取其他补救措施，并有权请求赔偿损失。合同因违约解除的，解除权人可以请求违约方承担违约责任，但是当事人另有约定的除外。

根据《中华人民共和国民法典》第五百六十二条、第五百六十三条、第五百六十四条、第五百八十条、第八百零六条的规定，当事人可以协商解除合同，协商包括履行中协议一致解除合同，也包括在合同签订时约定合同解除的事由，在约定事由形成时合同解除。除协商解除外，当事人还可以依据法律的规定解除，具体包括因不可抗力致使不能实现合同目的、在履行期限届满前，当事人一方明确表示或者以自己的行为表明不履行主要债务、当事人一方迟延履行主要债务，经催告后在合理期限内仍未履行、当事人一方迟延履行债务或者有其他违约行为致使不能实现合同目的；除此之外还有合同僵局中解除即合同在法律上或者事实上不能履行、债务的标的不适于强制履行或者履行费用过高、债权人在合理期限内未请求履行。另外，承包人将建设工程转包、违法分包的，发包人可以解除合同。发包人提供的主要建筑材料、建筑构配件和设备不符合强制性标准或者不履行协助义务，致使承包人无法施工，经催告后在合理期限内仍未履行相应义务的，承包人可以解除合同。关于合同的解除期限问题，《中华人民共和国民法典》第五百六十四条规定，法律规定或者当事人约定解除权行使期限，期限届满当事人不行使的，该权利消灭。

根据《建设工程施工合同（示范文本）》（GF-2017-0201）通用合同条款第16条的规定，除专用合同条款另有约定外，承包人因发包人违约暂停施工满28天后，发包人仍不纠正其违约行为并致使合同目的不能实现的，或出现16.1.1〔发包人违约的情形〕第（7）项约定的违约情况，承包人有权解除合同，发包人应承担由此增加的费用，并支付承包人合理的利润。在合同履行过程中发生的下列情形，属于发包人违约：

（1）因发包人原因未能在计划开工日期前7天内下达开工通知的；

（2）因发包人原因未能按合同约定支付合同价款的；

（3）发包人违反10.1〔变更的范围〕第（2）项约定，自行实施被取消的工作或转由他人实施的；

（4）发包人提供的材料、工程设备的规格、数量或质量不符合合同约定，或因发包人原因导致交货日期延误或交货地点变更等情况的；

（5）因发包人违反合同约定造成暂停施工的；

（6）发包人无正当理由没有在约定期限内发出复工指示，导致承包人无法复工的；

（7）发包人明确表示或者以其行为表明不履行合同主要义务的；

（8）发包人未能按照合同约定履行其他义务的。

发包人发生除本项第（7）项以外的违约情况时，承包人可向发包人发出通知，要求发包人采取有效措施纠正违约行为。发包人收到承包人通知后28天内仍不纠正违约行为的，承包人有权暂停相应部分工程施工，并通知监理人。

基于以上规定，实务中承包人在何种情形下能够解除合同？解除合同的期限和程序如何实施？因发包人违约解除后承包人如何主张损失？如何在合同签订时约定合同条款才能更大限度地维护承包人利益，是承包人应当知道的根本问题。

4.4.11.2 合同解除条件的约定

（1）关于迟延开工的问题。根据《建设工程施工合同（示范文本）》（GF-2017-0201）的规定和要求，发包人应当在计划开工日期7天前向承包人发出开工通知，工期自开工通知中载明的开工日期起算。如果发包人未能通知承包人开工的则构成违约，除专用合同条款另有约定外，因发包人原因造成监理人未能在计划开工日期之日起90天内发出开工通知的，承包人有权提出价格调整要求，或者解除合同。发包人应当承担由此增加的费用和（或）延误的工期，并向承包人支付合理利润。对承包人而言，解除可能导致工程的承包权丧失，因此造成的损失并非仅通过利润弥补能够解决，所以该条解除权并非一般情况下承包人的初衷，但对工程成本价格飙升的期间而言，如果就费用变更无法达成一致，还是应该保留解除权内容。关于延期90天的时间来说相对比较合理，如果有特别的项目需求，则可以考虑调整该期限。如钢结构工程本身只有50天，而工期延期达到90天会比较长，该期限可以附相应的条件。

（2）发包人迟延支付价款的合同解除权。发包人迟延支付价款是很多工程的共性，除了依据其他合同条款进行签约管理外，行使合同解除权不失为一个不错的思路，如实际开工日迟延承包人解除合同时损失是巨大的，如果在迟延付款问题上，已完工工程已经达到工程总量的80%，此时作为承包人来说一般能够收取的进度款大部分在70%左右，如果进度款已经发生大额迟延，会对后期的进度款及竣工结算的款项等支付形成巨大的影响。如果此时解除合同，则已完工程的款项支付除质保金外均可以到期，对资金回笼有一定的好处，所以应当约定发包人迟延支付价款时承包人的解除权，但并非只要发包人迟延支付工程款就可以实施解除权，现实中的解除需要具备一定的条件，需要达到使合同目的无法实现的程度。可以考虑约定一个相对金额和绝对金额，迟延期限也是达到一个相对期限和绝对期限，只要满足其中一组即具备解除合同的条件，如可以约定：发包人迟延支付的金额达到合同价的5%或者达到300万元时，且迟延付款的期限超过60天或者合同计划工期的10%的，则承包人享有对合同的单方解除权。

（3）发包人自行实施被取消的工作或转由他人实施的，合同可以约定该部分工程量达到一定规模时承包人享有合同的单方解除权，如达到合同签约价的5%，或者属于项目工程的核心位置，承包人不能实施将影响对项目工程的管理，以及其他承包人认为的其他重要情形。关于转由他人实施的认定问题，如发包人的股东、关联单位、合作单位等组织实施了取消的工程，仍然构成转由他人实施。这样可以避免发包人规避违约责任。

（4）发包人提供的材料、工程设备的规格、数量或质量不符合合同约定，或因发包人原因导致交货日期延误或交货地点变更等情况的出现。对这些材料和设备应该分情况进行约定，可以将部分材料设备约定发包人不能按期或按质提供解除权的条件进行约定，如迟延超过15天的则构成解除的条件，对解除的方式可以一分为二，如果承包人具有采购能力且价格不会超过发包人的价格的一定区间，而且质量能够满足发包人工程需要的，可以约定解除后果是解除发包人的采购权，改由承包人进行采购。除此之外才是解除合同的约定。

（5）关于因为发包人的原因停工或者未能复工的问题，仍然需要约定解除合同需要达到的停工期限问题，并以不能实现合同目的为主要标准，具体约定方法可以参考迟延付款解除合同的内容。

4.4.11.3　解除权的行使

《中华人民共和国民法典》规定，法律没有规定或者当事人没有约定解除权行使期限，自解除权人知道或者应当知道解除事由之日起一年内不行使，或者经对方催告后在合理期限内不行使的，该权利消灭。在合同中解除权的行使期限是为了保证合同的稳定性，限制解除权人行使解除权的期限，当然当事人可以在合同中约定该期限是否进行调整。虽然解除权的行使期限是一把双刃剑，但发包人一般不愿意去更换施工主体，不然会导致工程工期目的无法实现，从而造成项目迟延，一年的时间更符合各种因素的综合需要。除固定的一年期外，还有相对灵活的催告期，法律对该期限没有约定，实务中应当对该期限进行具体约定，约定需要结合发包人可能违约的情况和工期综合确定，一般可以考虑一个月到三个月的期间。

4.4.11.4　解除损失的确定

根据《建设工程施工合同（示范文本）》（GF-2017-0201）的规定，因发包人原因导致合同解除的，发包人应当承担由此增加的费用和（或）延误的工期，并向承包人支付合理利润。其中增加的费用主要包括因为建设工程施工合同的解除，会引发承包人与供应商等合同主体因为材料采购、工程分包、设备采购、租赁合同等引发违约产生的费用增加即违约赔偿责任等。该部分费用从履约管理的角度来说取证义务庞大但效果很难保证，为了维护承包人的利益，尽可能地在合同签订时对费用进行约定，一般从公平角度考虑，承包人因解除合同增加的费用和工程已经完工的数量成反比，即已经完成的工程量越多，解除产生的费用就越少，如果采取逐项确定费用既可能产生漏项的问题，也可能产生内容过多无法有效统一的问题，也不利于合同内容的表达和谈判，所以对此应当首先考虑总体费用约定法。因为已完工的工程量或者未完工程工期等问题属于不确定的因素，在实践中本身就容易引发纠纷，如果以其作为计算费用的基数，不具有可操作性，所以应当退而求其次，采用合同解除固定费用法，即如因发包人违约导致合同解除的，发包人应当赔偿承包人因此增加的费用。该费用为合同价的 3%，为双方共同确认的必然产生的费用损失，承包人无须再对该损失数额问题承担举证责任。

对因发包人原因导致合同解除而研发的利润问题，与工程的完工量关系更为紧密，如果不考虑完工量而直接确定利润，可能因为显失公平而被撤销，或者被裁判机关不予采纳。为了解决公平问题又使其具有可操作性，建议将工程量采用三分法，即工程完工量每达到三分之一进行一次利润的确定。之所以选择三分法，是为了适用平衡工程量划分的可确定性和公平适用原则，如可以这样约定：如因发包人的原因导致合同解除，已完工工程量不足合同总工程量的三分之一的，发包人应赔偿承包人的可得利润损失为合同价的 10%；如已完工量达到合同总工程量的三分之一、不足三分之二的，发包人应赔偿承包人的可得利润损失为合同价的 7%；如已完工量达到合同总工程量的三分之二但未能全部完工的，发包人应赔偿承包人的可得利润损失为合同价的 4%。

总结：

（1）约定合同解除条件；

（2）约定合同解除的行使期限；

（3）约定承包人的费用和利润损失。

4.4.12 迟延签发工程接收证书的款项

4.4.12.1 基本内容

工程接收证书是由发包人签认或直接向承包人出具的接收项目工程的凭证。工程接收证书是工程管理责任、风险责任转移的证明性文件。

（1）关于工程接收证书颁发的规定。根据《建设工程施工合同（示范文本）》（GF-2017-0201）的规定，工程竣工验收合格的，发包人应在验收合格后 14 天内向承包人签发工程接收证书。发包人无正当理由逾期不颁发工程接收证书的，自验收合格后第 15 天起视为已颁发工程接收证书。工程未经验收或验收不合格，发包人擅自使用的，应在转移占有工程后 7 天内向承包人颁发工程接收证书；发包人无正当理由逾期不颁发工程接收证书的，自转移占有后第 15 天起视为已颁发工程接收证书。

（2）关于工程接收证书颁发后的移交。除专用合同条款另有约定外，合同当事人应当在颁发工程接收证书后 7 天内完成工程的移交。发包人无正当理由不接收工程的，发包人自应当接收工程之日起，承担工程照管、成品保护、保管等与工程有关的各项费用，合同当事人可以在专用合同条款中另行约定发包人逾期接收工程的违约责任。承包人无正当理由不移交工程的，承包人应承担工程照管、成品保护、保管等与工程有关的各项费用，合同当事人可以在专用合同条款中另行约定承包人无正当理由不移交工程的违约责任。提前进行单位工程验收，验收合格后，由监理人向承包人出具经发包人签认的单位工程接收证书。已签发单位工程接收证书的单位工程由发包人负责照管。单位工程的验收成果和结论作为整体工程竣工验收申请报告的附件。

（3）关于工程证书签发前的责任。根据《建设工程施工合同（示范文本）》（GF-2017-0201）3.6 工程照管与成品、半成品保护规定，除专用合同条款另有约定外，自发包人向承包人移交施工现场之日起，承包人应负责照管工程及工程相关的材料、工程设备，直到颁发工程接收证书之日止。对合同内分期完成的成品和半成品，在工程接收证书颁发前，由承包人承担保护责任。因承包人原因造成成品或半成品损坏的，由承包人负责修复或更换，并承担由此增加的费用和（或）延误的工期。

虽然《建设工程施工合同（示范文本）》（GF-2017-0201）第 17 条规定不可抗力的责任承担中，工程的不可抗力风险主要由发包人承担，但承包人也需要承担一定的责任。《中华人民共和国民法典》第六百零四条规定，标的物毁损、灭失的风险，在标的物交付之前由出卖人承担，交付之后由买受人承担，但是法律另有规定或者当事人另有约定的除外。可见工程接收证书既是部分风险责任的分水岭，也是管理责任的分界线，但如果发包人拒不签发工程接收证书，会导致双方权利义务界限模糊，对承包人可能造成的损失应当如何解决呢？

4.4.12.2　迟延签发工程接收证书损失

发包人是工程的建设方，其对工程有积极的需求，所以正常情况下发包人对组织工程验收、接收工程、使用工程是非常积极的，之所以提出拒绝或者迟延签发工程接收证书，是由于发包人本身原因导致项目工程无法继续，或者没有实际使用需求，例如因为情势变化导致工程被替代没有使用价值，还有如发包人没有资金支撑项目的继续建设等，此时发包人通过拒绝或迟延签发工程接收证书来阻却应当承担的义务。根据《建设工程施工合同（示范文本）》（GF-2017-0201）的规定，除专用合同条款另有约定外，发包人不按照本项约定组织竣工验收、颁发工程接收证书的，每逾期一天，应以签约合同价为基数，按照中国人民银行发布的同期同类贷款基准利率支付违约金。发包人迟延签发工程接收证书，对承包人而言，一方面会造成工程无法进行结算，工程尾款无法收回，另一方面需要承担在此期间工程照管、成品保护、保管等与工程有关的各项费用（以下简称工程看管费用）。《建设工程施工合同（示范文本）》（GF-2017-0201）所说的违约金是否包括工程看管费用呢？这需要根据工程本身的价款模式决定。如果是固定总价、固定单价合同、根据工程量据实结算的合同，都是工程量确定的总价，不可能因为工程看管费用的增加而增加工程款，所以发包人逾期签发工程接收证书需按基准利率支付违约金，包括发包人违约的全部经济损失，也可能增加的工程看管费用。以成本加酬金模式计算工程价款的，工程价款的计算是根据承包人实际支出确认的，所以在工程实际交付前的支出均能够计入工程款，不属于需要赔偿的损失范围，按基准利率计算的违约金则不包括工程看管费用。但成本加酬金模式一般仅存在于零星工程中，不可能大量存在于大型工程中。以 10000 万元合同价的工程为例，假定市场报价利率为 4%，如果发包人迟延签发工程接收证书，按《建设工程施工合同（示范文本）》（GF-2017-0201）的一般规定，其每日违约金为 1.1 万元。该款既要赔偿发包人迟延接收工程导致的迟延支付剩余工程款的利息，也要包括增加的看管费用，很明显不能够覆盖承包人的损失，为此发包人迟延签发工程证书，或者迟延组织竣工验收的，承包人应当提高约定的违约标准，为了保证计算的便捷可行，建议按照工程合同价的一定比例确定迟延每日应当支付的违约金。当然为了避免违约金被裁判机构认为过高而调整，应当在合同中约定费用的项目内容和标准，以保证裁判机构认为违约金约定具有合理性。

总结：

约定迟延组织竣工验收、签发工程竣工证书的违约金标准和背景。

4.5 工程款的支付

4.5.1 工程款的履行期限

4.5.1.1 基本内容

工程款包括预付款、进度款、结算款、质保金等各种内容的款项，其具体支付时间在合同中会有相应的约定，但在合同的履行过程中仍然会发生争议，其中包括未交付发票是否可以拒绝支付工程款？未交付工程结算资料、验收资料是否应该支付工程款？工程款数额发生争议期间发包人不支付工程款是否应承担迟延付款利息的责任？总承包人未收到发包人付款是否可以因此拒绝向分包人支付工程款（背靠背条件下的付款期限）？这些内容一方面可能是双方的实质性争议，更多时候是发包人拒绝履行付款责任的推诿，而且在很多时候，裁判观点也成为承包人无法取得工程款的实际障碍。为了解决上述纠纷，承包人应当在合同签订时作出相应的约定。

4.5.1.2 发票与付款

在《建设工程施工合同（示范文本）》（GF-2017-0201）中并没有涉及发票的内容，实践中有部分合同要求承包人交付发票，但大部分合同中并没有约定，根据国务院2019年修订的《中华人民共和国发票管理办法》第三条规定，发票是指在购销商品、提供或者接受服务以及从事其他经营活动中，开具、收取的收付款凭证。第十九条、第二十条规定，销售商品、提供服务及从事其他经营活动的单位和个人，对外发生经营业务收取款项，收款方应当向付款方开具发票；特殊情况下，由付款方向收款方开具发票。所有单位和从事生产、经营活动的个人在购买商品、接受服务及从事其他经营活动支付款项，应当向收款方取得发票。取得发票时，不得要求变更品名和金额。根据上述法律的规定，发票在一般情形下是付款方在向收款方支付款项时取得的证明付款的凭证。从交易习惯看，先付款后开票属于交易普遍能够接受的观点，根据《中华人民共和国民法典》第五百二十六条的规定，当事人互负债务，有先后履行顺序，应当先履行债务一方未履行的，后履行一方有权拒绝其履行请求。先履行一方履行债务不符合约定的，后履行一方有权拒绝其相应的履行请求。通过上述内容可得出一个结论：除当事人另有约定外，承包人未开具发票不应当成为发包人拒绝支付工程款的理由，这一观点在司法实践中为大部分判决所认定，但在合同签订阶段最好约定先付款后开票的内容。

4.5.1.3　资料和付款

一般情况下工程款的付款节点包括工程竣工验收和结算两个时间点，这两个节点支付的款项我们权且称之为验收款和结算款。关于验收款的支付时间一般是约定在工程验收完成后的一定时间，在工程验收完成前发包人是否应当交付竣工资料，《建设工程施工合同（示范文本）》（GF-2017-0201）的通用条款没有具体规定，只是将准备好竣工资料作为承包人申请竣工验收的条件，而在专用合同条款中第 3 条承包人义务中要求对承包人提交竣工资料的时间作出约定，也就是说实务中对竣工资料的交付时间属于当事人意思自治的方式，从对承包人有利的角度来看，应当将竣工验收的资料作为取得工程款的主要手段之一，所以竣工验收资料交付时间约定在发包人支付结算款之后为宜。

关于结算资料，《建设工程施工合同（示范文本）》（GF-2017-0201）第 14 条规定，除专用合同条款另有约定外，承包人应在工程竣工验收合格后 28 天内向发包人和监理人提交竣工结算申请单，并提交完整的结算资料。有关竣工结算申请单的资料清单和份数等要求由合同当事人在专用合同条款中约定。除专用合同条款另有约定外，竣工结算申请单应包括以下内容：竣工结算合同价格；发包人已支付承包人的款项；应扣留的质量保证金。已缴纳履约保证金的或提供其他工程质量担保方式的除外；发包人应支付承包人的合同价款。可见《建设工程施工合同（示范文本）》（GF-2017-0201）认定，竣工结算资料是随同结算申请单一起提交的资料，是用以佐证竣工结算结果的材料，而且该资料也仅做结算使用，不像验收资料发包人需要用于工程验收的不动产办理证件使用，所以结算资料应当在结算时提交，属于完成结算和支付结算款的前提条件。

4.5.1.4　数额争议和付款

在合同履行过程中无论是否对应付工程款产生争议，大量的发包人均以工程价款存在争议为由拒绝支付工程款。在司法实践中，承包人主张工程款利息时，裁判文书一般是以认定工程款的法律文书生效时间作为起算点，裁判机构认为：工程价款存在争议，无法确认支付数额，发包人对未能支付工程款不具有过错，所以不承担迟延付款的责任。对该认定的理由进行分析后不难发现，从利益角度来看，发包人主观拖延能够免除付款义务，而且无须为此承担迟延付款的违约责任。该认定的结果会导致更多的发包人以工程款存在争议而拒绝支付，更加导致诚信原则被破坏，从公平角度讲，发包人在应向承包人支付工程款时因争议而占有应当由承包人获取的资金，直到后期确认期间的资金占有利益由发包人享有属于对公平原则的破坏。为规范上述发包人的不诚信行为，可以约定：双方对任何一期工程款数额发生争议时，各当事人均应当明确无争议和有争议部分的具体意见，对双方无争议部分的款项应当按照约定的付款时间及时支付，不得以部分款项有争议而整体拒绝支付。有争议部分的款项在后期确认后，支付时间与约定付款时间的期间应当按照迟延付款的约定由发包人支付利息，赔偿承包人迟延取得工程款的损失。

4.5.1.5　背靠背付款

背靠背条款指双方在合同中约定，付款方的付款时间、金额、方式等以第三方支付给付款方为前提条件。背靠背条款常见于建设工程合同领域，主要是工程分包主体为了转嫁自己的风险而设立，如业主将工程发包给工程总承包人，双方签订了总承包合同，总承包将土建工程分包给承包人，双方签订了土建工程分包合同。在总承包合同中，业主和总承包人会约定具体的工程款计算方式、支付时间和支付方式等内容，如总承包合同约定土建工程量 10000 平方米，每平方米价格 1000 元的固定单价，工程竣工后支付工程款的 90%，支付方式为转账支付，在总承包人和承包人签订分包合同时会担心业主不能按照总承包合同履行义务，如业主可能在主体完工时确认的工程量为 9000 平方米，而且按该工程量应付的 810 万元也未能全额支付，支付中会用承兑汇票支付，对业主的违约，总承包人也很无奈，如果按照上述总承包合同约定的内容进行分包合同的约定，在业主违约时总承包人如果不按分包合同约定向分包人支付工程款，则会构成违约，而且总承包人认为自己在整个流程中抽取的资金数量很少，所以也不愿意承担任何风险，于是在分包合同中要求约定业主的付款金额、付款时间、付款方式等决定其向分包人的付款，说白了就是业主付多少总承包付多少。但对承包人来说，施工中的资金垫付和风险都由承包人承担，而总承包人不承担任何风险，这样总承包人主张工程款的积极性相当低，但对总承包人的要求承包人是很无奈的，为了防范风险，承包人只能考虑"曲线救国"的战术了。

背靠背条款的认定有多种裁判观点，有的认为有效，有的认为无效，有的认为合同未成立，有的认为属于附条件的民事法律行为，而且这种观点也是大多数，大多数观点认为附条件民事法律行为的条件成就与否和总承包人是否积极主张工程款有直接关系，如果总承包人未能积极主张价款，则视为总承包人阻止所附条件成就，应当认定工程款已经支付，所以应当在分包合同中约定：总承包人负有积极主张工程款的义务，并应约定总承包人提起诉讼的期限，如约定在业主逾期付款 6 个月内提起诉讼，同时合同中约定背靠背条款的兜底日期，即总承包人不论何种原因，最晚的付款时间应当明确，如约定工程竣工结算款的支付时间不应当晚于工程竣工后 6 个月。另外，应当将业主与总承包人的总承包合同作为分包合同的附件，其中约定的付款内容符合承包人的期待，如果总承包人过分迟延支付应支付的分包工程款，承包人可以以合同目的无法实现为由解除合同，从而实现工程款的支付期限届满条件成就。

总结：

（1）尽可能约定先付款后开票；

（2）约定支付结算款后交付竣工资料；

（3）约定无争议款项先付和争议款项支付迟延利息；

（4）对上游企业约定背靠背条款的主张约定应对内容。

4.5.2 工程款的收款确认

4.5.2.1 基本内容

工程款的收款确认是要解决发包人已经向承包人支付工程款的数额纠纷问题，按一般性理解，发包人是否支付很简单，不可能发生纠纷，但是因为支付方式、支付对象、支付凭证等的复杂性导致支付的纠纷尤为突出，而且因为支付中涉及第三方的交织，法律关系更加复杂，诉讼结果的不确定性风险显著增加，为发包人拖延或拒绝支付创造了条件。本节将根据支付纠纷的形成原因逐一解决承包人的实际风险。

4.5.2.2　向第三人支付

在合同履行过程中，发包人存在以下方式的款项支付，并要求从应付承包人工程款中扣除的情形：

（1）发包人向承包人的材料供应商、设备出租方等承包人上游企业支付的款项，对承包人而言，上游企业支付期限是否届满、支付数额如何确定，既需要根据合同约定，又需要根据承包人的偿付能力、承包人与上游企业约定的价格、合作程度、风险等级等因素判断，而发包人向上游企业直接支付，很可能违背承包人的意思表示，甚至导致支付对象错误，支付金额超过应付金额等问题。但对发包人而言，有可能该上游企业与发包人有一定利益关系，或者无视承包人的意愿直接越俎代庖。从司法实践看，裁判机构一旦认定承包人对上游企业存在应付款项，则一般直接同意扣除，其更注重的是实体的公平原则和利益的一致性。

（2）发包人向实际施工人支付的款项。在很多工程合同的签订或者履行过程中，承包人将工程再行分包、转包，其中转包可能是多层级的，再加上挂靠现象的大量存在，发包人和实际施工人会逾越承包人而直接产生关系，其中就包括工程款的支付问题。在结果上承包人需要对工程的质量及可能产生的逾期等风险承担责任，却无权对后续施工主体进行经济制约，形成有责而无权的尴尬局面。

（3）发包人向承包人的工作人员付款。承包人作为一个抽象主体在合同履行时，必然委派具体工作人员施工，使项目的班组长、代班长、项目经理等人因为长期与发包人及监理人的交往变得熟识，这些人以工作人员身份在发包人处直接领取工程款，有时发包人要求实际领款人盖章时，领款人会直接刻上一个项目专用章盖在收款收据上，以此来代表该收款行为是承包人的意思表示。在承包人向发包人主张工程款的司法实践中，裁判机构要么认定领款人有权代领，要么认定领款人构成表见代理，大部分的情形下支持了发包人的主张，特别是《中华人民共和国民法典》第一百七十条规定，执行法人或者非法人组织工作任务的人员，就其职权范围内的事项，以法人或者非法人组织的名义实施的民事法律行为，对法人或者非法人组织发生效力。法人或者非法人组织对执行其工作任务的人员职权范围的限制，不得对抗善意相对人。以后此类承包人工作人员代领款被认定为有效的情况将更加严重。

（4）发包人向其他第三人支付款项。除上述合同主体外，发包人可能向其他与项目工程履行无关的第三人付款，并以此要求从应付承包人工程款中扣除。这类第三人一般是被发包人认为对承包人享有债权的人，因为该第三人与发包人的直接或者间接的关联关系，甚至因为不正当利益目的，由发包人直接向该第三人付款，承包人对该第三人款项的支付即使提出异议，只要被认定承包人对该第三人负有债务，大部分发包人的主张能够被认可，至于是否符合承包人的意思表示，则不多考虑。

针对上述发包人跨越承包人意思表示的付款行为，承包人在签约阶段应约定发包人的有效付款途径，并限制工作人员的权利，如约定：发包人依据本合同约定应当向承包人支付的款项应通过转账方式向承包人支付，承包人唯一授权代承包人收取款项的经办人为×××（身份证号××××），除此之外，承包人的所有工作人员、其他第三人等均无权代承包人收取款项，发包人对此予以确认。

4.5.2.3　支付方式

发包人对应付承包人工程款的支付纠纷中，发包人提出以物抵债、债务抵销承兑汇票支付的支付方式。债务抵销涉及的两个问题是用以抵销的债务是否存在？是否能够抵销？以物抵债则比较复杂，有抵债物的性质是替代履行，还是债务偿还和买卖两个法律关系的重叠，以及因为抵债物的特定物性质引发的一系列纠纷问题。

（1）债务抵销。发包人用债务抵销的方式主张向承包人偿还债务，以其对承包人享有债权为前提，此时发包人主张的承包人在合同履行过程中罚款、工程质量、工期等方面的违约金要求抵销应付承包人的工程款，而承包人对是否应承担罚款或者违约金本身可能就有异议，对应承担的数额有争议自是难以避免，根据《中华人民共和国民法典》第五百五十七条的规定，债权债务可以因债务相互抵销而终止。第五百六十八条规定，当事人互负债务，该债务的标的物种类、品质相同的，任何一方可以将自己的债务与对方的到期债务抵销；但是，根据债务性质、按照当事人约定或者依照法律规定不得抵销的除外。可见，发包人有权以其对承包人享有的债权抵销应付承包人的工程款，但因为发包人主张的款项和数额发生争议而拖延支付，承包人可以以约定不得抵销的方式拒绝抵销，因该内容涉及发包人的接受程度，建议采用如下方式约定：发包人应当按照本合同约定及时向承包人支付工程款，发包人认为承包人对发包人负有应付款但双方对该款存在争议的，发包人可以主导协商或对此通过司法途径解决，不能因此影响向承包人应支付的工程款。或者约定，本合同承包人和发包人之间互相均具有应付款时，双方应当分别支付偿还，不得通过直接抵销的方式清偿。

（2）以物抵债——以房抵债。以物抵债就是用实物支付的方式抵顶应偿还的债务。此时抵顶的实物履行瑕疵是引发纠纷的核心。如发包人以承包人修建的房屋抵顶其应付的工程款，以房抵债的合同签订后，发包人未能向发包人交付房屋，或者交付的房屋不符合合同约定的面积或位置，或者房屋虽然交付但一直未能办理不动产登记手续。在此情况下承包人对发包人提起诉讼时，应该主张交付房产办理登记手续，还是主张继续支付原应付工程款？司法实践中有不同的裁判结果，有的认为应付工程款到期前签订的以房抵债协议无效，只有应付工程款到期后签订的以房抵债协议方为有效。有的认为即使在应付工程款到期后签订的以房抵债协议，仍然属于替代履行债务的约定，即发包人约定以房产代替工程款。《中华人民共和国民法典》第五百二十三条规定，当事人约定由第三人向债权人履行债务，第三人不履行债务或者履行债务不符合约定的，债务人应当向债权人承担违约责任。该规定是第三人代为履行，以物抵债属于以物代为履行，发包人不履行物的交付义务或者交付不符合约定，本质上仍应当主张原债权。对不同的裁判结果，如果需要解决以物抵债的问题，首先应该考虑以物抵债时物的无瑕疵且可立即履行，在无法实现时，对承包人来说以物抵债一般是发生在支付现金难以实现的情况下，所以能够取得抵债物总比没有强，这时承包人应当根据形势判断发包人后续的偿债能力情况。如果发包人偿债能力强，或者抵债物（如房屋无法取得不动产物权）本身不受法律保护，可以约定以房抵债属于代替履行，如果发包人未能按照合同约定履行交付及后续义务的，则仍应当按照应付工程款的数额支付工程款，并从应付工程款时间支付利息，这样承包人既有抵债房可以预防万一，也享有债权和利息主张的权利。如果发包人的偿债能力每况愈下，则可以约定双方对实物的买卖，同时约定应付实物款和应付工程款的抵销，并约定发包人交付实物瑕疵的违约责任，这样可以防止纠纷发生时的不确定性。

还有另外一类工程，如矿井工程中，发包人将矿井工程发包给承包人，发包人需要支付的工程款则是挖出的矿产，而从矿产的销售角度来说承包人不具备销售的资格和渠道，所以销售工作又需要交由发包人来实施，这时矿产品的质量、数量、定价、税款都会影响承包人收入的数额，发包人矿井的经营环境也会对承包人的工程进度产生影响。还有发包人的矿产品销售是代承包人销售，还是和承包人之间本身就是销售行为？这些无一不是核心的重点问题，所以对此类合同，尽可能将工程施工和产品销售确定为两个合同，对以产品销售款折抵工程款替代支付的履行方式作出约定，否则万一发生纠纷，承包人无法确定债权数额，对矿产品的权利也因为是种类物无法执行，最终导致权利无法实现。

（3）票据支付。现实中使用最多的是以汇票向承包人支付工程款，承兑汇票支付本身没有什么问题，但人们在操作过程中不能够完全履行承兑汇票的背书行为。其中包括发包人付款时没有在承兑汇票上进行背书，还有承包人在接受承兑汇票时也没有在承兑汇票上背书，一旦在后期发生承兑汇票被拒绝承兑或者发票据其他情况下的追偿，承包人便无权向发包人主张票据上的权利。另外，承兑汇票交付时一般是未到期的承兑汇票。承兑汇票贴息所产生的费用应当由谁承担合同并未约定？现实中大部分由承包人自行来承担。对标的额巨大的工程款来说，承兑汇票的财务费用数额也是相对较高的。在合同签订时，承包人和发包人约定的价格本身是对承包人的净价，此时再增加这么一笔财务费用的支出并不符合承包人的意思。如果条件可以，在合同签订时应当明确，发包人以承兑汇票的方式进行支付的，承兑汇票贴现产生的财务费用由发包人承担，且该承兑汇票必须由发包人进行背书。当然，在承兑汇票交付的履约过程中，应当履行承兑汇票的交付行为进行签署时所需的相关手续。

4.5.2.4 支付凭证

建筑工程工程款的支付纠纷最核心的问题是如何证明工程款的支付数额。承前所述，支付方式包括第三人代发包人向承包人支付、发包人向承包人之外的第三人支付，也可通过以房抵债、以物抵债、替代履行、现金支付、票据支付等方式，会产生支付数额如何确定的纠纷。在传统意义上是以承包人在收款后交付的收款凭证作为证据，然而实践中，承包人在向发包人主张工程款时，须首先提供发票，然后根据发包人的要求提供收款收据、付款申请，甚至有时承包人在交付收据后，发包人以收据丢失为由，要求承包人继续重新开具收据。这样会导致手续混乱庞杂，是以收据、发票还是转账作为已经付款的证明凭证呢？实践中就会出现认定证据的不确定性问题。对发包人应付承包人有多项工程款时如何确定已经付款的问题，《中华人民共和国民法典》第五百六十条规定，债务人对同一债权人负担的数项债务种类相同，债务人的给付不足以清偿全部债务的，除当事人另有约定外，由债务人在清偿时指定其履行的债务。债务人未做指定的，应当优先履行已经到期的债务；数项债务均到期的，优先履行对债权人缺乏担保或者担保最少的债务；均无担保或者担保相等的，优先履行债务人负担较重的债务；负担相同的，按照债务到期的先后顺序履行；到期时间相同的，按照债务比例履行。《中华人民共和国民法典》第五百六十一条规定，债务人在履行主债务外还应当支付利息和实现债权的有关费用，其给付不足以清偿全部债务的，除当事人另有约定外，应当按照下列顺序履行：实现债权的有关费用；利息；主债务。该情形以当事人没有约定为准，承包人可以根据实际情况选择采用付款的先后顺序。

基于上述情况，首先需要和发包人协商确定发包人对付款手续的前置要求，没有必要标注的，可以约定：发包人在向承包人支付工程款后，承包人应当在 7 日内向发包人交付已经收款的收据，承包人未能交付已经收款的收据的，发包人应在 7 日内书面通知交付，在承包人履行收据交付前发包人有权拒绝支付剩余款项。承包人交付的收款收据为证明发包人付款的唯一有效凭证，但发包人有证据证明支付工程款且已经履行交付收据通知义务的除外。同时应当将收款收据的形式要求作为合同附件明确。

发包人要求付款前交付收据的，或者条件许可的，可以将转账付款作为唯一有效工程款支付的凭证，并约定双方的账号和备注要求。再加上双方在履约过程中应及时进行对账，进一步防范付款风险。双方可以在合同中约定对账单是阶段性付款情况的确认，该确认行为为法律行为，对之前所有付款行为均有法律约束力。

总结：

（1）约定唯一收款经办人；

（2）约定限制抵销；

（3）约定以物抵债的效力；

（4）约定票据支付的费用承担；

（5）约定付款凭证。

4.5.3 预付款的支付

4.5.3.1 基本内容

预付款是建设工程施工合同约定的在开工前发包人向承包人预先支付的工程款。《建设工程价款结算暂行办法》第三条规定，建设工程价款结算是指对建设工程的发承包合同价款进行约定和依据合同约定进行工程预付款、工程进度款、工程竣工价款结算的活动。第十二条规定，工程预付款结算应符合下列规定：①包工包料工程的预付款按合同约定拨付，原则上预付比例不低于合同金额的 10%，不高于合同金额的 30%，对重大工程项目，按年度工程计划逐年预付。计价执行《建设工程工程量清单计价规范》（GB 50500—2003）（现行为 GB 50500—2013）的工程，实体性消耗和非实体性消耗部分应在合同中分别约定预付款比例。②在具备施工条件的前提下，发包人应在双方签订合同后的一个月内或不迟于约定的开工日期前的 7 天内预付工程款，发包人不按约定预付，承包人应在预付时间到期后 10 天内向发包人发出要求预付的通知，发包人收到通知后仍不按要求预付，承包人可在发出通知 14 天后停止施工，发包人应从约定应付之日起向承包人支付应付款的利息（利率按同期银行贷款利率计），并承担违约责任。

根据《建设工程施工合同（示范文本）》（GF-2017-0201）第 12 条的规定，预付款的支付按照专用合同条款约定执行，但至迟应在开工通知载明的开工日期 7 天前支付。预付款应当用于材料、工程设备、施工设备的采购及修建临时工程、组织施工队伍进场等。除专用合同条款另有约定外，预付款在进度付款中同比例扣回。在颁发工程接收证书前，提前解除合同的，尚未扣完的预付款应与合同价款一并结算。发包人逾期支付预付款超过 7 天的，承包人有权向发包人发出要求预付的催告通知，发包人收到通知后 7 天内仍未支付的，承包人有权暂停施工，并按《建设工程施工合同（示范文本）》（GF-2017-0201）16.1.1〔发包人违约的情形〕执行。发包人要求承包人提供预付款担保的，承包人应在发包人支付预付款 7 天前提供预付款担保，专用合同条款另有约定除外。预付款担保可采用银行保函、担保公司担保等形式，具体由合同当事人在专用合同条款中约定。在预付款完全扣回之前，承包人应保证预付款担保持续有效。

《建设工程施工合同（示范文本）》（GF-2017-0201）第 6 条规定，安全文明施工费由发包人承担，发包人不得以任何形式扣减该部分费用。除专用合同条款另有约定外，发包人应在开工后 28 天内预付安全文明施工费总额的 50%，其余部分与进度款同期支付。发包人逾期支付安全文明施工费超过 7 天的，承包人有权向发包人发出要求预付的催告通知，发包人收到通知后 7 天内仍未支付的，承包人有权暂停施工，并按 16.1.1〔发包人违约的情形〕执行。

可见发包人需要预付的费用包括工程预付款和预付安全文明施工费，预付款的付款时间约定在开工前的一定时间，但实际开工日期本身容易引发争议，而且预付款是否包括安全文明施工费也存在争议，作为预付款支付的条件，合同往往约定：在发包人支付预付款前，承包人应当出具对应的银行保函，但实际情况下承包人联系发包人支付预付款时，发包人往往无法支付预付款，而开具银行保函又会产生费用，所以保函也就不开了，最终导致发包人不付款却不需要承担违约责任。《建设工程施工合同（示范文本）》（GF-2017-0201）通用合同条款中约定预期付款有利息赔偿，承包人享有停工权利，但承包人获取施工的权利非常不易，如果不支付预付款即进行停工，则可能在工程尚未开工就丧失工程的施工权利，这并不符合承包人的利益需求。

4.5.3.2　解决思路

其一，关于预付款的支付时间最好是一个绝对日期，比如说可以约定为计划开工日期。这样可以防止对实际开工日期产生争议，导致预付款的支付更不确定。

其二，在合同中明确约定预付款不包括安全文明施工费。

其三，一般情况下承包人无法回避提供预付款银行保函，为了防止发包人不支付预付款但不承担责任的问题，建议增加一个预付款的支付环节，可以约定发包人在具备预付款的条件时，应当向承包人书面通知开具银行保函，承包人应当在收到通知后7天内开具保函，发包人应当收到承包人提交的保函后7天内向承包人支付预付款，同时约定发包人迟延通知即构成迟延支付预付款，应当承担迟延付款的违约责任，这一个环节的增加既解决了承包人开具保函的风险问题，也解决了发包人不支付预付款的责任问题。

总结：

（1）约定绝对日期支付预付款；

（2）约定预付款范围；

（3）增设发包人开函的通知义务。

4.5.4 利息损失

4.5.4.1 基本内容

利息损失是指付款义务人未能按法定或者约定的期限履行付款义务给债权人的财务费用造成的损失。及时取得工程款是承包人签订合同的根本目的，发包人未能及时付款时，承包人为了保证资金的流动必须进行融资，而融资产生的费用包括筹资费用和用资费用。《最高人民法院关于审理建设工程施工合同纠纷案件适用法律问题的解释（一）》（法释〔2020〕25号）第二十五条、第二十六条和第二十七条规定，当事人对垫资和垫资利息有约定，承包人请求按照约定返还垫资及其利息的，人民法院应予支持，但是约定的利息计算标准高于垫资时的同类贷款利率或者同期贷款市场报价利率的部分除外。当事人对垫资没有约定的，按照工程欠款处理。当事人对垫资利息没有约定，承包人请求支付利息的，人民法院不予支持。当事人对欠付工程价款利息计付标准有约定的，按照约定处理。没有约定的，按照同期同类贷款利率或者同期贷款市场报价利率计息。

根据《建设工程施工合同（示范文本）》（GF-2017-0201）通用合同条款14.4.2规定，除专用合同条款另有约定外，发包人应在颁发最终结清证书后7天内完成支付。发包人逾期支付的，按照中国人民银行发布的同期同类贷款基准利率支付违约金；逾期支付超过56天的，按照中国人民银行发布的同期同类贷款基准利率的两倍支付违约金。

另外，《最高人民法院关于印发〈全国法院民商事审判工作会议纪要〉的通知》（法〔2019〕254号）即《九民会议纪要》第三部分关于合同纠纷案件的审理中关于借款合同一节中规定，人民法院在审理借款合同纠纷案件过程中，要根据防范化解重大金融风险、金融服务实体经济、降低融资成本的精神，区别对待金融借贷与民间借贷，并适用不同规则与利率标准。要依法否定高利转贷行为、职业放贷行为的效力，充分发挥司法的示范、引导作用，促进金融服务实体经济。要注意到，为深化利率市场化改革，推动降低实体利率水平，自2019年8月20日起，中国人民银行已经授权全国银行间同业拆借中心于每月20日（遇节假日顺延）9时30分公布贷款市场报价利率（LPR），中国人民银行贷款基准利率这一标准已经取消。因此，自此之后人民法院裁判贷款利息的基本标准应改为全国银行间同业拆借中心公布的贷款市场报价利率。应予注意的是，贷款利率标准尽管发生了变化，但存款基准利率并未发生相应变化，相关标准仍可适用。

基于上述规定，如果就垫资利息、迟延付款利息没有约定的，适用同期贷款利率或者同期贷款市场报价利率计息，中国人民银行授权全国银行间同业拆借中心公布，2021年2月20日贷款市场报价利率（LPR）如下：1年期LPR为3.85%，5年期以上LPR为4.65%。法律的规定是以降低融资成本为目的，事实上市场上的大额存单利率已经达到4%的年利率，上述报价利率怎么可能融到资金呢？再加上筹资成本，市场上的基本年利率标准大部分在15%左右，法律规定的报价利率无法覆盖承包人的融资成本，从发包人角度来说如果应付工程款被拖欠支付，其反而大大降低了融资成本，所以事实上法律鼓励了发包人迟延支付工程款的违约行为，让违约者获利，守法者亏损，承包人如何通过合同签订保护自己的权利是一个非常重要的问题。

4.5.4.2 垫资施工的利息

垫资施工是指在项目工程施工过程中，承包人垫付资金用于项目工程建设，直至工程施工至约定条件或全部工程施工完毕后，再由发包人按照约定支付工程价款的一种施工方式。垫资施工是长期以来在中国建设工程施工领域存在的一种承包方式，虽然财政部、住房城乡建设部制定的《建设工程价款结算暂行办法》规定，包工包料工程的预付款按合同约定拨付，原则上预付比例不低于合同金额的10%，不高于合同金额的30%，但事实上对垫资施工并没有任何实质性改善。按《最高人民法院关于审理建设工程施工合同纠纷案件适用法律问题的解释（一）》（法释〔2020〕25号）的规定，垫资利息已经有了约定的上限，即不能超过高于垫资时的同类贷款利率或者同期贷款市场报价利率的部分，而承包人承揽工程中发包人很难保证预付款的支付和支付比例，所以承包人垫资施工是常态，垫资施工一般没有对垫资资金数额的确定方法，也没有垫资利息的约定。因此能够争取确定垫资利息已经很不容易，争取高息基本不太可能，确实有可能争取的，建议参照《建设工程价款结算暂行办法》的标准即10%~30%，当然利率也只能按上述市场报价利率进行约定。

利息的计算时间结合预付款的标准起算，并在合理的预付款抵扣模式下终止垫付资金的利息计算。如签约合同价为5000万元，经过和发包人争取，可以按照15%作为承包人垫付的资金，可以约定从发包人签发开工报告之日起计算利息，在支付进度款达到工程总价款50%时，垫资款视为已经收回，停止支付垫资款利息。

4.5.4.3 迟延支付工程款的利息

根据前述《最高人民法院关于审理建设工程施工合同纠纷案件适用法律问题的解释（一）》（法释〔2020〕25号）的规定，迟延支付工程款的利息可以由当事人约定，但能否由当事人任意约定呢？回答是否定的，一方面受发包人的意愿影响，同时法律也对利息的约定有限制。根据《中华人民共和国民法典》第五百八十四条的规定，当事人一方不履行合同义务或者履行合同义务不符合约定，造成对方损失的，损失赔偿额应当相当于因违约所造成的损失，也就是说约定迟延付款利息的，需要保证约定的利息与造成的承包人的损失一致。根据《中华人民共和国民法典》第五百八十五条的规定，也可以就违约金和赔偿损失的方式约定，即约定一方违约时应当根据违约情况向对方支付一定数额的违约金，也可以约定因违约产生的损失赔偿额的计算方法。约定的违约金低于造成的损失的，人民法院或者仲裁机构可以根据当事人的请求予以增加；约定的违约金过分高于造成的损失的，人民法院或者仲裁机构可以根据当事人的请求予以适当减少。《最高人民法院关于审理买卖合同纠纷案件适用法律问题的解释》第十八条规定，买卖合同没有约定逾期付款违约金或者该违约金的计算方法，出卖人以买受人违约为由主张赔偿逾期付款损失，违约行为发生在 2019 年 8 月 19 日之前的，人民法院可以中国人民银行同期同类人民币贷款基准利率为基础，参照逾期罚息利率标准计算；违约行为发生在 2019 年 8 月 20 日之后的，人民法院可以违约行为发生时中国人民银行授权全国银行间同业拆借中心公布的一年期贷款市场报价利率（LPR）标准为基础，加计 30% ~ 50% 计算逾期付款损失。

《保障中小企业款项支付条例》第十五条规定："机关、事业单位和大型企业迟延支付中小企业款项的，应当支付逾期利息。双方对逾期利息的利率有约定的，约定利率不得低于合同订立时 1 年期贷款市场报价利率；未作约定的，按照每日利率万分之五支付逾期利息。"

由上述规定可以看出，约定的利息必须和造成的损失相一致，约定的违约金可以高于造成的损失，但超过的数额不得超过损失的 30% ~ 50%，但对损失数额如何确定，则需要由承包人承担举证责任，否则将按照市场报价利率作为计数确定，所以在能够取得发包人同意的情况下可能约定高利率的话，应当约定损失确定和利率标准两个内容。为此建议考虑如下方法进行约定：鉴于发包人完全知悉市场实际融资成本为 15% 的年利率，所以双方确认发包人迟延付款时承包人的利息损失为迟延付款额的 15%，如发包人未能按照本合同约定支付款项，应当按照迟延付款额每日 15%/360 的标准向承包人支付违约金，直至实际偿付完毕为止。

关于竣工结算后迟延付款的，《建设工程施工合同（示范文本）》（GF-2017-0201）通用合同条款规定的标准是基准利率的双倍，也就是说如果承包人直接适用通用合同条款的利率即是两倍的报价利率，如果在发包人没有表达的情况下主动争取按报价利率约定迟延付款利息属于画蛇添足，将利息计算直接降低了一半，而且我们直接适用通用合同条款中的内容，从谈判协商的角度比较具有可行性。如果发包人属于机关、事业单位和大型企业这类主体，而承包人是中小企业的主体，可以通过不约定具体利息，适用每日万分之五的利率。该利率折合年利率为 18.25%，大大高于一般情况下可以争取实现的利率标准，但如不需要适用该条，即在专用合同条款里没有具体约定，也排斥适用通用合同条款的规定，可以直接写明不进行约定。

另外，为了保证迟延付款利息的实现，需要明确约定各种款项的应付款日期，并从应付款之日开始计算违约金。

现实中还有一种就是发包人迟延付款但在发生诉讼或纠纷前已经支付的款项是否支

付利息的问题，司法实践中往往未予支持。未予以支持的原因各种各样，或是由于计算烦琐，或是证据不足，或是数额较小等各种原因，但从约定角度而言，建议仍然约定该种情况的利息支付责任，即发包人未能按合同约定期限支付工程款，但已经实际支付的，发包人仍应当向承包人支付迟延支付期间的付款违约金。

4.5.4.4　无效合同是否约定利息

在实践中建筑工程施工合同无效的情形大量存在，而且当事人在签订合同时已经明确知道合同是否无效，但为了获取相应的施工机会或者利润签订了合同，那么无效合同中是否需要约定利息呢？很多人认为，无效合同就没有任何意义，所以利息的约定也没有实质性作用。那么是否真是如此呢？

《中华人民共和国民法典》第一百五十七条规定，民事法律行为无效、被撤销或者确定不发生效力后，行为人因该行为取得的财产，应当予以返还；不能返还或者没有必要返还的，应当折价补偿。有过错的一方应当赔偿对方由此所受到的损失；各方都有过错的，应当各自承担相应的责任。法律另有规定的，依照其规定。第七百九十三条规定，建设工程施工合同无效，但是建设工程经验收合格的，可以参照合同关于工程价款的约定折价补偿承包人。《最高人民法院关于审理建设工程施工合同纠纷案件适用法律问题的解释（一）》（法释〔2020〕25号）第六条规定，建设工程施工合同无效，一方当事人请求对方赔偿损失的，应当就对方过错、损失大小、过错与损失之间的因果关系承担举证责任。损失大小无法确定，一方当事人请求参照合同约定的质量标准、建设工期、工程价款支付时间等内容确定损失大小的，人民法院可以结合双方过错程度、过错与损失之间的因果关系等因素作出裁判。

由上述内容可以看出，建设工程施工合同无效，发包人在工程质量合格时仍应当支付工程款，关于工程款的利息仍然会参照合同中约定的付款时间和损失大小等内容，如果在合同中约定承包人的融资成本和利息计算方法等内容的，能够成为无效合同的参照标准，所以仍能够通过损失赔偿来取得利息。

总结：

（1）争取约定垫付资金利率；

（2）约定迟延付款违约金标准；

（3）约定对迟延但已经支付的工程款仍应支付迟延期间的违约金；

（4）无效合同仍应约定利息。

4.6　工期

4.6.1　开工日期的确认

4.6.1.1　基本内容

开工日期即实际开工日，是指建设工程施工条件具备之后实际开始启动施工工作的日期。建设工程施工合同的工期为双方主要争议的焦点之一，而工程的实际开工日期又是开工工期的起算节点，所以建设工程施工合同中关于开工日的确定也成为争议的焦点之一，对双方当事人的权利影响非常重大。

4.6.1.2 开工日期的确定因素：

《最高人民法院关于审理建设工程施工合同纠纷案件适用法律问题的解释（一）》（法释〔2020〕25号）第八条规定，当事人对建设工程开工日期有争议的，人民法院应当分别按照以下情形予以认定：（1）开工日期为发包人或者监理人发出的开工通知载明的开工日期；开工通知发出后，尚不具备开工条件的，以开工条件具备的时间为开工日期；因承包人原因导致开工时间推迟的，以开工通知载明的时间为开工日期。（2）承包人经发包人同意已经实际进场施工的，以实际进场施工时间为开工日期。（3）发包人或者监理人未发出开工通知，亦无相关证据证明实际开工日期的，应当综合考虑开工报告、合同、施工许可证、竣工验收报告或者竣工验收备案表等载明的时间，并结合是否具备开工条件的事实，认定开工日期。

根据《建设工程施工合同（示范文本）》（GF-2017-0201）对开工条件的规定，实际开工条件应当满足如下内容：

（1）发包人应当按照专用合同条款约定的期限、数量和内容向承包人免费提供图纸，并组织承包人、监理人和设计人进行图纸会审和设计交底。发包人至迟不得晚于7.3.2〔开工通知〕载明的开工日期前14天向承包人提供图纸，该条件已经实现。

（2）除专用合同条款另有约定外，发包人应根据施工需要，负责取得出入施工现场所需的批准手续和全部权利，以及取得因施工所需修建道路、桥梁及其他基础设施的权利，并承担相关手续费用和建设费用。

（3）承包人应在订立合同前勘察施工现场，并根据工程规模及技术参数合理预见工程施工所需的进出施工现场的方式、手段、路径等。

（4）发包人应提供场外交通设施的技术参数和具体条件，承包人应遵守有关交通法规，严格按照道路和桥梁的限制荷载行驶，执行有关道路限速、限行、禁止超载的规定，并配合交通管理部门的监督和检查。场外交通设施无法满足工程施工需要的，由发包人负责完善并承担相关费用。

（5）发包人应提供场内交通设施的技术参数和具体条件，并应按照专用合同条款的约定向承包人免费提供满足工程施工所需的场内道路和交通设施。

（6）发包人应遵守法律，并办理法律规定由其办理的许可、批准或备案，包括但不限于建设用地规划许可证、建设工程规划许可证、建设工程施工许可证，以及施工所需临时用水、临时用电、中断道路交通、临时占用土地等许可和批准。发包人应协助承包人办理法律规定的有关施工证件和批件。

（7）除专用合同条款另有约定外，发包人应最迟于开工日期7天前向承包人移交施工现场。

（8）除专用合同条款另有约定外，发包人应负责提供施工所需要的条件，包括：

① 将施工用水、电力、通信线路等施工所必需的条件接至施工现场内；

② 保证向承包人提供正常施工所需要的进入施工现场的交通条件；

③ 协调处理施工现场周围地下管线和邻近建筑物、构筑物、古树名木的保护工作，并承担相关费用；

④ 按照专用合同条款约定应提供的其他设施和条件。

（9）发包人应当在移交施工现场前向承包人提供施工现场及工程施工所必需的毗邻区域内供水、排水、供电、供气、供热、通信、广播电视等地下管线资料，气象和水文观测资料，地质勘察资料，相邻建筑物、构筑物和地下工程等有关基础资料，并对所提供资料的真实性、准确性和完整性负责。

（10）除专用合同条款另有约定外，发包人应在收到承包人要求提供资金来源证明的书面通知后 28 天内，向承包人提供能够按照合同约定支付合同价款的相应资金来源证明。

（11）除专用合同条款另有约定外，发包人要求承包人提供履约担保的，发包人应当向承包人提供支付担保。支付担保可以采用银行保函或担保公司担保等形式，具体由合同当事人在专用合同条款中约定。

（12）除专用合同条款另有约定外，发包人应在至迟不得晚于 7.3.2〔开工通知〕载明的开工日期前 7 天通过监理人向承包人提供测量基准点、基准线和水准点及其书面资料。发包人应对其提供的测量基准点、基准线和水准点及其书面资料的真实性、准确性和完整性负责。

（13）除专用合同条款另有约定外，发包人应在至迟不得晚于 7.3.2〔开工通知〕载明的开工日期前 7 天通过监理人向承包人提供测量基准点、基准线和水准点及其书面资料。

根据《建设工程施工合同（示范文本）》（GF-2017-0201）的规定，开工的程序如下：除专用合同条款另有约定外，承包人应按照第 7.1 款〔施工组织设计〕约定的期限，向监理人提交工程开工报审表，经监理人报发包人批准后执行。开工报审表应详细说明按施工进度计划正常施工所需的施工道路、临时设施、材料、工程设备、施工设备、施工人员等落实情况及工程的进度安排。发包人应按照法律规定获得工程施工所需的许可。经发包人同意后，监理人发出的开工通知应符合法律规定。监理人应在计划开工日期 7 天前向承包人发出开工通知，工期自开工通知中载明的开工日期起算。

4.6.1.3 开工日期的约定

（1）开工条件的具备约定。根据上述规定，开工日期首先以发包人或者监理人发出的开工通知所载明的开工日期为准，对有开工通知但不具备开工条件的，以开工条件的具备日期为开工日期。在有开工通知的情形下如何获取不具备开工条件证据，则属于实践中承包人面对的难题，承包人需要在合同签订时进行约定，即可以在合同中约定。发包人向承包人签发开工通知后，如果承包人认为不符合开工条件的，应当在 5 日内以书面方式就不具备开工条件的具体事宜通知发包人，发包人对承包人提出的不具备开工条件的通知应当明确答复，否则即视为不具备开工条件。

（2）实际进场施工与开工日期。根据司法解释的规定，承包人已经实际进场施工的，以实际进场施工时间为开工日期。现实中承包人何时实际进场比较容易证明，但承包人进场后是属于进场施工，还是进场后在为施工做准备工作，往往无法判断。根据司法解释的规定，一般会认定承包人实际进场的时间为进场施工的时间。为了解决承包人在进场但未施工的情况下举证困难的问题，双方可以在合同中约定，承包人可以在不具备开工条件的情况下进场进行开工前的准备工作，包括临时设施的搭建，该行为并不构成正式的开工。承包人认为已经具备施工的条件时，应当向发包人申请开工，发包人经批准确认的开工日期为实际开工日期。承包人未经发包人同意擅自施工的，发包人及其委派的监理人应当立即以书面方式通知承包人纠正。如果后期发生纠纷，发包人有证据证明承包人已经进场，但双方对是否施工发生争议，此时承包人如果未能提供当时申请开工的证据，则应当认定当时不具备开工条件未开工，发包人有异议的，应当举证证明当时其通知纠正的意见，不能提供的应当认定承包人的主张成立。

总结：

（1）约定发包人通知开工但不具备开工条件的救济途径；

（2）约定进场和进场施工的程序内容。

4.6.2 停工日期的确定

4.6.2.1 基本内容

本书所述停工日期包括两个层面的内容：一是停工日，二是停工的期间。停工日是工程无法施工而停止的绝对日期，一般情况下一项工程的停工日往往不止一个。停工期间是从停工日到复工日整个停工的期间，停工日是计算停工日期的基础依据。停工日期是工程无法正常实施的日期，直接影响到工期的计算和执行，为此对停工日期需要进行掌握。

4.6.2.2 停工

在本书第 4 章第二节关于"停工索赔款"的确定中，对停工基本内容已经有过论述，引起停工的情形具有如下几种：

（1）发包人要求暂停施工且工程需要暂停施工，监理人通知停工的；

（2）发包人逾期支付安全文明施工费超过 7 天的，承包人向发包人发出要求预付的催告通知，发包人收到通知后 7 天内仍未支付，承包人暂停施工的；

（3）发包人未能按合同约定提供图纸或所提供图纸不符合合同约定停工的；

（4）发包人未能按合同约定提供施工现场、施工条件、基础资料、许可、批准等开工条件停工的；

（5）发包人提供的测量基准点、基准线和水准点及其书面资料存在错误或疏漏的；

（6）发包人未能按合同约定日期支付工程预付款、进度款或竣工结算款导致停工的；

（7）监理人未按合同约定发出指示、批准等文件的；

（8）因第三人侵权行为导致无法正常施工而停工的；

（9）因不可抗力造成工程停工的；

（10）在施工过程中遇到突发的地质变动、事先未知的地下施工障碍等影响施工安全的紧急情况，承包人报告监理人和发包人，发包人下令停工的；

（11）承包人原因引起的环境污染侵权损害赔偿纠纷而导致暂停施工的；

（12）承包人未经批准擅自施工或拒绝项目监理机构管理，监理人通知停工的；

（13）承包人未按审查通过的工程设计文件施工，监理人通知停工的；

（14）承包人违反工程建设强制性标准，监理人通知停工的；

（15）承包人的施工存在重大质量安全事故隐患或发生质量安全事故，监理人通知停工的；

（16）承包人过错造成无法施工而停工的；

（17）当事人约定的其他情形。

汇总上述因素，（1）~（6）属于发包人责任引发的工程停工；（7）~（10）属于非当事人原因引发的停工。（11）~（16）属于承包人责任引发的工程停工；对承包人而言，确定停工日期是为了工期索赔，所以只对能够引起工期索赔的停工日进行研究，对因自身责任引发的无法进行工期索赔的情形则没有必要进行研究，但对可能引发索赔争议的事项也应当对停工日进行管理，以能够获得索赔或者索赔的机会。

4.6.2.3 发包人责任停工日的约定

综上所述，停工日的研究目的是解决停工日的证据搜集问题，对发包人责任导致停工的情形，需要解决具体发包人行为与停工日确定的关系。具体而言，第（1）项发包人要求暂停施工且工程需要暂停施工，监理人通知停工的情形，该条所说的停工是发包人或者监理人通知停工，通知到达日即应当为停工日期，通知载明具体停工日期的，应当以确定的通知日期为准，对此从获取证据的角度来说，承包人可以约定发包人或者监理人通知停工的，应当采用书面形式通知承包人，通知应确定具体的停工日期和停工原因，承包人应当按照通知确定的日期停工。

对（11）~（15）项需要停工的情形属于容易发生纠纷的情形，因为该5项的停工是监理人通知的，现实中也有可能是发包人通知，但通知时所主张的理由是承包人过错，此种既有承包人过错引发的停工，也有发包人责任引发停工，但冠之以承包人责任，也有混合过错导致的停工情形，还有发包人或者监理人错判，在不需要停工的情形下通知停工。为了防止这类情况下承包人丧失工期索赔的情形出现，可以在合同中增加约定，发包人或者监理人以承包人过错为由通知承包人停工的，应当提供承包人过错的相关材料，承包人在收到发包人或监理人通知后应当按照通知要求停工，承包人认为停工理由错误或者停工通知缺乏合理性时，可以在收到通知后7日内提出书面异议，发包人或者监理人仍应提供进一步材料予以佐证，承包人签收通知的行为并不属于对通知内容的认可。

对（2）~（6）项，发包人不能按约定交付图纸、施工条件、基准点和水准点、支付款项的情形，关于停工日的确定，可以采取两种方式，其中一种是直接约定停工日期，即合同中约定：发包人未能按约定履行上述（2）~（6）项交付图纸、施工条件、基准点和水准点、支付款项的情形的，自履行义务期限届满之日起即为停工日，合同约定承包人应当催促发包人的，催促履行的期限届满之日即为停工日。

4.6.2.4 非当事人责任的停工日确定

前述（7）~（10）项为非当事人责任导致停工的情形，包括监理人责任、第三人责任、不可抗力和不利物质条件导致的停工。其中，监理人责任是由监理人的消极行为所产生，前提是监理人应当履行指示或批准义务而未履行，具体包括发包人需要主动实施且不实施直接影响工程进展的事项，如开工通知、图纸会审和设计交底等，也包括承包人提出的图纸缺陷和承包人提交的工程施工有关的文件、报送的检查、验收和审批等事项需要监理人及时作出答复而未答复，造成工程无法继续的。对此类情况，应当约定清楚监理人履行义务的期限，其中对监理人应当主动实施的工作约定绝对的日期，或者和合同其他事项相联系的相对日期，而对承包人提出的应当履行的义务，可以约定一个相对时间，一般是承包人提出后7天、14天等，通用合同条款有约定的按照约定，没有约定的按照一个可以实现的时间进行约定。除了义务履行期限外，还需要解决监理人不履行是否必然造成停工和停工的日期问题。具体事项具体分析往往会导致承包人无法完成举证工作，可以在合同中约定，监理人未能按照合同的约定履行义务的，该履行义务期满日即为因监理人的过错导致的工程停工日，发包人或者监理人认为监理人行为不必然导致停工的，应当承担证明责任。

对因为第三人、不可抗力、不利物质条件导致工程停工的，属于客观事实导致停工的情形，也属于法律上的法律事件，从诉讼角度考虑索赔，承包人需要证明导致停工客观事件的存在、停工结果的客观性和两种之间的关联性，停工结果的客观性中包括停工的具体日期。对发生导致停工的事件从证据角度是比较容易实现的，但有些事件发生突然而且期限较短如雷电，有的事件是否发生均依赖于现场，过期后很难说得清楚，如地下塌陷，还有发生的事件是否足以导致停工也很难准确鉴定。承包人是现场的管理者，对是否客观停工的证据都属于单方证据，证据效力都比较低。为了解决这类问题，建议约定：因为第三人、不可抗力、不利物质条件导致工程已经停工的或者将要停工的，承包人应当将引起停工的事件情况、材料和停工的事实和意见通知发包人，发包人对事件承包人通知有异议的应当立即组织进行核实并向承包人提出异议书，发包人在3日内未提出异议的视为认可承包人的通知。发包人提出的异议应当提出对事件的了解情况和具体意见，未能明确情况和意见而仅提出异议的视为没有异议。

4.6.2.5 复工日的确定

复工是指工程停工后恢复施工的活动。停工日和复工日中间经历的期间就是停工期间。停工期间是进行工期索赔或者经济索赔的基础，所以复工日期应当进行确定。综合前述停工的原因，总体分为承包人责任的停工和非承包人责任的停工，该划分方法是以停工期间责任的原因为标准。根据《建设工程施工合同（示范文本）》（GF-2017-0201）中监理人的职责规定，监理人是指在专用合同条款中指明的，受发包人委托按照法律规定进行工程监督管理的法人或其他组织。所以任何原因下工程的开工应当经监理人批准，无监理人的应当由发包人进行审批。根据《建设工程施工合同（示范文本）》（GF-2017-0201）的规定，暂停施工后，发包人和承包人应采取有效措施积极消除暂停施工的影响。在工程复工前，监理人会同发包人和承包人确定因暂停施工造成的损失，并确定工程复工条件。当工程具备复工条件时，监理人应经发包人批准后向承包人发出复工通知，承包人应按照复工通知要求复工。可见复工是依据监理人的通知而实施的，但承包人认为具备施工条件监理人未通知复工的，特别是因为承包人原因引起的停工，承包人为了免除此后期间的停工责任，应当书面申请监理人开工。监理人未予同意复工的，责任应当由发包人承担。为了明确流程和上述内容的实现，就需要在合同中约定，工程停工后具备复工条件时，发包人应当通知承包人开工，通知中应当明确开工的具体时间。承包人认为不具备施工条件的，应当在 7 日内提出异议，并说明不具备开工条件的具体原因和责任主体，发包人应当对承包人的异议进行核实处理，承包人签收开工通知的行为并不能推定为承包人对通知记录事实和内容的认可。承包人认为具备复工条件时应当向监理人申请复工，申请应当明确申请复工的具体日期，监理人未予同意或者不同意的，除发包人能够证明是承包人责任造成不能复工外，承包人申请中的复工日后停工的责任由发包人承担。

总结：

（1）约定发包人或者监理人通知停工的内容和要求；
（2）约定监理人履行义务期限和停工责任推定；
（3）约定第三人、不可抗力和不利物质条件的停工通知事项；
（4）约定以申请或通知确定复工日。

4.6.3 竣工日期的确定

4.6.3.1 基本内容

竣工日期是依据法律规定和当事人约定的条件，确认工程质量合格的时间。竣工日期对合同当事人双方的权利义务有重大影响，其中：

（1）竣工日期关系到合同的效力。根据《最高人民法院关于审理建设工程施工合同纠纷案件适用法律问题的解释（一）》（法释〔2020〕25 号）第四条规定，承包人超越资质等级许可的业务范围签订建设工程施工合同，在建设工程竣工前取得相应资质等级，当事人请求按照无效合同处理的，人民法院不予支持。

（2）竣工日期是缺陷责任期的起始时间点。根据《建设工程施工合同（示范文本）》（GF-2017-0201）的规定，缺陷责任期是指承包人按照合同约定承担缺陷修复义务，且发包人预留质量保证金（已缴纳履约保证金的除外）的期限，自工程实际竣工日期起计算。

（3）竣工日期是保修期的起算时间点。根据《建设工程施工合同（示范文本）》（GF-2017-0201）的规定，保修期是指承包人按照合同约定对工程承担保修责任的期限，从工程竣工验收合格之日起计算。

（4）竣工日期是承包人主张提前竣工费用的条件。根据《建设工程施工合同（示范文本）》（GF-2017-0201）的规定，发包人要求承包人提前竣工的，发包人应通过监理人向承包人下达提前竣工指示，承包人应向发包人和监理人提交提前竣工建议书。提前竣工建议书应包括实施的方案、缩短的时间、增加的合同价格等内容。发包人接受该提前竣工建议书的，监理人应与发包人和承包人协商采取加快工程进度的措施，并修订施工进度计划，由此增加的费用由发包人承担。

（5）竣工日期是确定承包人是否延误工期的标准。工程的开工日期和竣工日期期间扣除相应的工期顺延和工期索赔的期间外的时间，即是承包人实际完成工程所产生的工期。

4.6.3.2 竣工日期的确定

根据《建设工程施工合同（示范文本）》（GF-2017-0201）13.2.3 关于竣工日期的规定，工程经竣工验收合格的，以承包人提交竣工验收申请报告之日为实际竣工日期，并在工程接收证书中载明；因发包人原因，未在监理人收到承包人提交的竣工验收申请报告 42 天内完成竣工验收，或完成竣工验收不予签发工程接收证书的，以提交竣工验收申请报告的日期为实际竣工日期；工程未经竣工验收，发包人擅自使用的，以转移占有工程之日为实际竣工日期。

根据《最高人民法院关于审理建设工程施工合同纠纷案件适用法律问题的解释（一）》（法释〔2020〕25 号）第九条规定，当事人对建设工程实际竣工日期有争议的，人民法院应当分别按照以下情形予以认定：①建设工程经竣工验收合格的，以竣工验收合格之日为竣工日期；②承包人已经提交竣工验收报告，发包人拖延验收的，以承包人提交验收报告之日为竣工日期；③建设工程未经竣工验收，发包人擅自使用的，以转移占有建设工程之日为竣工日期。

在实践中，承包人能够坚守通用合同条款的规定内容进行专用条款的合同约定即可以实现竣工日期法律风险的有效预防，但实践中发包人会提出比较直截了当的修改，如竣工验收程序由发包人确定、竣工验收以第三方（如业主、监理人、备案验收部门）验收为准、另行商定等内容，该约定将造成通用合同条款和法律规定无法适用，然后发包人在不急于使用全部工程时造成竣工日期判断标准难以确定，所以对该约定不能无原则地对通用合同条款进行修改，确实需要修改的，也应当本着通用合同条款的模式，适当放宽发包人验收期限。

在竣工验收的专用合同条款中，建议增加一条约定：发包人"使用工程"的认定，以及"擅自"的认定标准。

总结：

以通用合同条款为准约定竣工验收程序。

4.6.4　工期索赔

4.6.4.1　基本内容

根据《建设工程工程量清单计价规范》（GB 50500—2013）2.0.23 规定，索赔是指在工程合同履行过程中，合同当事人一方因非己方的原因而遭受损失，按合同约定或法律法规规定应由对方承担责任，从而向对方提出补偿的要求。工期索赔是要求对工期进行补偿，对承包人而言也就是我们所说的工期顺延。

当事人在合同中约定工期内容，如果承包人未能在工期内完成工程则构成违约，需要对发包人承担违约责任，但如果在合同履行过程中因为承包人之外的原因对工期造成影响，承包人可以依据工期索赔的规定延长工期，其中被顺延的工期属于通过索赔取得的工期，在该期间的工期延续承包人不需要承担违约责任。

4.6.4.2　工期索赔的依据

承包人在什么情形下可以向发包人主张工期索赔，这在《建设工程施工合同（示范文本）》（GF-2017-0201）中有具体的规定。对范本的规定我们可以这样理解，承包人和发包人约定的工期是在一个合理可控的前提下进行特定工程施工的工期，而且双方约定的价格也是基于这样一个合理可控的前提下工期内的一个特定工程价格，超过这个前提下工期就应当发生变化，也就是说合理可控前提内的风险责任由承包人承担，合理可控前提外的风险由发包人承担，正是基于这个原则，前提外的事项一旦发生，承包人就可以要求发包人延长工期，所延长的工期应当与对因前提外法律事件导致的工期影响的量相一致。这一前提发生变化的原因包括工程变更、发包人原因和外部因素三种。外部因素包括不利物质条件、异常恶劣的气候条件、不可抗力。上述因素之所以需要进行工期索赔，是因为工程不能正常施工从而影响了工期，正是基于此，《建设工程施工合同（示范文本）》（GF-2017-0201）和《中华人民共和国民法典》规定了工期索赔的合同依据和法律依据。《中华人民共和国民法典》包括第七百七十七条和第七百七十八条、第七百九十八条、第八百零三条到第八百零五条规定，迟延进行隐蔽工程检查、提供的施工条件瑕疵、不履行协助义务的发包人违约行为影响工期的，以及工程变更需要顺延工期的情形。《建设工程施工合同（示范文本）》（GF-2017-0201）第七条规定了工期索赔的内容，包括发包人违约、不利物质条件和异常恶劣的气候条件等。

4.6.4.3　工期索赔的一般程序

根据《最高人民法院关于审理建设工程施工合同纠纷案件适用法律问题的解释（一）》（法释〔2020〕25 号）第十条的规定，当事人约定顺延工期应当经发包人或者监理人签证等方式确认，承包人虽未取得工期顺延的确认，但能够证明在合同约定的期限内向发包人或者监理人申请过工期顺延且顺延事由符合合同约定，承包人以此为由主张工期顺延的，人民法院应予支持。当事人约定承包人未在约定期限内提出工期顺延申请视为工期不顺延的，按照约定处理，但发包人在约定期限后同意工期顺延或者承包人提出合理抗辩的除外。

根据《建设工程施工合同（示范文本）》（GF-2017-0201）第 19 条的规定，承包人认为有权得到追加付款和（或）延长工期的，应按以下程序向发包人提出索赔：①承包人应在知道或应当知道索赔事件发生后 28 天内，向监理人递交索赔意向通知书，并说明发生索赔事件的事由；承包人未在前述 28 天内发出索赔意向通知书的，丧失要求追加付款和（或）延长工期的权利；②承包人应在发出索赔意向通知书后 28 天内，向监理人正式递交索赔报告；索赔报告应详细说明索赔理由及要求追加的付款金额和（或）延长的工期，并附必要的记录和证明材料；③索赔事件具有持续影响的，承包人应按合理时间间隔继续递交延续索赔通知，说明持续影响的实际情况和记录，列出累计的追加付款金额和（或）工期延长天数；④在索赔事件影响结束后 28 天内，承包人应向监理人递交最终索赔报告，说明最终要求索赔的追加付款金额和（或）延长的工期，并附必要的记录和证明材料。

同时第 19 条对提出索赔的期限作出规定：①承包人按 14.2〔竣工结算审核〕约定接收竣工付款证书后，应被视为已无权再提出在工程接收证书颁发前所发生的任何索赔。②承包人按 14.4〔最终结清〕提交的最终结清申请单中，只限于提出工程接收证书颁发后发生的索赔。提出索赔的期限自接受最终结清证书时终止。

由以上内容可见，索赔程序在适用范本的情况下基本是确定的，而且专用合同条款中并没有索赔的具体约定内容，也就是一般情况下应适用通用合同条款，如果想改变通用合同条款的内容，只能另行约定。

4.6.4.4 工期索赔的约定

工期索赔是承包人维护自身权利的主要方式之一，但在合同履行过程中会受管理人员的条件等因素所限，往往无法获取有效的索赔资料，而且对发生索赔的结果具有很大的不确定性，第一是顺延的工期数量如何确定问题，第二是非承包人原因造成工程停工，发包人是应当支付赔偿款用于赶工，还是直接将工期顺延。发承包双方谁享有对两者的选择权呢？第三，在特殊情况下是否可以免除承包人提交索赔意向书的义务，以增加承包人在某些特殊环境下，虽然没有提交索赔意向书但仍然享有索赔意向的权利呢？对此将逐一分解说明。

（1）顺延量的确定。综前所述，引起工程停工的原因包括发包人的因素，也有工程变更和不利物质条件和恶劣气候条件等因素。但对引起工程停工的程度则有所不同，有的导致工程全部停工，有的引起工程部分停工，有的并没有引起工程停工，但是工程的进度受阻，而且受阻的程度不同，结果也不同。单就针对这些原因对工期影响而需要索赔的话，现实中裁判人员无法确定，确定工期延期的准确数量往往交由鉴定机构解决，而鉴定机构所采用的鉴定方法又有所不同。因此，承包人为尽快实现资金回笼的目的应尽量不采取鉴定的方式来确定所顺延的工期，可以争取合同的约定来尽可能实现这一目的。

① 整体全部停工的情况。如果因为停工因素而导致工程全部停工，那么停工的工期和应当顺延的工期的数量如何判定呢？从理论上来说，影响的工期所处的施工阶段的

不同，会导致对工期需要顺延的量有所不同，为了实现效率优先的目的，可以在合同中约定，引起工程全部停工的按照停工时间的 1.1 倍作为应当顺延的工期数量，原因如下：工程停工以后，承包人在前期已经完成的工作可能需要拆除重建或维修完善，从而影响一定的工作时间，另外工程停工以后再次复工前需要有一个准备时间，一前一后的影响就超出实际停工的时间，所以可以把停工时间的一定倍数作为顺延的工期。

②工程部分停工的情况。对工程部分停工时所处的停工节点具体到不同工序或者流水节拍上，所产生的工期应当顺延的量是不同的，为了防止将来浪费鉴定的时间，可以约定将对工程影响的程度分为工程大部分停工、部分停工和小部分停工。判断标准可以按照整体工作面的 1/3 的倍数确定，如停工工作面少于 1/3 的为小部分停工，停工达到 1/3 以上没有达到 2/3 的作为部分停工，达到 2/3 以上没有达到全部停工的为大部分停工。对这种三分法实际造成的停工时间，按照一定的折算比例来确定实际停工的数量。例如造成部分停工的，按照停工时间的 55% 确定延期的工期量；造成小部分停工的，按照停工时间的 35% 确定顺延的工期数量；造成大部分停工的，按照停工时间的 70% 确定顺延的工期数量。

③造成工程缓建的情况。工程缓建比工程停工的不确定因素更多，而且判断标准也不一样，可以把造成工程缓建也划分为三个等级，划分方法可以多样，如工作效率达不到正常标准 1/3 的、达到 1/3 未到达 2/3 的、达到 2/3 未达到 100% 的。引起工期顺延的数量也可以按照上述部分停工的方法进行折算，当然，不同的工程可以采取不同划分方法和折算方法。

（2）顺延工期和赔偿损失的关系处理。如果发生停工、缓工等情况，一方当事人主张经济赔偿损失，另一方当事人主张工期顺延。不同的主张是因为利益角度不同，如果发包人违约造成停工，既可以向承包人支付赶工费用，也可以采取工期顺延的方式，但如果发包人支付赔偿款项的话所需要的费用较高，而顺延工期损失较小，在两者之间选择，当然选择顺延工期。但是对承包人来说，顺延工期可能引起工期一拖再拖，导致项目占有大量资源，不能将有效资源放到其他项目上，甚至可能造成已经取得的其他项目构成违约，对承包人来说是不愿意选择的。相反，如果发包人主张支付赶工费用，那可能是工程亟须尽快投产和使用，但是发包人所支付的赶工费用可能不足以弥补承包人的损失，如果工期超期，承包人所需要支付的工期违约赔偿款会大于其所取得的发包人所支付的工期赶工的赔偿，这对承包人是非常不利的。这个选择权应该由谁决定呢？如果赋予一方，另一方就会吃亏。为了平衡利益，可以在合同里约定：工程停工窝工的，应当通过顺延工期来解决。一方主张支付经济赔偿金替代工期顺延的，应当经双方一致同意，这样可以把所有问题放到一个公平的角度处理。

（3）视为已经提交索赔意向书的情形。可以争取将如下尽可能多的情形视为承包人已经提交索赔意向书的情形：

①在索赔事件发生后 28 天内事件能达到如下结果之一的：a. 众所周知的事实；b. 自然规律及定理；c. 根据法律规定或者已知事实和日常生活经验法则能推定出的另一事实。

② 在索赔纠纷被诉讼或者仲裁立案前，承包人已经能够取得如下证据之一的：a. 已为人民法院发生法律效力的裁判所确认的事实；b. 已为仲裁机构的生效裁决所确认的事实；c. 已为有效公证文书所证明的事实。

③ 发包人、监理人的故意或者重大过失引起的违约行为所引起的索赔事件。

4.6.4.5 填写位置

《建设工程施工合同（示范文本）》（GF-2017-0201）专用合同条款并没有对索赔程序的约定。工期索赔的约定在专用合同何处进行约定？可以根据引起索赔的因素分别约定，包括违约责任、变更、不利物质条件、异常恶劣的气候条件、不可抗力，对共性的问题可以签订补充合同条款解决。

总结：

（1）约定工期索赔的数量计算方法；

（2）约定顺延工期和赔偿损失的关系处理；

（3）约定视同提交索赔意向书的情形。

4.6.5 竣工前工程质量纠纷期间工期的顺延

《最高人民法院关于审理建设工程施工合同纠纷案件适用法律问题的解释（一）》（法释〔2020〕25号）第十一条规定，建设工程竣工前，当事人对工程质量发生争议，工程质量经鉴定合格的，鉴定期间为顺延工期期间。这可以简单地理解为：在承包人履行工程建设的义务过程中，对承包人已经完成的工程是否合格引发的争议，因为发包人认为不合格，从客观上或者发包人要求上，工程无法继续实施，而需要通过工程鉴定来确定是否合格，工程最终经鉴定认为合格的，因鉴定等原因导致工期延迟的责任由发包人承担，工程应当予以顺延。其中涉及三个问题需要处理：当事人因工程质量发生纠纷的起算时间如何确定？工程鉴定的期间如何确定？工程质量鉴定期间和顺延工期的时间关系如何确定？

（1）引起质量纠纷的起算时间的确定。按照工程正常的实施情况看，工程质量纠纷来源于两种情况，分别是按照程序要求承包人提请发包人进行验收和发包人主动验收。根据《建设工程施工合同（示范文本）》（GF-2017-0201）13.1.2 的规定，除专用合同条款另有约定外，分部分项工程经承包人自检合格并具备验收条件的，承包人应提前 48 小时通知监理人进行验收。监理人不能按时进行验收的，应在验收前 24 小时向承包人提交书面延期要求，但延期不能超过 48 小时。监理人未按时进行验收，也未提出延期要求的，承包人有权自行验收，监理人应认可验收结果。分部分项工程未经验收的，不得进入下一道工序施工。在这种情况下，承包人提请进行分部分项验收的前提是质量合格，如果监理人或者发包人验收的结论是质量不合格，此时为双方纠纷的起点。所以，可以约定：发包人或者监理人对分部分项工程验收认为工程质量不合格的，应当当场向承包人交付书面通知，否则视为发包人验收工程质量合格。发包人向承包人交付工程质量不合格的时间即为工程质量纠纷的开始时间，但承包人认可发包人意见的除外。此后工程经鉴定合格的，工程质量纠纷日即为顺延工期的开始日（下同）。

关于发包人主动对工程的抽查检查问题，根据《建设工程施工合同（示范文本）》（GF-2017-0201）4.1的规定，监理人应当根据发包人授权及法律规定，代表发包人对工程施工相关事项进行检查、查验、审核、验收，并签发相关指示。5.2.2规定，承包人还应按照法律规定和发包人的要求，进行施工现场取样试验、工程复核测量和设备性能检测，提供试验样品、提交试验报告和测量成果，以及其他工作。5.3.3规定，承包人覆盖工程隐蔽部位后，发包人或监理人对质量有疑问的，可要求承包人对已覆盖的部位进行重新检查。由上述内容可以看出发包人享有对工程质量的绝对检查权，发包人实行竣工前的质量检查不属于必然检查的程序，其对质量的检查本身就是对现有工程质量提出异议或者质疑，而且就算其检查行为不必然对工期产生影响，也会导致费用的增加，且有可能对工期产生影响，在检查结果确认后发包人认定工程质量不合格，而承包人认为工程质量合格，则此时为工程质量纠纷开始的正式日期，我们可以将发包人抽查的期间称为质量异议期，确认结果后发生的纠纷称为质量纠纷期。在质量异议期或质量纠纷期，如果需要停止施工，应当按照发包人的要求进行书面通知，并且停工期间适用停工工期的索赔程序。

（2）工程鉴定的时间确认。对不需要停工进行的鉴定而言，其本身并不影响工期，所以我们不必进行探讨，而是需要确定停工后的工程鉴定期间。工程鉴定期间存在鉴定机构选择、鉴定异议、鉴定结果救济等问题，甚至可能要通过司法途径处理，还会因为一方原因导致时间损失，但所有情形均属于承包人无法施工的情形，而且停工本身是发包人通知停工，在发包人未通知复工期间则工期应当顺延，所以合同可以约定，自工程质量问题确定时到发包人通知承包人复工时，为工程鉴定的起止日期。

（3）工程鉴定期间和顺延工期的时间关系的确定。如果经鉴定工程质量合格，则工程质量的纠纷日为顺延工期的起算日，发包人通知承包人复工的日期为工程鉴定终止日。两者的期间为工程鉴定期间，那么鉴定期间就是顺延工期的日期吗？现实中该争议更多，而且从理论上说两者之间并不能画等号，如果双方因此发生纠纷再行鉴定的话，无疑更不利于纠纷的处理，更何况即便发包人通知承包人复工，仍然需要必要的准备，所以对此可以约定工程质量纠纷鉴定期间的一定比例为工期顺延期间，该比例可以约定为1：1.1；另外还可以约定：工期顺延期间应当为工程质量纠纷鉴定期间加承包人复工准备时间，准备时间根据停工日期计算，停工未满84天的，复工准备时间按照停工日期的10%计算，据此计算的复工准备时间不满一天的部分按一天计算。停工达到84天的，复工日期按30天计算。

在现实中还会发生一种情况，即工程经鉴定质量不合格，但该不合格的工程不需要停工鉴定，可以通过后期修复处理，也就是说发包人对工期停工的指令是错误的，如果让承包人全部承担该工期的延误责任明显不合理，也不符合《中华人民共和国民法典》第九条规定的民事主体从事民事活动，应当秉持节约资源、保护生态环境的原则，但如果让发包人承担也不符合公平原则，对此在工程质量纠纷鉴定时应当鉴定工程是否必须停工确定质量纠纷，在鉴定不需要停工但客观上已经停工时确定工期进行顺延的合理期限。例如：工程发生质量纠纷、发包人通知停工时，双方对工程质量纠纷的鉴定内容应当包括停工必要性的鉴定，经鉴定虽然工程质量不合格，但停工缺乏必要性时，工程质量纠纷鉴定期间的 70% 为顺延工期的时间。

总结：

（1）发包人按工序验收出具的质量不合格文件之日为工程质量纠纷发生日；

（2）发包人抽查检验工程和认为质量不合格要求停工的日期为工程质量纠纷发生日；

（3）发包人通知承包人复工时，为工程鉴定的终止日期；

（4）约定工程质量纠纷鉴定期间和顺延工期的关系；

（5）经鉴定虽然工程质量不合格，但停工缺乏必要性时，按工程质量纠纷鉴定期间的一定比例顺延工期的时间。

4.7 其他

4.7.1 工程移交

4.7.1.1 基本内容

工程移交是承包人将建设工程交付发包人的活动，对承包人来说是工程的移交，对发包人来说是工程的接收。工程移交关系到工程的管理责任转移，包括工程控制管理权的转移，交接前后的债权债务的承担是一个重要的分水岭，实际中却因为交接时间点、交接条件、交接责任等发生纠纷，有一部分风险需要通过合同签订来预防。

4.7.1.2 移交程序

根据《建设工程施工合同（示范文本）》（GF-2017-0201）第 13 条的规定，工程竣工验收合格的，发包人应在验收合格后 14 天内向承包人签发工程接收证书。发包人无正当理由逾期不颁发工程接收证书的，自验收合格后第 15 天起视为已颁发工程接收证书。工程未经验收或验收不合格，发包人擅自使用的，应在转移占有工程后 7 天内向承包人颁发工程接收证书；发包人无正当理由逾期不颁发工程接收证书的，自转移占有后第 15 天起视为已颁发工程接收证书。除专用合同条款另有约定外，合同当事人应当在颁发工程接收证书后 7 天内完成工程的移交。

4.7.1.3 移交条件

根据《建设工程施工合同（示范文本）》（GF-2017-0201）的规定，工程的移交条件是工程验收合格或者视同验收合格。除此之外，双方当事人可以设定工程移交的条件内容，以实现当事人的目的。对承包人而言，移交工程将对工程失去控制，作为发包人，其合同目的已经实现，如果此时发包人尚未向承包人支付完毕已经到期的工程款，则会损坏承包人的合同利益，承包人可以约定建设工程的留置条款。关于建设工程施工合同是否可以留置，在理论和实践上其实一直存在争议，但从有约定胜过无约定的角度而言，应将留置权作为工程移交的条件之一。

关于留置权的约定内容，建议参考如下约定方法：在《建设工程施工合同（示范文本）》（GF-2017-0201）13.2.5 承包人向发包人移交工程的期限中约定，发承包双方应当在颁发工程接收证书后 7 天内完成工程的移交，但发包人未能向承包人支付完毕已经到期应付款项的，承包人有权拒绝移交。发包人和承包人对已经到期的应付款有争议的，发包人未能对应付款提供有效担保的，承包人同样有权拒绝移交。承包人拒绝交接期间工程产生的费用由发包人承担。

4.7.1.4　移交时间点

根据《建设工程施工合同（示范文本）》（GF-2017-0201）通用合同条款的规定，移交应在发包人颁发工程接收证书后 7 天内完成，但实际中发包人往往不颁发工程接收证书，或者不能在接收工程前颁发工程接收证书，而且即便发包人颁发了工程接收证书，工程接收证书也不能证明工程实际交接时间的凭证，在后期发生纠纷时，承包人以哪一个时间点作为实际移交时间点往往很难举证，甚至有的工程并没有办理交接手续，发包人直接单方强行占有了工程，造成承包人无法确定工程的移交时间点。为了解决该问题，在合同签订中需要约定证据的标准问题，建议约定：工程移交时发包人和承包人应当办理书面交接手续，双方应在移交手续上签字盖章，交接手续上书写的时间即为交接时间，发包人未能取得承包人签署的交接手续即擅自使用工程，擅自使用的时间以承包人确定的时间为准。

4.7.1.5　逾期接收的责任

根据《建设工程施工合同（示范文本）》（GF-2017-0201）的规定，发包人无正当理由不接收工程的，发包人自应当接收工程之日起，承担工程照管、成品保护、保管等与工程有关的各项费用，合同当事人可以在专用合同条款中另行约定发包人逾期接收工程的违约责任。关于逾期接收的违约责任，不能简单地约定由发包人赔偿承包人的损失，应当具体约定承包人的损失赔偿数额或者计算方法等，因为对没有的计算方法或者数额，纠纷发生时承包人仍然需要承担详细的举证责任。这种举证责任往往无法全面，造成的损失是无法证明的。《建设工程施工合同（示范文本）》（GF-2017-0201）规定，除专用合同条款另有约定外，发包人不按照本项约定组织竣工验收、颁发工程接收证书的，每逾期一天，应以签约合同价为基数，按照中国人民银行发布的同期同类贷款基准利率支付违约金。该违约金是未颁发工程接收证书的违约金，并非逾期交接的损失赔偿。

逾期接收工程，会产生工程照管、成品保护、保管等与工程有关的各项费用，费用的详细内容因为工程的差异而有所不同。建议在合同签订时，直接预估逾期接收的费用每日成本标准并增加适当的比例，据此作为发包人逾期接收工程的违约金标准。

总结：

（1）约定工程留置条款；

（2）约定无交接手续的工程移交时间以承包人确定为准；

（3）约定逾期接收工程的违约金。

4.7.2 违约责任限额

4.7.2.1 基本内容

违约责任限额就是一方当事人发生违约时，需要给对方赔偿的最高限额。根据《中华人民共和国民法典》第五百七十七条、第五百八十四条、第五百八十五条的规定，当事人一方不履行合同义务或者履行合同义务不符合约定的，应当承担继续履行、采取补救措施或者赔偿损失等违约责任。当事人一方不履行合同义务或者履行合同义务不符合约定，造成对方损失的，损失赔偿额应当相当于因违约所造成的损失，包括合同履行后可以获得的利益；但是，不得超过违约一方订立合同时预见到或者应当预见到的因违约可能造成的损失。当事人可以约定一方违约时应当根据违约情况向对方支付一定数额的违约金，也可以约定因违约产生的损失赔偿额的计算方法。约定的违约金低于造成的损失的，人民法院或者仲裁机构可以根据当事人的请求予以增加；约定的违约金过分高于造成的损失的，人民法院或者仲裁机构可以根据当事人的请求予以适当减少。也就是说最终违约方应当赔偿的损失不能过分高于造成的损失，那么赔偿的损失能否低于造成的损失则依赖于双方当事人的约定，因为如果当事人约定了最高赔偿限额，实际上等于权利人放弃了对超过部分的权利。在物流快递行业、服务行业等存在大量的赔偿限额的约定和规定，其主要是解决违约方的收入和风险不匹配的问题，在建设工程施工领域该赔偿限额同样存在。

4.7.2.2 赔偿限额的约定

根据《建设工程施工合同（示范文本）》（GF-2017-0201）第7条的规定，因承包人原因造成工期延误的，可以在专用合同条款中约定逾期竣工违约金的计算方法和逾期竣工违约金的上限，该条即是对赔偿限额的规定，但是该条仅局限于工期违约的赔偿。如果未能约定承包人具有其他违约行为，则承包人可能承担无限责任，而且现实中就工期违约的赔偿限额在很多合同中也没有约定，承包人可能产生的违约行为很多，在《建设工程施工合同（示范文本）》（GF-2017-0201）第16条也进行了汇总，除工期违约外，承包人的违约行为还可能造成的结果包括：工程质量不合格、工程损害发包人其他财产权利，工程质量不合格除导致承包人无法主张工程款外，还需要赔偿对此造成发包人的设计费、前期支出、违约损失等一系列费用，工程施工过程中承包人可能因为施工行为对邻近建筑物、地下设施等造成损坏，其损失有可能大大超过承包人取得或者应当取得的工程款，该损失的限额赔偿规定可以有效限制承包人的风险范围。

基于赔偿限额在范本和其他相关行业的大量存在，同时考虑到承包人工程款的利润的有限空间，承包人争取在合同条款中约定限额赔偿具有可行性，一般建议参考工程款的一定比例作为赔偿，如承包人因违约造成发包人的损失以合同价的20%为限，超过部分不再承担赔偿责任。

总结：

约定承包人违约赔偿限额。

4.7.3　优先受偿权

4.7.3.1　基本内容

优先受偿权是建设工程的承包人对建设工程的价款有优先于其他债权人受偿的权利。根据《中华人民共和国民法典》第八百零七条的规定，发包人未按照约定支付价款的，承包人可以催告发包人在合理期限内支付价款。发包人逾期不支付的，除根据建设工程的性质不宜折价、拍卖外，承包人可以与发包人协议将该工程折价，也可以请求人民法院将该工程依法拍卖。建设工程的价款就该工程折价或者拍卖的价款优先受偿。根据《最高人民法院关于审理建设工程施工合同纠纷案件适用法律问题的解释（一）》（法释〔2020〕25号）第四十一条的规定，承包人应当在合理期限内行使建设工程价款优先受偿权，但最长不得超过十八个月，自发包人应当给付建设工程价款之日起算。

4.7.3.2　优先受偿权的合理期限约定

承包人对发包人享有债权，而且该债权不因为是否丧失优先受偿权而改变，优先受偿权仅是在不同的债权人利用工程拍卖款偿还顺序引发的争议，也就是说争议的本质是在债权人之间。但现实中该权利的相对人仍是向发包人主张，并且通过裁判的方式需要在法律文书中明确承包人是否对发包人享有优先受偿权，对承包人的优先受偿权主张的抗辩主体也是发包人，所以如果当事人之间对优先受偿权的合理期限进行了约定，应当具有约束力并能够作为裁判机构认定合理期限的标准。鉴于法律对优先受偿权规定的时间上限是18个月，那么约定的时间不能超过该期限，应在该期限内约定。

4.7.3.3　优先受偿权起算日的约定

根据法律的规定及《最高人民法院关于审理建设工程施工合同纠纷案件适用法律问题的解释（一）》（法释〔2020〕25号）第三十八条、第三十九条的规定，建设工程质量合格，承包人请求其承建工程的价款就工程折价或者拍卖的价款优先受偿的，人民法院应予支持。未竣工的建设工程质量合格，承包人请求其承建工程的价款就其承建工程部分折价或者拍卖的价款优先受偿的，人民法院应予支持。也就是说工程质量合格是行使优先权的条件，而无论工程是否完工。

总结：

约定优先受偿权的行使期限。

5 建设工程施工合同履约管理

5.1 概述

5.1.1 基本内容

建设工程施工合同的履约管理是指对建设工程施工合同中约定的权利义务实施过程进行协调和控制，从而实现合同签订目的的活动。本章如无特别说明，建设工程施工合同有时会以合同来替代，合同的履约管理是从施工企业也就是承包人的立场对履约过程的管理。

5.1.2 履约管理的必要性

5.1.2.1 履约管理的内容

履约管理的根本目标是实现合同签订的目的，而合同签订的目的是通过合同的条款和内容来实现的，所以履约管理的本身是对合同内容的实施，包括对权利和义务的执行，也包括在履行过程中获得有效证据以证明已经完成合同约定的义务，并对权利已经进行了主张。对已经履行义务需要证据证明，大家一般都予以认同；对权利是否主张需要证据证明，许多人存在质疑，因为合同约定的当事人权利本身就存在，对方当事人未予履行义务，就会造成本方权利的不能实现，为何还需要证明呢？我们就以工程预付款为例，如果当事人在合同中约定了预付款的金额，那么一般情况下预付款的时间是开工前7天。发包人没有按合同约定向承包人支付预付款，承包人进场施工，在施工过程中发包人应当向承包人支付的工程进度款也向承包人进行了支付，后来承包人停止施工，理由是发包人一直未支付工程预付款，发包人主张合同在履行过程中已经发生变更，不再支付工程预付款，具体理由是预付款在合同开工前就应该支付，现在工程已经开工并进行了一段时间，在此期间承包人一直未提出异议，而且后期承包人在进度款申报时也没有提出预付款，充分说明双方已经对合同预付款内容进行了变更，虽然法律规定合同的变更应当以明示的方式作出，不能以默示推定合同变更，但是对工程预付款承包人未予主张，而且一直积极地履行合同义务，裁判者有理由相信双方在预付款上进行了某种变更，虽然不能确定变更的结果。这很可能导致承包人以未付预付款主张停工的理由不被认定，从而认为承包人停工构成违约。所以对义务的履行需要有证据来证实，权利的主张同样需要通过证据来证实。

5.1.2.2　履约管理的证据要求

根据《中华人民共和国民事诉讼法》第六十四条的规定，当事人对自己提出的主张，有责任提供证据。根据《最高人民法院关于审理建设工程施工合同纠纷案件适用法律问题的解释（一）》（法释〔2020〕25 号）第六条的规定，建设工程施工合同无效，一方当事人请求对方赔偿损失的，应当就对方过错、损失大小、过错与损失之间的因果关系承担举证责任。第八条规定，发包人或者监理人未发出开工通知，亦无相关证据证明实际开工日期的，应当综合考虑开工报告、合同、施工许可证、竣工验收报告或者竣工验收备案表等载明的时间，并结合是否具备开工条件的事实，认定开工日期。第十条规定，当事人约定顺延工期应当经发包人或者监理人签证等方式确认，承包人虽未取得工期顺延的确认，但能够证明在合同约定的期限内向发包人或者监理人申请过工期顺延且顺延事由符合合同约定，承包人以此为由主张工期顺延的，人民法院应予支持。第二十条规定，当事人对工程量有争议的，按照施工过程中形成的签证等书面文件确认。承包人能够证明发包人同意其施工，但未能提供签证文件证明工程量发生的，可以按照当事人提供的其他证据确认实际发生的工程量。第三十二条规定，当事人对工程造价、质量、修复费用等专门性问题有争议，人民法院认为需要鉴定的，应当向负有举证责任的当事人释明。当事人经释明未申请鉴定，虽申请鉴定但未支付鉴定费用或者拒不提供相关材料的，应当承担举证不能的法律后果。这些内容都说明无论是损失赔偿的主张，还是开工时间的纠纷，或是工程质量发生争议，以及工程造价、费用等方面的争议，均需要以提供相应证据为前提。诉讼本身就是一场证据的较量，而证据在合同履行过程中最能够顺利获得，事后补正则难度会增大，而且如果双方一旦发生纠纷，在无法取得对方配合或协助下更是难以取得有效的证据，即便获取部分证据，其证据效力也非常低，所以履约证据需要及时搜集，而且尽可能地在履约过程中搜集。

5.1.3　履约管理的实现

5.1.3.1　确定履约管理的组织架构

履约管理过程是对合同权利义务进行执行的过程，要想实现这一目的，首先要有人知道合同约定的内容，现实中大量的纠纷发生在合同签订以后，合同被存放在保险柜中，没有人知道合同约定的义务怎么履行，权利如何主张，也没有人去执行和督促，所以每一份合同首先需要保证有一个人知道合同的内容，并负责合同的履行。其次要保证合同约定内容能够及时到达每一个履行合同义务的人，知道合同内容的人并非都是履行合同的主张者，如施工合同签订后不可能让每一个参与工程的工人都学习和了解合同内容，这就需要确定合同履行的部门或机构的责任人，如工程款的收付需要通过财务部门实施，工程设备的交接需要通过采购部门执行，需要确定相关责任主体来保证合同的具体执行。最后是合同履行的监督，履行合同的情况如果缺乏监督，就难以保证合同的有效执行，所以还需要监督部门或者人员对合同履行情况进行监督，并根据监督结果进行评价和制度的完善。

5.1.3.2　建立履约管理的协作机制

合同的内容是有限的，因为现实的复杂程度决定了合同履行中发生的情况是无限的，要想把有限的合同落实到无限复杂的现实中去，就需要对合同的内容进行解释，而合同的解释既包括文义的解释，又包括文本没有内容的补充，这就涉及对法律的应用，而法律的应用既包括对法条本身的适用，也需要考虑法律的解释理论，还要考虑司法实践的裁判规则和评价标准，这就要求履约管理有司法实践的法律专业人员的参与。合同履行中涉及造价、质量等专业问题，也需要相关的专业人员参与，而项目本身无法保证有如此专业的人员蹲守项目工地，即使是施工企业也难以保证，必然需要通过和外部如律师事务所的合作来实现，所以需要建立相应的合作和具体衔接的体系。

以和律师的衔接为例，很多施工企业会有自己的法律顾问，在发生争议时往往咨询法律顾问，这时已经不是履约管理的问题，属于争议处理的阶段，这时律师的介入已经不是通过履约管理预防纠纷的发生，而是如何介入进行争议处理的问题。因为承包人本身工作的特性，很难把握履约意识和争议解决意识的统一，对日常发生的事件也只会按照固有的思维模式进行处理，如合同约定承包人应当在每月进行一次进度款申请，并提交相应的进度资料，而现实中承包人提交的资料监理人并不予签字确认，有时甚至不予接收，久而久之承包人也不再提交相应的资料，而是直接给发包人代表打电话或当面沟通支付工程进度款的问题。如果不能够实现，则通过各种关系协调等方式解决，如果发包人一直不给，承包人只能消极怠工，甚至以停工的方式对抗，在此过程中发包人属于违约的一方，承包人本身属于守约的一方，但因为承包人处理方式不当，导致承包人也成为违约一方，需要为造成的工期延误承担赔偿责任，如果发包人因此解除合同，承包人应当承担进一步的赔偿责任。承包人的工作人员在此过程中并不会认识到问题的严重性，只是以传统的善意思维模式来解决问题，我们所说的协作机制需要解决的不但是有问题能找到律师，而且是知道什么情况下找律师。5.2 行为篇即是让管理者明白具体某一个行为如何实施，而应对篇则是告知项目管理者在各种情况下应当采取的应对措施，对本章没有的应对措施和应对措施难以满足需要的，则需要启动外协律师参与，而不再需要管理人员进行判断分拣。

5.1.3.3　确定履约管理的流程

履约管理涉及的人员并非一个合同管理员能够解决，需要不同人员的参与，这就需要确定履约管理的流程问题。一般情况下的流程包括任务分配、合同交底、资料收付、审批监督、外协启动、合同评价。任务分配是对合同履约管理的责任人进行分工，确定相关人员的责任，一般包括施工员、质检员、预算员、安全员、资料员、材料员、机管员，将可能涉及的各个合同权利义务进行分解；合同交底是在项目经理、项目律师参与的情况下对合同内容进行解读、分析和分配的过程，交底的目的是让合同的参与各方熟知合同的约定内容，并明确自己应当实施的行为和行为标准。合同交底应当进行记录，并将记录内容交由参加人签字。资料收付对履约管理来说主要是针对与发包人、监理人的资料或文件的往来进行管理，与审批监督直接联系，使收到的文件资料能够及时分发，交付的文件经过审批，保证资料得到无遗漏的有效处理；外协启动是对项目内部资源无法解决的问题申请外部资源协作完成的环节，包括资金、技术、鉴定、纠纷协调等事宜。合同评价是在合同履行过程中特别是合同履行完毕后，对合同签订、履行中存在的问题进行总结，对后续合同管理制度进行修订的环节。流程的确定需要考虑项目的特征和企业的实际情况，进行综合评价后确定。

5.1.3.4　律师的选用模式

关于承包人企业、项目和律师的关系问题，一般存在四种模式：第一种是承包人本身没有专门的顾问律师，在需要时委托律师参与；第二种是企业有合作的顾问律师，即常年的法律顾问，在需要时可以随时联系律师进行咨询，可以服务于各个项目；第三种是企业本身就有专职律师，常年在企业坐班，能够保证企业和项目的需要，随时委派到相应的工作环境蹲守处理相应的法律问题；第四种是每个项目均有合作的律师，随时可以为项目进行服务。第一种模式的优点是成本最低，适宜于小微企业或者包工头，但风险也最大，本身小微企业缺乏抗风险能力，如果无律师在过程中参与，其无法对风险进行识别，无法解决履约管理的风险预防，即使在后期有律师参与，也会因为无法熟知企业和项目的基本情况，导致处理方式不能使承包人利益最大化。第二种模式是现在最多的一种模式，成本也相对适宜，但顾问律师属于被动服务，无须对项目进行跟踪和承担责任，所以既无法及时发现履约中的风险，也缺乏对项目负责的基础和要求，难以有效预防项目的风险。第三种模式对企业和项目而言服务效果相对是最好的，但成本是最高的，很多企业难以保证，而且律师本身的优势是专业且独立思考和分析，公司制律师虽然能够保证专业，但无法保证思维的独立，会受到部门利益、领导意愿、同事利害等因素影响，委托人利益至上的目标难以实现。第四种模式对项目的风险防控无疑是最好的，能够让律师及时主动地防范项目风险，但很明显律师参与到项目日常工作中的成本非常高，如果选择胜任的专业律师则成本更高，很多项目或者企业难以承受如此高的成本。另外，专业性强且能够胜任的律师也很难保证在项目上经常驻留，于是就会由年轻而缺乏专业能力的律师来替代，从而导致风控效果的降低。

是否能够考虑采取一种模式，既能够让律师有效服务于项目，又能保证服务律师的专业能力能够胜任，而且律师还有责任心和主动性呢？笔者对此经过长时间的实践和摸索，推荐一种合作摸索，把这种摸索叫作二分六动法，包括"二分"和"六动"两个部分：二分就是把履约管理的防控任务分为项目管理者和项目律师两大部分，管理者承担日常施工工作和已经熟知的应对工作，对日常和熟知部分之外的事项以通知律师主导的方式解决。六动即律师的收入和项目的成果相挂钩，律师工作模式实施六项主动行为，首先，项目律师主动参与合同交底，进行责任分配，根据既定节点进行主动检查，根据既定时间周期进行定期主动检查；其次，无论是日常和熟知之内还是之外的事项，涉及的全部档案需要扫描一份电子档交付律师，以便律师随时主动检查监督、发现并提出处理意见；最后，项目律师根据履约情况进行主动汇总评价和制度修订，以便更好地服务于其他项目工程。图5-1是二分六动法的结构，便于对该合作摸索的理解。

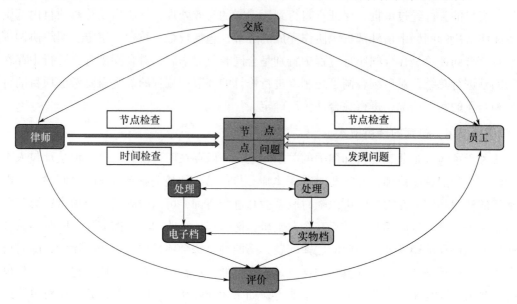

图 5-1　二分六动图的结构

二分六动法下的合作模式具有如下优势：首先，律师服务具有主动性。该模式下律师和项目绑定在一起，一损俱损一荣俱荣，律师的收入和项目合同价之外的收入挂钩，不但对律师具有责任要求，也有激励动力。其次，该模式下律师需要主动从六个方面对项目进行服务，从而能够融入项目的管理过程中，有利于保证履约管理的效果。再次，因为律师不需要向其他模式的项目律师一样需要经常蹲守在项目地点，这样才有能够选择可以胜任的专业律师的可能，使风险防控具备了人员的基础。最后，最大的好处是成本低，律师的最大成本是时间成本，因为律师不需要蹲守施工现场，这样能够以较低的成本实现履约管理，而且因为律师的大部分收入来源于合同价之外，所以律师的收入不是项目的固有成本，而是利润的分成，对项目单位来说属于共赢的结果。

5.1.4　履约管理的结构安排

履约管理一共分为三个部分：第一部分是概述。第二部分是行为篇。该部分是讲述履约过程中各种行为的标准及注意事项，行为都是按照大类汇总的，在每一类内容下又分为不同的具体行为，主要起到对行为的规范和指导作用，其标准的设立也是围绕可能引发争议的风控标准进行的应对和准备。第三部分是内控。内控是承包人为了保证施工合同的履行，需要在内部采取的控制措施，其中包括对内部经营模式的管理，还包括对承包工程的分包管理。内控是施工合同履行的重要内容，如内部承包模式为广大施工企业所采用，但内部承包和转包的区别在哪里？内部承包的风险如何防范？这些内容将在内控部分逐一讲述。

5.2 行为篇

5.2.1 通知

5.2.1.1 基本内容

通知是指承包人向发包人告知特定事项的文件。本章所指通知包括承包人向发包人委托的监理人发出的文件。施工合同实施过程中，承包人应实施的通知行为是最多的一种行为，从扩大解释的角度来说，申请、建议、解除等都属于通知的类型之一。为了便于了解和记忆，需要进行必要的分类，对《建设工程施工合同（示范文本）》（GF-2017-0201）所明确的通知和传统意义上的通知归类到本篇，其他有特定意义和要求的独立分类。即便如此，因为通知的一般性功能，所以其他类型的告知性文件仍可以参考此处关于通知的内容。

5.2.1.2 通知的方式

通知可以采用口头通知、书面通知、网上通知等方式，但因为通知的行为需要保存证据，所以需要以能够留存证据的方式进行通知，一般不采用口头通知的方式。现就具体的通知方式罗列如下：

（1）邮寄通知。邮寄通知是通知中最为正式的一种通知，证明效力基本属于最高的级别，但并非所有的通知内容只要采取邮寄方式就可以，还有许多注意事项。

（2）快递机构。邮寄通知最好采用中国邮政 EMS 进行邮寄，因为中国邮政是法院系统文书送达的专门邮寄方式，所以中国邮政 EMS 无论是操作规范性还是可信度都是最高的。当然我们并不是说其他快递公司不负责任，主要是从司法实践的角度建议选择的方式。

（3）品名填写。采用邮寄通知时，在填写快递单时，应当在快递"内件品名"处如实填写通知名称，如"催款通知"等，邮政工作人员揽收时，还会查验填写的"内件品名"和验证实际邮寄材料。如果后期发生纠纷，可以以此作为基本证据，收件人对邮寄内容和填写的品名的一致性存在异议时，需要进行举证。

5.2.1.3 收件人填写

收件人应当是发包人与承包人签订建设工程施工合同或者补充协议确定的联系人，没有联系人的，收件人应当是发包人的法定代表人。该法定代表人可以通过市场监督管理部门在信用信息网进行查询，查询网址为 http：//www.gsxt.gov.cn。收件人单位应当是发包人全称，收件人地址应当是发包人在合同中约定的联系地址。合同中没有发包人的联系地址的，应当是信用信息网发包人公示的住所地。发包人的电话同样按照合同约定，没有约定的按公示电话，没有公示电话的可以按发包人网站公示的电话进行填写。知道发包人的联系人本人电话的，可以将该电话作为收件人电话进行填写。

5.2.1.4 寄件人填写

首先选择合同中约定的承包人联系人为寄件人，没有约定联系人的可以是承包人的法定代表人。承包人不愿意填写法定代表人的，可以填写承包人实际从事相关工作的工作人员。如果承包人担心邮寄件被发包人拒收，可以发包人不知道的职工或者代理人为寄件人邮寄，邮寄人的地址和电话只要能够保证被接听和收到邮寄资料即可，可以是承包人的登记地址，也可以是实际联系地址，还可以是其他地址。寄件人是法定代表人和合同约定的联系人之外的人的，应当签订一份授权委托书。委托授权的内容为代为邮寄快递，特别注意授权委托书委托人和受托人均应当签字盖章，并留存受托人的身份证复印件。该目的主要是预防日后因寄件人的代理权发生争议时，代理人无法联系或者无法出庭作证等情形的出现。

5.2.1.5 交邮

交邮是为了防止后期因实际交邮资料的内容发生争议，在交寄时，承包人应当将所交邮的文件、快递单号、快递袋一并拍照留存。对特别重要的文件交邮的，可以委托公证处办理送达公证，该公证的目的也是证明向发包人邮寄的资料内容，只是其证明效力要高于直接邮寄的效力。

5.2.1.6 存档

邮寄通知需要留存的档案包括：

（1）交邮的文件资料，承包人应当留存一份以上同样的文件原件，以备在诉讼中进行提交。

（2）邮寄结果查询单，交邮后一般在三天左右即可以将通知送达发包人，承包人可以根据快递单号登录快递公司的查询系统查询快递邮寄和收取的详细信息。承包人应当将该信息截屏，并将截屏的送达信息打印备查。

（3）发票：承包人交邮需要向快递公司付费，在付费后应当索要发票且一并存档。发票需要作为财务凭证的，可以复印并标记财务凭证号单独存档。如果快递费是通过非现金支付的，可以将快递费支付方式打印存档。

5.2.1.7 电邮通知

电邮即电子邮件，是利用互联网以电子信息交换的通信方式，将电子信息从承包人的电子邮箱送达发包人电子邮箱的通知方式。电子邮寄的价格非常低廉，而且可以非常快速的方式在几秒钟之内送达世界上任何一个角落的网络用户。即便如此，电邮送达仍然有其自己的特点，具体应用注意事项有：

（1）承包人发送电子邮件的邮箱应当是在合同中约定使用的邮箱。如果无法使用该邮箱或者没有约定，应当将邮箱或者变更邮箱书面通知发包人。

（2）发包人收件的邮箱，应当是合同中约定的收件的电子邮箱。没有在合同中及其他补充协议中约定电子邮箱的，则不建议使用电子邮箱发送。必须使用该方式发送的，可以通过发包人信用信息系统查询发包人是否有公开的邮箱号，如果有，则应当首先对该公示信息进行截屏，必要时委托公证处办理公证的证据保全，然后再通过邮件发送。双方在业务往来中发包人代表的名片、网站公开使用的单位统一邮箱也可以作为收件邮箱，但应当以适当的方式提示对方发送邮件的情况，如微信提示、短信提示等。

（3）邮件发送时应当有明确的标题，如"催款通知书"；邮件应该有收件人和发件人名称，发件人既包括发件的具体工作人员和其联系方式，也应当明确发件人是承包人，对具体文件可以或尽可能使用附件发送，以维持发送文件的整体性和严肃性。

（4）邮件作为通知的证据载体，需要注意对邮件的保存，防止邮件的删除或丢失，特别注意更换邮箱、邮箱注册的手机变更、邮箱容量变化等可能导致邮件丢失的情形，还有邮件发送的附件容量过大可能需要通过第三方系统。该第三方系统可能超过一定期限失效，则无法完整呈现证据，必要时应当由专业技术人员进行备份或者其他技术处理，但技术处理应当保证邮件的原始属性，一旦发生无法证明原始性的情况时，证据效力会大大降低。

5.2.1.8 直接交付通知

直接交付通知是承包人将需要向发包人通知的书面文件直接向发包人代表人或者代理人交付的方式通知。该通知方式是使用最多的方式，无论通知成本还是接受度，直接交付都能为双方所接受，但发包人一方在合同交易的整个过程中处于优势地位，其出于接受文件需要承担责任的考虑，发包人代表往往拒绝在接收文件上签字，甚至承包人也缺乏要求发包人代表签字的意识，使该通知方式成为缺陷最大的通知方式。对直接交付通知的使用，应当注意如下问题：

（1）交付对象应当是发包人的授权代表，作为发包人的授权代表，其应当是合同中约定的发包人的代表人或者代理人。该授权也可以是合同之外的补充协议授权或者单独授权，授权中应当有代发包人收取文件资料的权利内容。当然交付对象是发包人法定代表人的，因为法定代表人在公司公示的信息中即可以确定其身份和权利，则不需要特别的授权。不得向无权接收的交付对象交付。承包人应当备存有交付对象的身份信息和签字存根。

（2）在向交付对象交付通知文件时，承包人应当同时备有签字的交接凭证，以便于签字的目的实现。交接凭证应当有如下内容：

① 交接双方当事人即承包人和发包人的名称；

② 交接的文件名称、数量；

③ 交件人和接件人姓名；

④ 交接时间；

⑤ 其他需要明确的内容。

（3）承包人在将文件直接交付发包人授权代表后，应将交付文件相同的文件原件一份以上与授权代表签字的交接凭证存档备查，并在必要时和授权代表的留存签字存根核对。

上述通知方式首选直接交付通知，其证据效力最高，成本较低；电子邮件交付通知适合电子版材料往来量大的，但该通知以收件人邮箱已经被确认为前提；邮寄通知属于比较严肃和正规的一种通知方式，便于引起收件人的重视，但是也容易激化双方关系，所以需要审慎对待。在实际中可以由承包人企业的相关管理部门实施邮寄送达，这样承包人项目管理人员可以以公司管理需要为由推脱，一旦管理部门邮寄送达被相对人接受，也能保证送达的严肃性。对发包人人去楼空或者跑路的，可以通过邮寄到发包人住所地、项目所在地、经常性经营所在地方式通知，也可以采取在该处张贴通知拍照的方式通知。

5.2.2　签证

5.2.2.1　基本内容

根据《建设工程工程量清单计价规范》（GB 50500—2013）2.0.24 规定，现场签证是发包人现场代表（或其授权的监理人、工程造价咨询人）与承包人现场代表就施工过程中涉及的责任事件所做的签认证明。我们可以将现场实施的签认称为签证，将现场外双方形成的合意称为补充协议。签证既包括双方签订的签证单，也包括签认签认单的整个过程的行为。本书的签证主要是指签证行为，用以指引实施签证的行为。

5.2.2.2　签证的作用

根据《最高人民法院关于审理建设工程施工合同纠纷案件适用法律问题的解释（一）》（法释〔2020〕25 号）第十条的规定，当事人约定顺延工期应当经发包人或者监理人签证等方式确认，承包人虽未取得工期顺延的确认，但能够证明在合同约定的期限内向发包人或者监理人申请过工期顺延且顺延事由符合合同约定，承包人以此为由主张工期顺延的，人民法院应予支持。第二十条规定，当事人对工程量有争议的，按照施工过程中形成的签证等书面文件确认。承包人能够证明发包人同意其施工，但未能提供签证文件证明工程量发生的，可以按照当事人提供的其他证据确认实际发生的工程量。再结合《建设工程工程量清单计价规范》（GB 50500—2013）2.0.24 的规定，签证是用以证明工期、工程量变更及责任问题的证明性文件。该证明文件是现场发承包双方签订的补充协议。签证具有两个方面的性质，包括事实确认行为和法律处分行为。之所以对签证进行细分，是因为涉及签字主体未经授权的法律效力问题，如发包人委托的监理人有权代表发包人对工程施工相关事项进行检查、查验、审核、验收，但无权修改合同，也无权减轻或免除合同约定的承包人的责任与义务。在实际施工过程中，承包人向监理人报送增加施工的工程量、增加工程量的计算方法和应增加的工程款的签证单，监理人经过核实后进行确认，后期承包人和发包人对该部分工程款发生争议时，就需要根据签证的性质进行划分。对监理人确认的工程量属于授权范围，该确认属于对增加施工工程量的事实行为的确认，至于该部分工程是否应当实施，以及该部分工程量的对应工程款的数额，则需要双方结合其他证据进行认定。这就是对签证划分的必要性体现。

汇总上述意见，签证的作用就是取得承包人获得工程款、赔偿款或者免除违约责任的证据，这也是承包人实施签证的根本目的。

5.2.2.3 签证的形式

签证的形式问题是说签证内容将通过什么样的载体显示和保存的问题。一般情况下签证采用的是"签证单"或者"签证申请单",现实中还有"工作联系单""工程量确认单""设计变更单""工程确认单"等多种形式的文件。这些文件能否作为签证进行应用呢?主要是根据这些文件所具有的本质内容来确定,也就是实质重于形式。如果这些文件能够具有签证的内容,并被发包人所确认,则可被认定为签证,否则即使叫作签证单,仍然不能产生签证的效果。《最高人民法院关于审理建设工程施工合同纠纷案件适用法律问题的解释(一)》(法释〔2020〕25号)第十条和二十条的内容也规定,工期顺延、工程量变更需要的是发包人以签证等方式进行的确认,并非将签证作为唯一的形式。

5.2.2.4 签证事项

签证事项是说哪些情形可以适用签证,根据《建设工程工程量清单计价规范》(GB 50500—2013)的规定,签证事项包括发包人要求完成合同以外的零星项目、发包人要求承包人实施的非承包人责任的工作、计日工项目、工程合同内容与场地条件、地质水文、发包人要求等不一致时,应当进行签证。上述签证的内容均是属于合同外或合同未确定的事项,并非仅指该类内容。如单价合同双方发生争议,合同内的工程量及合同外的工程量均属于应当签证的范围,具体包括:

(1)发生设计变更。

(2)发包人违约给承包人造成的费用增加或工期顺延。

(3)发包人要承包人完成合同规定以外的施工内容。

(4)因异常恶劣气候条件、不利物质条件、不可抗力、政府行为、法律变化等因素造成工程费用增加或工期顺延的。

(5)因市场变化引起价格调整的。

(6)因设计、勘测、监理人等非承包人责任引起的工程费用增加或工期顺延的。

(7)发包人要求赶工、变更合同工艺、合同工法等工程费用增加或工期顺延的。

(8)其他产生承包人权利义务变更和确认的事项。

5.2.2.5 签证的实施

1. 启动签证

签证事项在何时启动,涉及对签证用途的进一步分析。签证的作用就是取得承包人获得工程款、赔偿款或者免除违约责任的证据,那这个依据在现实中是在哪一个环节形成,与其他环节的关系是怎么样的呢?根据《建设工程价款结算暂行办法》的规定,工程价款结算应按合同约定办理,合同未作约定或约定不明的,发承包双方应依照法律合同、补充协议、变更签证和现场签证等进行处理,也就是说签证最终的使用是在工程款的计算环节。《建设工程价款结算暂行办法》还规定,发包人要求承包人完成合同以外零星项目,承包人应在接受发包人要求的7天内就用工数量和单价、机械台班数量和单价、使用材料和金额等向发包人提出施工签证,在发包人签证后施工。发包人未签证，在承包人施工后产生争议的，责任由承包人自负。也就是说合同外增量工程的签证是在发包人提出工程增加施工量后 7 天内提出，在施工后发生争议的，承包人不能提供发包人认可的签证的证据，由承包人承担责任，也可以推定承包人应当在变更工程开始前或进行中完成签证。

再看签证和索赔的关系，还是以发包人要求增加工程量为例，发包人提出增加工程量的要求后，如果就承包人提出的工程增加的数量、价款进行签认并签署了签证单，此时双方等于就工程量增加事宜达成一致意见，则不再需要进行索赔。如果承包人提出工程量增加的签证，发包人对因此增加的工程款或顺延工期的要求不予认可，或者虽然没有提出异议但不予签证，此时如果承包人已经开始对增量工程进行施工，或者承包人应当进行施工，发包人不予签证的行为会导致承包人无法获得相应的工程款和工期顺延的证据，会形成承包人的实际损失，就有必要启动索赔程序。根据《建设工程施工合同（示范文本）》（GF-2017-0201）关于索赔的规定，承包人应在知道或应当知道索赔事件发生后 28 天内，向监理人递交索赔意向通知书，并说明发生索赔事件的事由；承包人未在前述 28 天内发出索赔意向通知书的，丧失要求追加付款和（或）延长工期的权利。所以承包人必须在 28 天内启动索赔，否则就丧失索赔权利，如无法完成，应当启动索赔程序。

汇总上述意见，签证的开始时间是承包人认为有权得到追加付款和（或）延长工期的，而该认为不是承包人自由决定的，而是应当认识到的时间，也就是承包人知道或应当知道有权获得付款和（或）延长工期的权利时，如因发包人违约，签证开始时间是发包人违约行为发生之时。签证应当及时进行，最晚应当在 7 日内将签证交付发包人代表，并确保在 28 日内取得经发包人确认的签证。

对计日工及其他持续性的签证事项，除在 7 日内提交签证外，根据合同约定按月进行进度款申报的，在申报进度款时一并提交签证，合同未约定按月支付进度款的，则应当按照约定的进度款支付时间提交签证。约定的进度款支付时间超过一个月且难以保证签证顺利完成的，仍应当在持续期间按月对之前的签证事项提交签证单。

2. 签证单的内容

《建设工程价款结算暂行办法》第十五条规定，发包人和承包人要加强施工现场的造价控制，及时对工程合同外的事项如实纪录并履行书面手续。结合《建设工程工程量清单计价规范》（GB 50500—2013）的规定，签证单应当具有如下内容：

（1）具有签证单或者类似标题；

（2）发包人和承包人全称及具体项目工程名称；

（3）引发签证事项发生的时间、地点、原因等具体情形及过程；

（4）签证事项对承包人实际产生的费用和工期的具体影响；

（5）确认应当向承包人支付的费用数额和工期的调整；

（6）向承包人支付费用的时间；

（7）发承包双方授权代表对签证单的签署字样；

（8）双方签署签证单的时间；

（9）签证事项应当或双方认为具有的其他内容。

在签证单的内容中，本书第 5 章 5.2.5 和 5.2.7 是核心内容，也是签证追求的根本目标，应首先保证这两项内容的完备。实践中承包人最容易忽视的是本书第 5 章 5.2.8 签证时间的填写，很多时候受承包人在合同中的话语权影响，为了控制发包人签证时间的填写，承包人在提交签证时没有填写日期，而签证上承包人签署的时间是证明承包人要求付款或者工期延期的基础证据，也是后期主张利息、时效的关键证据，所以提交的签证必须签署时间，可以在签证单上预设两个签字和签署时间的位置，两个时间各记录己方签署时间，没有必要要求签署时间必须一致，以消除承包人对签署时间的担心。

5.2.2.6　签证单的交付

完成签证单制作后，除了向发包人提交签证单外，还需要保证对提交这一事实有相应的证据，提交应当按照第 5 章中 5.2 行为篇中"5.2.1 通知"中的内容规定的方式和交付对象进行提交。

5.2.2.7　签证单的签认

签证单的签证人应当是合同中约定的发包人代表或监理人，应当查看合同和其他文件，确认监理人是否有权对签证单涉及的内容进行签证，以保证签证单的法律效力。如果无法获取授权代表的签署，可以退一步要求发包人其他人员进行签署，只是事后需要取得签字人有权代表发包人签字的授权或者其他证明。签字人没有取得相应授权，但发包人加盖公司印章予以确认的，也可以视为对签字人的授权。

5.2.2.8　签证救济

签证具有很强的时效性。发包人未能及时取得签证，但事后发包人补签的，也可以产生现场签证的效果。补签的签证单可以填写应当签证时的时间，也可以填写签证当时的时间，只要能够真实反映签证单的内容即可。

5.2.3　索赔

5.2.3.1　基本内容

索赔是指在工程合同履行过程中，合同当事人一方因非己方的原因而遭受损失，按合同约定或法律法规规定承担责任，从而向对方提出补偿的要求。签证和索赔其实都是一个共同的目标，就是实现补偿的目的，所依据的基础也是一样的，不同的是签证是就补偿事项由双方协商并确定补偿结果的过程，补偿的结果最终以签证单的形式得到落实。索赔是补偿事项在短时间内无法完成协商的结果，或者预判难以实现补偿的协商确定，单方向对方提出索赔的意思表示。再通俗点说，签证是得到一个补偿的结果，索赔是要求补偿的一个通知。如果承包人提出签证的意思，而发包人没有同意，或者最终没有形成签证的结果，这时签证的提出也就成为一个索赔。从证据角度说，签证的结果是签证单，索赔的结果是通知发包人索赔的通知和通知交付的证据。

5.2.3.2　索赔事项

索赔事项和签证事项相同，具体内容查看第5章中5.2行为篇中"5.2.2签证"中的第4"签证事项"。两种事项是否一致在理论和司法实践中都存在一定的争议，但从操作层面而言，按照这一方法去理解和操作，能够有利于承包人目的的实现，而且不会导致权利的丧失，所以在此基础上可以不必在两者的区分上过分地争辩。

5.2.3.3　索赔的启动

索赔的启动是从知道或者应当知道索赔事项发生时起。知道是承包人及其工作人员主观上已经具体知道，应当知道是发包人及之外的第三方依据惯常的判断标准能够已经知道。例如发生4级地震事项引起索赔，承包人坚持说地震当时不知道地震事项，只是在一个月后地震局的文件中才看到，这时地震事项的索赔是从地震时开始启动，还是从承包人认可知道的一个月后呢？这就要看地震时承包人所处的地理位置和当时的信息公布情况。如果项目工程和地震均在国外，承包人因项目工程中止合同履行而暂时性撤场，一般情况下承包人难以及时知道地震发生，这时就应认定地震的启动时间是承包人认可的一个月后。反之，如果项目正在施工，承包人在项目工地有大量的管理人员，而且项目工地在震中，震感比较强烈，电视、广播、自媒体等进行了大量的宣传报道，承包人不可能不知道地震的发生，所以地震索赔的启动应当在地震当时。

5.2.3.4　索赔的实施

根据《建设工程施工合同（示范文本）》（GF-2017-0201）通用合同条款的规定，承包人应在知道或应当知道索赔事件发生后28天内，向监理人递交索赔意向通知书，并说明发生索赔事件的事由；承包人未在前述28天内发出索赔意向通知书的，丧失要求追加付款和（或）延长工期的权利；承包人应在发出索赔意向通知书后28天内，向监理人正式递交索赔报告；索赔报告应详细说明索赔理由，以及要求追加的付款金额和（或）延长的工期，并附必要的记录和证明材料；索赔事件具有持续影响的，承包人应按合理时间间隔继续递交延续索赔通知，说明持续影响的实际情况和记录，列出累计的追加付款金额和（或）工期延长天数；在索赔事件影响结束后28天内，承包人应向监理人递交最终索赔报告，说明最终要求索赔的追加付款金额和（或）延长的工期，并附必要的记录和证明材料。

古希腊有一句谚语即"法律不保护躺在权利上睡觉的人"。这句话的意思是权利人必须及时行使自己的权利，避免长期躺在权利的温床上任性而为，以期保护交易安全。例如，张三购买了李四的房产，但客观上这个房子有王五的份额，如果法律不规定王五对张三购买行为提出异议的时效，张三购买房子就会很不踏实，不知道是否会有人在多年以后提出异议。张三不敢对房子进行装修，不敢利用房子来养老，银行不敢给张三购买的房子提供贷款，甚至张三的女朋友不敢基于房产信赖去结婚，因此，张三购买房子的不确定因素会对社会造成一定的影响。为了保证交易的稳定性和安全性，对权利人的行为必须限定时间。28天是建设工程索赔的时效，所以在索赔事项启动的时刻开始，承包人应当首先完成索赔行为。索赔行为实施的内容需要具备两个条件，即向发包人交付了《索赔意向书》并留存有交付发包人的证据，其二是上述行为在 28 天内完成。《索赔意向书》是因为索赔事项发生后 28 天内很难完成完整的索赔材料准备，有可能索赔的事项尚未发生完毕，所以首先需要提起一个倾向性的意见，其形式就是《索赔意向书》。《索赔报告》是针对索赔事项提出的具体意见和要求，时间是《索赔意向书》发出后的 28 天内。如果承包人在索赔事项发生后 28 天内能够完成《索赔报告》，其是否可以不经过《索赔意向书》直接向发包人提交《索赔报告》，答案是肯定的，因为《索赔意向书》本身就是临时性的，其目的是提出意向后有时间完成正式的《索赔报告》，所以不是说必须经过"二级跳"，"二级跳"本身是为了解决"一级跳"无法完成的问题。

索赔事件具有持续影响，是指索赔事项并不是短时间内结束的，而是一直处于持续性的状态，导致《索赔报告》的补偿要求无法直接确定，必须等到索赔事项结束后才能汇总。例如发包人迟延向承包人交付施工图纸，承包人无法预知发包人会在什么时间交付图纸，造成部分工程无法正常施工，因为停工持续不断的状态，承包人就需要首先递交《索赔意向书》后，在继续停工的期间继续递交延续索赔的通知。关于延续索赔通知的递交期限，《建设工程施工合同（示范文本）》（GF-2017-0201）通用条款并没有具体规定，客观上也没有规定，实质上把握的标准主要看两个方面：一是时间。持续时间超过一个月的，以月为单位通知；持续时间跨年度以上的，则需要将通知频率缩减到一季度或者半年一次。二是变化因素。变化是指引起索赔补偿非时间因素的变量，如基本在第一个月的费用损失是一个恒定的数量，突然在第二个月的某一天发生较大的变化，导致索赔费用增长了一倍，此时就应该及时通知发包人变化情况，以便发包人对此进行预知和预判。

5.2.3.5 索赔内容

（1）索赔意向书。《索赔意向书》应当具有如下事项：

索赔意向书字样的标题；

索赔意向书编号；

发承包双方全称；

所属的项目工程名称；

发生索赔事项的简要情况；

索赔事项对承包人产生的影响；

承包人需要索赔的意思表示；

承包人签章；

承包人签署《索赔意向书》的时间。

（2）索赔报告。《索赔报告》应当包括如下事项：

索赔报告字样的标题；

索赔报告编号；

发承包双方全称；

所属的项目工程名称；

发生索赔事项的简要情况；

索赔事项对承包人产生的影响程度；

承包人要求追加的款项数额；

承包人要求延长的工期；

承包人签章；

承包人签署《索赔意向书》的时间。

（3）《索赔报告》的附件。《索赔报告》的附件是证明索赔要求的依据，包括承包人搜集的证明材料和现场形成的记录。证明材料包括三个方面：一是索赔事项发生及其发生程度的证明。如现场发生地震，可以提供地震部门出具的地震证明文件或具有影响力的官方网站公开的信息内容，还有现场情况的照片。二是索赔事项对承包人实际造成影响的证明，如地震导致墙体开裂，可以提供现场照片、承包人和监理人共同进行现场确认的会议纪要。三是承包人损失的证明，如承包人现场吊车是租赁来的，需提供租赁合同及租赁付款发票、用以证明吊车在停工期间的每日损失依据。记录是对现场情况的记录。记录的内容既包括索赔事项的记录，也包括影响情况的记录。记录应当有记录人签字，记录的内容应当包括时间、地点、记录的具体情况。如承包人的铲车全部停工无法施工，现场工人有 20 人无法施工，这一类证明可以提供出勤记录、工作日志等。

注意上述材料应提交复印件，原件应当由承包人保存，用于发生纠纷时。在此期间发包人和监理人有权对该材料原件进行核对，但不能脱离承包人的控制，以防发生争议时承包人无法提供索赔证据。

5.2.3.6　延续索赔通知

《延续索赔通知》实际上是一个阶段性的《索赔报告》，适用于持续性的索赔事项。不同的是，一般性的《索赔报告》是针对一个索赔事项的完整性索赔要求，《延续索赔通知》则是对索赔事项某一个时间段的索赔，所以应当明确索赔的时间区间，同时在之后的《延续索赔通知》可以对之前的索赔通知进行修正。

5.2.3.7　最终索赔报告

《最终索赔报告》仍然是一个《索赔报告》，和《延续索赔通知》一样适用于持续性的索赔事项中。《最终索赔报告》是汇总之前的《索赔意向书》和《延续索赔通知》的内容，当然也可以对之前的索赔事项进行修正，但是双方在此之前已经完成确认的索赔中约定不得调整的除外。

5.2.3.8　索赔资料的交付

索赔资料向发包人或者监理人递交时，除了实际递交外，还需要保证对递交这一事实有相应的证据能够证实，应当按照第 5 章中 5.2 行为篇中"5.2.1 通知"内容规定的方式和交付对象进行提交。

5.2.4　签约

5.2.4.1　基本内容

签约即合同的签订，本章所说的签约是在建设工程施工合同签订以后双方对合同达成的新的协议，包括合同变更、合同终止，因为本章的内容是履约管理，所以内容是解决什么时候应该签约、签什么内容、怎么签三个方面的内容。

5.2.4.2　签约的目的

在建设工程施工合同签订以后说签约，我们更习惯叫作补充协议。虽然叫补充协议，但并不仅仅是对合同本身内容的完善，还包括对合同的变更。签订补充协议的目的是明确发承包双方对权利义务内容的新约定，在双方发生纠纷时有证据证明约定的存在。例如，双方在合同履行过程中变更了工程的施工工艺，根据原建设工程施工合同的约定，工程的每立方米的施工单价为1000元，施工工艺变更后每立方米1300元，在合同最终进行结算时因为工程款发生争议，双方无法协议一致而形成诉讼，诉讼中承包人提出按照每立方米1300元结算，发包人提出按1000元结算。如果承包人能够提供双方工艺变更的并增加工程款为1300元的约定证据，则可以按照1300元的单价进行结算，否则只能按照发包人认可的1000元进行结算。所以，签约是承包人获取证据的过程。

5.2.4.3　签约的时间

在建设工程施工合同纠纷中，承包人的主要权利是获得工程款，这也是承包人签订合同的根本目的。在合同履行过程中，发生任何增加确认承包人权利的事项时，承包人应当主动完成签约事项。比如合同履行过程中发生设计变更，此时作为承包人需要解决三个方面的问题：一是承包人在后期按变更后的设计实施的施工行为是发包人的要求，而非承包人单方变更施工，不按图施工属于违约行为；二是变更部分的工程款是多少或者按何种具体的方式确定；三是设计引起的工程款变更部分在何时支付。作为承包人，不能将权利的实现依赖于发包人将来不会说谎或发包人所有工作人员都有很好的信誉度或发包人愿意积极主动来帮助承包人实现权利，承包人只能把这个权利掌握在自己手中，这就需要其在上述可能增加或确认权利事项发生时第一时间完成签约。

5.2.4.4　签约事项

发包人增加或变更工程量；

发包人改变施工要求引起或可能引起工程款变化的；

发包人违约行为给承包人造成的费用增加或工期顺延；

因第三方引起但发包人应当对承包人进行赔偿或者顺延工期的；

因异常恶劣气候条件、不利物质条件、不可抗力、政府行为、法律变化等因素造成工程费用增加或工期顺延的；

因其他原因需要变更工程款或工期的；

合同约定的工程量、工程款、工期及其变更确认的。

5.2.4.5 签约实现

签约本身会导致发包人的义务确认或者增加，所以在很大程度上发包人包括监理人会形成阻力，就像我们日常管理中让债务人出具欠条，债务人担心出具欠条以后不还款就会被起诉，而且一旦打官司就会因为出具了欠条会输，所以债务人一般拒绝出具欠条。签约应该在签约事实发生的第一时间完成，针对不同的签约事项，可以采取不同的方法争取第一时间实现签约：

（1）发包人的要求导致工程款或者工期发生变更的。

此类情况下，应当在发包人要求时就立即启动签约谈判，内容包括发包人要求的具体内容是什么？发包人要求工程价款和工期会产生哪些影响？发包人的要求和承包人的利益如何实现和保护？双方应该在商谈过程中对这些问题以书面形式确定下来，并由双方代表人签章。

（2）因第三方、环境因素等导致工程款或者工期发生变更的。

此类情况发生以后承包人应当按照签证和索赔的程序与发包人协商，双方就此达成一致意见，可以补充协议的形式实现。

（3）合同约定的工程量、工程款、工期及其变更的确认。

合同约定的工程量、工程款、工期及其变更的确认，一般情况下属于对事实的确认，但如果以补充协议的形式进行确认，则不仅仅是事实的简单确认，而是发承包人双方对结果的确认。两者的区别是，事实确认属于事实行为，后期如果认定确认的结果有错，则可以要求重新确认，而结果确认属于法律行为，后期如果认为前期确认的结果有错误，确认差额部分则属于对差额的权利义务的变更，是当事人处分权利的行为，不得要求进行调整。确认的最大好处是承包人无须再承担举证的责任。如工程结算就是最典型的确认，工程没有最终结算，承包人就无法主张具体的工程款，工程款的及时确认特别是以协议的方式确认有利于承包人的权利实现。

5.2.4.6 签约内容

签约内容可以理解为合同的内容，一般情况下应当包括如下事项：

补充协议或者协议字样的标题；

发承包当事人全称；

项目工程全称；

引起变更或者确认的事实基础；

变更或者确认具体的金额、工期数量情况；

变更或者确认的履行时间、方式等内容；

该协议与原合同相关内容的关系；

违反协议的责任；

协议争议的处理方式；

协议的签订时间。

5.2.4.7　签约注意事项

为了保证签约的法律效力和严密性，需要注意如下事项：

（1）参与签订的人应当是双方授权的签约代表，享有签订协议的资格和能力，并应当将授权的凭证原件与所签订的补充协议一并归档保存。

（2）如果建设工程施工合同是通过招标投标签订的合同，那就需要注意是否背离招标投标的内容进行了实质性变更。所谓实质性变更，是指工程范围、建设工期、工程质量、工程价款等实质性内容与中标合同不一致。背离中标合同的实质性内容可能导致签订的补充协议无效，但是施工条件发生变化而导致的变更则不会影响合同效力。

（3）建设工程施工合同及其补充协议均适用工程所在地法院管辖，所以双方不能对管辖法院进行约定，只能选择适用仲裁还是法院诉讼，选择仲裁时应当选定具体的仲裁委员会。

（4）补充协议签订时双方应当加盖印章，协议有多页的应该加盖骑缝章。

5.2.5　发函

5.2.5.1　基本内容

函是指不相隶属机关之间商洽工作、询问和答复问题，请求批准和答复审批事项时所使用的公文。函是一种平行文。函作为公文中唯一的一种平行文种，其适用范围相当广泛。承包人向发包人发送的函件一般是律师函，事实上承包人可以直接向发包人发函。本章所说律师函是指律师事务所接受承包人的委托，指派律师就有关事实或法律问题进行披露、评价，以达到一定效果而制作、发送的专业法律文书。律师函是利用律师对法律的专业资格和能力进行法律定性和利弊分析，以实现说服发包人或者其他相对人的目的。

5.2.5.2　函件的用途

函作为平行文是平等主体间的文件传送，这一特性决定发函无法产生命令或者强制的作用，而往往当事人发函主要是想要求对方履行一定的行为，这并非函件所具有的功能，而是基于法律的规定和当事人在合同中的约定产生的对方当事人的义务。发函是催促履行的方法，如果双方对义务是否存在及义务的内容发生争议，并不会因为函的存在而改变。既然如此，发函能够产生哪些作用呢？具体包括：

（1）告知性作用

具体而言，承包人如果需要告知发包人一定的事项，则可以通过发函的形式告知，其实质是一个通知的范畴。如承包人在履行合同过程中发现发包人提供的勘测报告与地下真实情况不一致，需要及时让发包人了解这一信息内容的，就可以采取发函的形式通知发包人。

（2）催促性作用

催促是要求发包人尽快履行法定或者约定义务的活动，虽然催促仍然是一种通知，但通知的内容本身是发包人明知或者应当知道的事情，而不是必须依赖承包人通知才能知道。如合同约定发包人应当支付预付款，但发包人未能按期支付，承包人此时可以发函要求支付。

（3）知会性作用

知会性作用除了履行告知义务外，还提示承包人明白并重视可能引起的后果。如发包人迟延支付工程进度款，承包人可以根据合同约定函告发包人，如果不能按照承包人要求的宽限期支付进度款，则承包人将采取停工的措施，此时的函件不仅仅可以催促付款，而且可以让发包人明白不付款可能引起的后果。

（4）宣示性作用

权利需要权利人积极地主张，法律不保护躺在权利上睡觉的人，发送函件正是权利人积极主张权利的方式之一。如发包人不能按照合同约定期限提供施工图纸，承包人可以函告发包人此行为导致承包人窝工形成损失，要求发包人停止违约行为并赔偿承包人的损失。

（5）证据性作用

作为上述四个作用的确定和落实，从诉讼角度来说，承包人需要将主张的权利过程确定下来并在诉讼中能够以证据的形式提供，函就能够证明承包人在特定的时间行使权利的具体情况，如证明时效中断就是使用频率非常高的情形。但需要特别提示的是，函只是证明承包人的发函情况，并不会因为承包人书写的函中体现了一定内容就成为证据，证明该事实或者结果必然对发包人有效，相反，因为该内容是承包人制作的内容，所以对承包人具有约束力。如承包人发函给发包人称，因为发包人未能按期提供施工场地造成承包人各项经济损失 10 万元，如果发包人对承包人的内容不予认可，则承包人仍需要证明发包人是否未能提供满足合同约定的施工场地，发包人未提供施工场地是否造成承包人经济损失 10 万元，不可能因为承包人发了这个函而免除了发包人的责任。但是如果承包人后期发现因发包人未能提供合格的施工现场，实际造成的经济损失为 20 万元，这一主张与之前的 10 万元明显矛盾，那么承包人的主张在很大程度上不会被认定。所以，发函的证据作用是双面的。这就要求承包人发函时对不能确定或者从诉讼方案角度未能确定的结论不要轻易主张，否则可能造成后期诉讼的不利局面。

5.2.5.3　函的内容

函应当具有如下内容：函的字样类似性内容；发函的主体和关键内容的标题；函的编号；承包人和发包人的基础性事实情况；函告发包人的内容；承包人的意见或要求；承包人的签章；函的签署时间。

5.2.5.4　律师函

律师函虽然具有函件的一般特征，但因为是接收承包人委托后以律师的名义发出的，其更增加了函件的严肃性、严谨性和权威性。在律师函的发送过程中有以下几个问题需要引起承包人注意：

（1）发送律师函的适当性由委托人决定

律师函是律师事务所接受承包人的委托发送的，发包人和承包人之间的融洽程度及对律师函的接受程度只有作为当事人的承包人才能知道，律师函发送后可能导致的双方关系恶化的后果需要承包人自行判定，律师不能也不负责判断。

（2）律师函内容的审查根据委托合同确定

发送律师函的价格不一且差别很大，无论采取何种价格模式或者委托模式，承包人作为委托人总是认为律师所发律师函的内容应该由律师来审查决定，事实上很多律师函的审查律师只是负责形式审查，并不负责实质性审查。比如委托人要求向发包人发送一封催款的律师函，律师并不审查承包人与发包人之间债权债务数额是多少，也不查阅承包人主张的债权数额是否有相应的证据支持，该部分内容的确认需要承包人自行决定。承包人要求律师对债权情况进行审查的，该内容可以作为一个独立的委托事项由律师出具法律意见书，也可以与律师函的出具一并审查。当然两者的价格具有比较大的差别，一般不进行实质性审查的律师函价格不会超过10000元，而进行实质性审查的律师函价格会根据审查的内容情况收费，一般会是10000元的数倍甚至更多。

（3）律师函的档案保存

律师函和其他函一样具有证据的特性和作用，律师函发出后要对送达的证据和律师函原件进行保管，虽然律师事务所有保管的要求，但有的律师函并不收费，有的委托当事人拒绝出具委托手续，甚至觉得出具委托手续是律师吹毛求疵的行为，所以很多律师函在律所无档案可查，所以承包人在委托后，要及时将律师函原件和向发包人寄送律师函的具体资料存档保管。律师事务所要求保管的，可以协商原件由承包人保管，复印件由律师事务所保管，双方在交接手续或者委托手续中要明确约定。

（4）函的使用技巧

函虽然是在实际中大量使用的一种文件，但比较正式，特别是承包人在合同履行过程中并不想将双方关系僵化。如何使用函既达到应有的效果，又能防止函的弊端呢？以下对人们比较担心的几个方面进行陈述：

① 函的正式性问题

在合同履行中发函很是正式，发函会使发包人产生抵触情绪，会对后期合同履行特别是工程款的结算和催要产生更大的阻力，这时我们可以适当调整函的名称，让发包人更容易接受，如《催款函》可以修改为《付款申请书》，如发包人的原因造成工程开工条件未能满足的《迟延开工违约告知函》，可以变更为对具体开工时间询问的请示性内容如《关于××项目工程开工时间的请示》。

② 邮寄送达函的问题

函件特别是律师函，因为获取证据的需要，通常以邮寄的方式送达。有两种做法可以改变：一是回避邮寄方式。合同中约定由电子邮件的方式发送的，就可以以邮件的方式交付送达。还有当面交付签署能够解决的也可以不进行邮寄，具体参考5.2.1通知的内容。二是必须采用邮寄送达的，可以回避项目部和与发包人有业务关系的部门，由公司法务部、企管部等部门邮寄，项目部可以将此解释为公司例行常规的行为，特别是在前期可以相对频繁地寄送一些不具有法律效果的例行性文件，以麻痹发包人项目部对邮寄文件的敏感性，并尽可能使之被认为是承包人的多此一举，时间一长可以为承包人寄送其他文件奠定基础。

③ 函件内容的完整性

发送的函件内容并非越严密、越完整越好，而是要根据函件的目的来确定。如催款的函件，具体欠款数额通过函发出去以后，发包人可以不予认可，但承包人却不能不认可，这时如果还没有确定最终数额，或者可能还有索赔款项未能包括在内，那就不能将款项确定，否则只能"搬起石头砸自己的脚"。还有已经付款的数额问题，如果对已付款数额存在争议，则涉及查阅收付款的证据情况，还需要看双方日后的诉讼策略，如发包人向承包人付款共计 1000 万元，其中 120 万元发包人已经付款，但是并没有证据证实，另外承包人向发包人提交收款 230 万元收据要求付款但尚未收到款项，此时收款数额需要综合确定，不能简单按事实确定，也不能一概否认，否则会引起矛盾激化。对不是必须书写的具体内容如时间、数额、标准等事项尽量概括性书写，防止函件成为对方的有效证据。

5.2.6　报量

5.2.6.1　基本内容

报量即承包人对已经完成的工程量向发包人或者监理人报告的行为，一般情况下，工程计量和进度款支付执行相同的时间周期，进度款的支付数额中主要部分是根据已经完成的工程量决定的，一般情况下进度款是根据已完工程量的百分比计算支付，如果发包人不能按照报量确定的进度款数量进行支付，需要承担违约责任并向承包人支付违约金，所以工程报量是承包人取得工程款的基础性依据。有的工程执行分段结算，工程报量将成为无法修订的确定数额。报量不能决定最终的计量，但会影响最终的计量。

5.2.6.2　报量的时间

根据《建设工程施工合同（示范文本）》（GF-2017-0201）的合同规定，除专用合同条款另有约定外，承包人应于每月 25 日向监理人报送上月 20 日至当月 19 日已完成的工程量报告，并附具进度付款申请单、已完成工程量报表和有关资料。如果专用合同有约定的其他报量时间的，应当严格遵守报量的时间，并将提交报量资料的证据材料进行保存。

5.2.6.3　报量的内容

报量应当具备工程名称、本次报量的施工期间、本期完工工程量、本期期初工程累计完成量、报量人员签字、报送时间，除报量基本内容外，还应当附上已完成工程量报表和有关资料。之前周期已经完成报量但发现有遗漏或者错误的，可以在本次报量中一并填报。

5.2.6.4　报量的落实

《建设工程施工合同（示范文本）》（GF-2017-0201）中并没有特别约定，监理人应在收到承包人提交的工程量报告后 7 天内完成对工程量报表的审核并报送发包人，以确定当月实际完成的工程量。监理人对工程量有异议的，有权要求承包人进行共同复核或抽样复测。承包人应协助监理人进行复核或抽样复测，并按监理人要求提供补充计量资料。监理人提出异议但未进行核验检查的，承包人可以申请监理人在报送后的 7 天内进行查验，监理人未进行核验检查或者未提出异议的，根据合同约定，承包人报送的工程量报告中的工程量视为承包人实际完成的工程量，据此计算工程价款。所以承包人此时应当将报送工程量的资料、交付证据等留存作为确定的工程量依据，下个周期进行工程量报量时，直接将本期已经完成的工程量作为报量结果。在报量中应当保证已经完成量的连续性，对执行分部分项结算的工程，应及时进行分部分项的结算，结算的工程量数额和已经完成的工程量累计数额发生偏差的，属于累计工程量错误的，应当确定结算作为工程量标准，并通过会议纪要、工程量报送资料修正的模式进行修改，对已经完成工程量超过结算部分工程量产生的工程量数额差异，则应当在结算文件中作出说明，防止后期对交叉部分发生争议。

5.2.7　付款申请

5.2.7.1　基本内容

付款申请是承包人向发包人申请付款的行为，申请支付的款项除包括进度款外，还包括预付款、结算款、质保金及其他应当由发包人支付的款项。在合同中承包人向发包人申请付款是发包人支付款项的前置性条件，所以承包人如果不申请付款或者申请付款不符合约定条件，发包人就不应当承担付款责任，届时即使付款严重超期，发包人仍然不需要承担责任。

5.2.7.2　预付款

（1）预付款时间的确定

根据《建设工程施工合同（示范文本）》（GF-2017-0201）通用合同条款的规定，预付款至迟应在开工通知载明的开工日期 7 天前支付。发包人要求承包人提供预付款担保的，承包人应在发包人支付预付款 7 天前提供预付款担保。一般情况下的预付款是在开工日期前 7 天支付，而且发包人会要求承包人提供预付款担保，如果双方在合同中没有特别约定，承包人应当提前获得开工的准确日期，因为预付款是开工的 7 天前，而预付款担保又在付款 7 天前，所以承包人最晚应当在确定的开工日期 14 天前完成预付款担保的手续。如果实际开工日期没有确定或者发包人没有通知，承包人应当在计划开工日的提前 24 天向发包人书面询问开工时间并告知预付款及担保事宜。之所以是 24 天，是因为承包人通知后发包人需要回复后的时间仍然不超过距离计划开工日的 14 天，所以再提前 10 天比较合理，关于询问开工日期的文件中，建议包括如下几个方面的问题：

① 合同约定的预付款条款和计划开工日期。

② 商请发包人告知具体开工日期。至于发包人告知的提前时间，应当是 14 天加上承包人需要提供预付款担保手续的时间。

③ 发包人不能回复具体开工日期的，承包人可视为无法在计划开工日前开工，无

法确定具体开工日期，承包人将在发包人确定后履行提供预付款担保。

（2）提交预付款担保

预付款担保是申请预付款的前提，承包人根据发包人情况判断发包人明显不具有支付预付款的能力或者意愿的，此时提供预付款担保不但无法取得预付款，还需要承担预付款担保的费用，但是如果不提供预付款担保则必然无法取得预付款，且发包人对此不需要承担责任。对此建议：在具备提供预付款担保的条件时，首先提前提示发包人需要履行支付预付款的义务，承包人正在办理预付款担保的通知，此时发包人不计划支付预付款的，一般会书面通知承包人，如果发包人未回复也未支付预付款，也会增加发包人的责任。

（3）申请预付款

承包人在提供预付款担保或者合同约定的其他支付预付款的条件后，应当书面提交预付款申请。预付款申请可以以格式化或者非格式化的形式申请，申请应当包括如下内容：

① 申请支付预付款的标题性内容；

② 申请方和被申请方的主体名称；

③ 申请付款的依据；

④ 申请付款的金额和支付时间；

⑤ 预付款的支付方式和途径；

⑥ 申请人签章和申请日期。

5.2.7.3 进度款

（1）进度款的申请时间

根据《建设工程施工合同（示范文本）》（GF-2017-0201）通用合同条款的规定，进度款的付款周期应与计量周期的约定与计量周期保持一致，而计量周期是按月进行的，承包人应于每月 25 日向监理人报送上月 20 日至当月 19 日已完成的工程量报告，也就是进度款付款申请的时间是每月 25 日前，所申请的进度款应当是上月 20 日到 19 日完成工程量对应的进度款。

（2）进度款的申请书

根据《建设工程施工合同（示范文本）》（GF-2017-0201）通用合同条款，进度款申请需要提供申请单，并一并提交工程量报表和相关资料。进度款申请书应当包括如下内容：

① 申请支付预付款的标题性内容；

② 申请方和被申请方的主体名称；

③ 本期的起止时间和完成的工程量对应的金额；

④ 截至本次付款周期已完成工程量对应的金额；

⑤ 工程变更应调整的金额；

⑥ 应支付的预付款和扣减的返还预付款；

⑦ 约定应扣减的质量保证金；

⑧ 应增加和扣减的索赔金额；

⑨ 根据合同约定应增加和扣减的其他金额；

⑩ 本期进度款合计总额；

⑪ 以前已签发的进度款支付证书中出现错误的修正金额；

⑫ 以前应付进度款数额与实际支付数额的差额；

⑬ 截至申请日应当支付的进度款数额；

⑭ 截至当前应当说明的其他问题；

⑮ 申请人签章和申请日期。

（3）进度款申请的注意事项

进度款申请中需要填写落款日期和对应的当期起止时间，并应将进度款申请提交监理人的过程按照第5章中5.2行为篇中"5.2.1通知"的内容留存证据，提交的证据是证明承包人完成工程量的时间证据，也是发包人应当支付工程款的时间凭证，将作为计算利息的关键证据。对前期问题承包人认为应当支付而发包人未予批准支付的款项，无论是对应否支付发生争议，还是对应付未付发生争议，承包人都可以按照索赔程序进行主张。如果仍然未能处理，承包人如果感觉继续在每期申请单中提出会增加进度款申请难度，可以将以前应付进度款数额与实际支付数额的差额、截止申请日应当支付的进度款数额、截至当前应当说明的其他问题这三项内容进行调整或者删除，如果有该内容却不填写，会使双方就承包人放弃之前主张产生分歧。

5.2.7.4　结算款的申请

根据《建设工程施工合同（示范文本）》（GF-2017-0201）的规定，监理人应在收到竣工结算申请单后14天内完成核查并报送发包人。发包人应在收到监理人提交的经审核的竣工结算申请单后14天内完成审批，并由监理人向承包人签发经发包人签认的竣工付款证书。发包人在收到承包人提交竣工结算申请书后28天内未完成审批且未提出异议的，视为发包人认可承包人提交的竣工结算申请单，并自发包人收到承包人提交的竣工结算申请单后第29天起视为已签发竣工付款证书。发包人应在签发竣工付款证书后的14天内，完成对承包人的竣工付款。可见竣工结算款无须承包人申请，发包人应当在签发或者视为签发竣工付款证书后支付，至于在专用合同条款14.2〔竣工结算审核〕中"发包人审批竣工付款申请单的期限"应属于笔误，根据通用条款和本条的标题"竣工结算审核"，应该是"发包人审批竣工结算申请单的期限"，在合同签订时建议将该内容直接修改。

从义务角度来说，申请支付结算款不属于承包人的义务，也不属于发包人付款的前提条件，但为了承包人能够及时取得相应款项，建议承包人在应付款到期前提示发包人付款。

质保金和结算款一样，发包人应在颁发最终结清证书后7天内完成支付，不需要申请。

5.2.7.5　救济措施

在满足合同约定的条件下，发包人未能按照合同约定付款的，承包人应当及时通知要求发包人付款，也可以继续以申请付款的委婉方式要求发包人付款，但应当有发包人未能按合同约定付款的说明，并有发包人迟延付款对承包人和工程的实际影响和后续可能影响的证据，在发包人未能付款期间，承包人应当不定期提出同类型通知，最长的通知间隔不能超过1年。

5.2.8　收款

5.2.8.1　基本内容

收款是承包人接受发包人支付工程款的行为。在正常的银行转账方式下，承包人对收款行为不需要采取积极的措施，只需要被动等待发包人支付就可以，但实际中支付的方式不是唯一的，支付的途径也是多种多样的，此时会对实际收取款项的数额产生争议，所以需要对收款行为进行规范。

5.2.8.2　出具凭证

发包人向承包人支付工程款时，除了索要发票，还会要求承包人提交收据，很多收据在出具时有很大的随意性，导致在发生纠纷时无法满足证据需要，具体包括：

（1）缺少时间。收款时间是确定发包人履行义务的时间，如果发包人迟延向承包人付款，承包人需要根据收款时间向发包人索要违约金或者利息损失。如果开具收据时没有时间，则无法确定收款时间。而且发包人付款一般是多笔交叉，有时付款数额都是等额的，收据没有时间可能造成付款数额无法确定。很多人认为开收据不可能没有时间，事实上很多情况下收据上只有出具收据本身时的时间，并没有实际收到工程款的时间，两者有时相差很大，开具时间无法显示收款时间，所以收据除了有开出收据的时间外，还应当有收到工程款的时间。

（2）缺少收款方式。收据是收款的凭证，需要根据收据的内容判断出收据所收款项的来源方式，比如是转账支付还是现金支付，是顶账方式支付还是代付方式支付，这些内容都需要在收据上得到体现，这些内容指向的证据结合收据才能证明收款的客观性。为了揭示缺少收款方式存在的风险，下面逐一分述具体风险情况：

① 转账支付未写明。收据上显示的时间和发包人转账时间不一致时，发包人会主张收据和转账是两笔款，转账后承包人没有开具收据，如果因此发生争议，银行加盖印章的转账凭证本身就能作为付款证据，而承包人无法证明转账和收据是同一笔款项，以致在大多数情况下发包人的主张被认同。

② 承兑汇票支付未写明。工程领域以承兑汇票支付工程款属于大概率情形，如果发包人以承兑汇票的形式向承包人支付了工程款，后期因汇票被拒付时汇票的后手会依次向承包人主张汇票对应的款项。如果承包人没有在汇票背书，就无法证明被拒付的承兑可以向发包人追索。即使承包人在汇票上进行了背书，也会因为发包人和承包人可能有多笔业务，发生诉讼时，承包人要求支付甲工程票据上的工程款，发包人会以汇票对应的工程款为乙工程提出抗辩，法院在很大程度上会驳回承包人的诉讼主张，所以应该写明汇票支付方式，还应当将汇票的编码登记在收据上。

③ 以物顶账未写明。比如以房抵顶工程款，发包人会和承包人签订房屋买卖协议及办理过户登记手续，房屋价格一般情况下对应的并不是抵顶的工程款价格，承包人向发包人出具了收取工程的收据，如果房屋被第三人提出所有权争议而承包人无法正常使用，承包人向发包人主张权利时，承包人无法证明该房屋的款项和已经支付的工程款是同一事实，也无法证实已经支付了房款，无法维护自己的权利，更何况有时顶账的房屋本身并不是发包人自己名下的房屋，此时承包人维权更加困难。

④ 缺少款项性质。发包人向承包人付款后，承包人会直接写工程款，但工程款本身有诸多名称，如预付款、进度款、结算款、质保金，也可能有履约保证金、定金，可能是项目工程增量的单独结算支付的款项，还可能是与工程款毫无联系的偿还借款，如果不根据实际付款罗列清楚，则会产生损失。曾经有一个案件，合同约定：发包人应当在开工前向承包人支付工程预付款 3000 万元，发包人虽然对预付款有所推延但仍然支付了其中的部分款项，承包人出具的收据上写的都是进度款，后期承包人向发包人要求支付预付款应付未付的利息时，法院认为发包人应先行支付预付款再付进度款，发包人一直没有支付预付款，而是直接支付进度款，承包人一直收取进度款并没有提出异议，所以属于承包人放弃了对预付款的主张，承包人要求支付预付款利息的主张法院不应当支持。可见，应当具体列明实际收到的款项性质。

⑤ 随意填写收款人。在收据的左下角一般会有收款人签字的位置，一般情况下收款人是承包人的出纳签字，但因为很难催要工程款，所以承包人会委托第三人代为索要工程款，也有时候会将工程款抵顶给下游企业，并不办理债权转让手续，而是直接开出一个收取发包人工程款的收据，让下游企业的负责人直接向发包人收取工程款，这时该负责人的名字就填写在收款人处。因为收据上加盖承包人印章，承包人在写有收款人的名字的收据上加盖本单位印章，就会构成收款人有权代表承包人收款的表象，也就是我们所说的表见代理，此后如果该收款人以出具的收据向发包人收取款项，发生争议时会认定为该收款人收取的款额为承包人收取的工程款，所以收据上填写的收款人一定要慎之又慎。

5.2.8.3　交付凭证

在发包人付款前后，根据合同约定或者发包人要求，承包人需要向发包人交付发票、收据，也有可能需要其他手续，甚至有时交付收据后发包人会以人员更替或收据丢失等为由要求承包人重新出具，导致后期发生纠纷时不能直接判定实际收款的数额，所以需要确定以哪一个凭证作为发包人实际付款和承包人收款的标准。如果实际中发包人要求先行交付收据，那么收据无法作为付款的凭证；如果发承包双方对付款的具体依据没有约定，可以约定付款后的确认方法，包括先付款后交付的收据确认，也可以以对账单形式确认等。

5.2.8.4　代付的风险预防

工程款收款中，发包人有可能委托第三方直接向承包人支付，现实中如果第三人与发包人发生纠纷，要求发包人赔偿无法实现时，第三人会将承包人起诉到法院，第三人称曾经因为财务失误将款项错误转给了承包人，承包人取得的款项构成不当得利，此时承包人无法证明第三人是代发包人支付的，则承包人有可能承担向第三人退回收取款项的风险。预防的方法是：

(1) 尽可能由发包人直接转账付款；

(2) 要求第三人付款时备注代发包人付款；

(3) 在向发包人开具的收据中备注第三人付款信息；

(4) 保存发包人通知承包人是第三人代发包人付款的证据；

(5) 争取在收到款后向第三人取得代发包人付款的第三人确认书。

5.2.9 对账

5.2.9.1 基本内容

对账是发包人与承包人对经济往来中的经济数额进行核对的行为，承载对账行为的凭证一般是对账单。对账如何产生证据预期的效力，是对账的根本目的，所以应当按照法律的要求去对账，而非按财务的标准去对账。

5.2.9.2 对账的目的

(1) 核对业务往来的金额，在发生纠纷时能够确定承包人应收款金额、实收取款金额、应收款余额等内容。

(2) 将双方往来的款项与业务进行分类或者归集，以保证双方一致性，如发包人与承包人有三项工程，分别签订三份合同，某次发包人支付一笔款项，双方可以通过对账确定该款是支付的哪个项目工程的何种款项。

(3) 应对超过诉讼时效的风险。对账单类似于一个债权债务确认的协议书，如果发包人长时间没有向承包人付款，为了防止超过法律规定的诉讼时效，承包人可以通过对账的方式对时效进行中断，从对账之日重新开始计算诉讼时效。

5.2.9.3 对账单项目

一般情况下，对账单包括如下内容：对账单的类似字样标题；对账双方的角色和名称；发包人应付款金额、应付款确认时间和应付款时间；发包人实际向承包人付款金额、付款方式、付款时间；关于对账单内容的备注说明；发包人和承包人双方代表签字和盖章；对账时间。

5.2.9.4 对账单周期

关于多长时间进行一次对账的问题，有的单位是每月一次对账，有的单位是一年一次对账，前者过于频繁，特别是双方在很长时间没有业务往来的情况下进行对账没有太大意义，而后者时间比较长，对业务往来特别频繁或者容易发生分歧的情况下，不能及时处理纠纷隐患。所以，应当约定有定期对账和临时对账两个周期，如一般情况下双方可以半年进行一次对账，如果双方每月有 2 笔以上的往来金额发生变化，应当在变化月结束后启动对账程序，双方可能发生纠纷时，应当有针对性地进行临时性对账。

5.2.9.5　对账注意事项

（1）填写应付款余额

发包人不能够按期履行付款义务基本在每个工程中都会存在，对账时会填写应付款金额或者应付款余额，对账单本身是对之前金额往来情况的确认，发包人迟延支付工程款应当向承包人支付利息。因为建设工程的工程款数额巨大，而工程款迟延支付时间较长，有的两三年，有的长达十年，所以利息数额也是一个巨大的数字，而双方对账时不可能把利息加入对账单之中，这就造成一个结果即对账单对账时应付款额没有利息，从法律角度的判断是承包人对利息的放弃，最终导致在发生诉讼时难以主张利息损失。所以不建议用应付款金额或者应付款余额表述，如果工程没有结算，就不要书写该内容；如果已经结算，直接写结算金额就可以，而不要计算应付余额。

（2）填写结算金额

结算金额是发包人与承包人在工程竣工验收后确认的承包人完成工程的总金额，在工程未完工或者虽然完工但未进行结算时，该金额并不存在，但财务人员并不清楚具体情况，直接填写了合同价。如果当时工程已经竣工，会形成一个结果：工程已经完成竣工结算，结算金额为合同价。合同价是合同签订时预算或者中标的工程总价，在施工过程中大部分的工程会有工程增量和工程价款的调增情形，如果直接以合同价确认为结算价，会使承包人损失应当调增的工程款。

（3）对账说明

对于双方有争议的款项，如双方对应付款项或者已付款项等产生争议，不能极端化处理，要么不对账，要么不再提争议部分，因为双方对账时未提出的问题可能会被认定为不存在。例如发包人认为已经付款1000万元，承包人认可900万元，双方争议是某一笔款项是否实际支付，双方对账时可以对无争议的付款情况进行分笔列明，对有争议的在说明中陈述各方意见，防止承包人权利的丧失。

（4）收付明细

对账单所列的内容分期结算汇总，结算后双方可以以对账单或者协议书的形式进行确认，明确双方截止某个时间段已经全部履行完毕的内容。对未结算的部分，应当将收付款情况详细列明。有的企业在对账时只是汇总数额，此时如果承包人索要迟延付款利息，因为无法确定实际付款时间或者确定付款时间特别烦琐，司法实践一般不会支持过程中应付款利息的主张。

5.2.9.6　对账技巧

在承包人与发包人可能通过诉讼解决纠纷的前提下，承包人可能缺失部分证据，这时找发包人或者监理人索要证据。相关人员会将问题提交法务或者律师处理，专业法律人员会敏感地判断证据的作用并拒绝提供。而对账单属于财务部门的例行性事项，对账不会引起财务人员向法务部门的询问，如果在对账单中增加承包人需要的内容，则取证工作一般比较顺利。实践中可以考虑的证据包括：

（1）开工时间：合同中双方约定的时间一般不是实际开工时间，而发包人或者监理人在开工时往往不向承包人发送书面开工通知，承包人如果不能在合同约定的工程竣工时间竣工，会引起发包人对工期超期的索赔，此时承包人需要证明实际开工日期。因为财务人员不会太在意工程开工时间，所以在工程基本情况中写上开工日期，发包人常常会签字盖章，这样就可以取得开工时间的关键证据。

（2）竣工时间：实际竣工时间也是确定工期是否超期的关键。作为项目的基本情况，承包人可以同样将竣工时间罗列到对账单的基本情况中，同开工时间一样得到确认。

（3）报审情况：工程竣工后发包人拖延结算是一贯做法，根据《建设工程施工合同（示范文本）》（GF-2017-0201）通用条款的规定，发包人在收到承包人提交竣工结算申请书后 28 天内未完成审批且未提出异议的，视为发包人认可承包人提交的竣工结算申请单，并自发包人收到承包人提交的竣工结算申请单后第 29 天起视为已签发竣工付款证书。但使用该条的前提是承包人提交的竣工结算申请发包人已经收到。实践中监理人或者发包人都不签字接收，这时承包人可以在对账单中增加承包人报送结算的时间和金额，对应的发包人审批意见画横道，因为该内容属于客观情况，财务部门一般不会重视而签字盖章。

5.2.10　开工报告

5.2.10.1　基本内容

根据《建设工程施工合同（示范文本）》（GF-2017-0201）7.3.1〔开工准备〕的规定，合同当事人应按约定完成开工准备工作。除专用合同条款另有约定外，承包人应在合同签订后 14 天内，至迟不得晚于计划开工日期前 7 天向监理人提交工程开工报审表，经监理人报发包人批准后执行。开工报审表应详细说明按施工进度计划正常施工所需的施工道路、临时设施、材料、工程设备、施工设备、施工人员等落实情况及工程的进度安排。《建设工程施工合同（示范文本）》（GF-2017-0201）7.3.2〔开工通知〕中规定，发包人应按照法律规定获得工程施工所需的许可。经发包人同意后，监理人发出的开工通知应符合法律规定。监理人应在计划开工日期 7 天前向承包人发出开工通知，工期自开工通知中载明的开工日期起算。

由此可见，开工报告及开工报审是承包人根据合同约定完成开工准备工作后向发包人报告的行为。开工报告是一种程序性请示行为，是工程开工应当履行的一种约定义务。

5.2.10.2　开工报告的作用

在司法实践中开工报告有双重意义：一是证明承包人完成开工准备工作的时间；二是间接证明开工时间。工程开工的合同当事人是发包人和承包人，双方均需要按照合同约定履行开工准备工作后才能开工。承包人应当完成的准备工作一般包括施工道路、临时设施、材料、工程设备、施工设备、施工人员等落实情况及工程的进度安排。其中道路交通一般为场内道路交通。除非有其他相反证据，承包人提交开工报告的时间就是承包人完成准备工作的时间，相反如果承包人未能提交报告或者未能在约定时间内提供开工报告，应当推定为承包人未能完成开工准备工作，从而造成开工迟延，承包人需要承担违约责任。

根据《最高人民法院关于审理建设工程施工合同纠纷案件适用法律问题的解释（一）》（法释〔2020〕25号）第八条，双方因开工日期发生争议，发包人或者监理人未发出开工通知，亦无相关证据证明实际开工日期的，应当综合考虑开工报告、合同、施工许可证、竣工验收报告或者竣工验收备案表等载明的时间，并结合是否具备开工条件的事实，认定开工日期。所以开工报告是证明开工日期的重要证据。

5.2.10.3　开工报告的履行

承包人应当按照合同中专用合同条款的规定时间提交开工报告。合同没有特别约定按照通用合同条款的规定时间提交的，开工报告的内容应当包括按施工进度计划正常施工所需的施工道路、临时设施、材料、工程设备、施工设备、施工人员等落实情况及工程的进度安排。提交情况应当按照本章通知的内容留存相应证据。

5.2.11　进场

5.2.11.1　基本内容

进场是指承包人人员及机械设备进入施工现场从事施工相关活动的行为。进场关系到两个问题：一是承包人进场能够产生的法律后果，承包人需要趋利避害，妥善安排进场的时间点和事项；二是如何进场才符合合同约定和法律规定，以防一进场就违规。

5.2.11.2　进场的法律后果

进场是一种民事法律行为，根据《最高人民法院关于审理建设工程施工合同纠纷案件适用法律问题的解释（一）》（法释〔2020〕25号）第八条规定"当事人对建设工程开工日期有争议的，人民法院应当分别按照以下情形予以认定"，其中第二项是承包人经发包人同意已经实际进场施工的，以实际进场施工时间为开工日期，所以进场在一般情形下理解，能够推定出如下结论：

（1）承包人已经完成施工准备工作，具备进行施工的条件；

（2）发包人已经完成施工准备工作，能够满足承包人顺利施工；

（3）工程正式进入开工阶段。

但现实往往不是这样，承包人进场只是简单占有施工现场，然后进行开工的准备工作。这些准备工作包括发包人应当完成的工作，如邻近现场的场外道路的修建、场内场地的平整，另外发包人必须自己进行的很多工作也没有准备完善，如尚未完成图纸设计，承包人进场后只能边勘测、边设计、边施工的"三边"工程，进场的实际情况和能够产生的法律后果不一致，就会导致本来应当由发包人承担的工期延误、停窝工损失由承包人承担。

5.2.11.3　进场前对发包人义务审查

根据《建设工程施工合同（示范文本）》（GF-2017-0201）的规定和实际施工条款，

需要审查的发包人义务一般包括如下事项：

（1）发包人应办理的许可、批准或备案，包括但不限于建设用地规划许可证、建设工程规划许可证、建设工程施工许可证，以及施工所需临时用水、临时用电、中断道路交通、临时占用土地等许可和批准。

（2）发包人是否按照合同约定的期限、数量和内容向承包人提供图纸，并组织承包人、监理人和设计人进行图纸会审和设计交底。

（3）发包人是否按照合同约定取得出入施工现场所需的批准手续和全部权利，以及取得因施工所需修建道路、桥梁及其他基础设施的权利。

（4）发包人应提供场外交通设施的技术参数和具体条件是否已经提供。

（5）发包人应提供场内交通设施的技术参数、具体条件，以及满足工程施工所需的场内道路和交通设施。

（6）发包人是否协助承包人办理法律规定的有关施工证件和批件。

（7）发包人是否能够按约定期限和条件向承包人移交全部施工现场。

（8）发包人是否按照施工合同约定提供施工所需要的条件，包括：

① 将施工用水、电力、通信线路等施工所必需的条件接至施工现场内；

② 协调处理施工现场周围地下管线和邻近建筑物、构筑物、古树名木的保护工作；

③ 按照专用合同条款约定应提供的其他设施和条件。

（9）发包人是否已经向承包人提供施工现场及工程施工所必需的毗邻区域内供水、排水、供电、供气、供热、通信、广播电视等地下管线资料，气象和水文观测资料，地质勘察资料，相邻建筑物、构筑物和地下工程等有关基础资料。

（10）发包人是否已经提供能够按照合同约定支付合同价款的相应资金来源证明。

（11）发包人是否按照合同约定提供履约担保。

（12）发包人是否向承包人提供测量基准点、基准线和水准点及其书面资料。

（13）发包人是否按照合同约定向承包人支付预付款。

（14）发包人是否向承包人发出开工通知。

（15）根据合同约定，开工前发包人应当履行的其他义务。

经审查发现发包人已经完成全部义务的，则可以进场施工，如果未能够满足合同约定的条件，则不应当进场。出于各种原因必须进场的，应当与发包人就未满足开工条件的事项进行确定，约定承包人的工期自开工条件全部满足时开始计算。如果发包人无法做到对上述事实的确认，承包人应当退而求其次，通知发包人不具备开工条件的实际情况，告知发包人进场不是开工，仅是进行开工前的场内准备工作。

5.2.11.4 承包人人员进场

根据住房城乡建设部、人力资源和社会保障部《建筑工人实名制管理办法（试行）》第二条、第三条、第八条、第九条规定，房屋建筑和市政基础设施工程全面实行建筑业农民工实名制管理制度，坚持建筑企业与农民工先签订劳动合同后进场施工。建筑企业应与招用的建筑工人依法签订劳动合同，对其进行基本安全培训，并在相关建筑工人实名制管理平台上登记，方可允许其进入施工现场从事与建筑作业相关的活动。进入施工现场的建设单位、承包单位、监理单位的项目管理人员及建筑工人均纳入建筑工人实名制管理范畴。《保障农民工工资支付条例》第六条规定，用人单位实行农民工劳动用工实名制管理，与招用的农民工书面约定或者通过依法制定的规章制度规定工资支付标准、支付时间、支付方式等内容。同时为了在工程发生停工等用工损失时能够取得索赔依据，建议在人员进场时确保完成如下内容：

（1）已经与建筑工人签订劳动合同；

（2）已经办理雇佣建筑工人必要的证件、许可、保险和注册；

（3）已经完成建筑工人实名制登记；

（4）将《建筑工人登记表》报送发包人，其中包括但不限于身份证信息工种（专业）、技能（职称或岗位证书）、工资标准等信息。在建筑工人发生变化时应当定期向发包人报送《建筑工人登记表》，但一定需要注意《建筑工人登记表》编号的衔接，以保证两个表之间的连续性得到证实。

5.2.11.5 设施设备进场

（1）承包人设施、设备进场

根据《建设工程施工合同（示范文本）》（GF-2017-0201）通用条款8.8.1的规定，承包人应按合同进度计划的要求，及时配置施工设备和修建临时设施。进入施工场地的承包人设备需经监理人核查后才能投入使用。承包人更换合同约定的承包人设备的，应报监理人批准。可见承包人设施、设备的进场出场均需要经监理人批准，同时为了在索赔过程中能够证明承包人设备或设施造成停工损失及损坏损失，建议在施工的设施、设备进场时，向监理人报送《进场施工设施设备明细表》，具体内容包括但不限于名称、规格型号、数量、功率、租金、价格等信息，在设施设备由于更换或者其他原因需要出场的，也将《出场施工设施设备明细表》报送监理人批准。

（2）发包人材料、设备的进场

根据《建设工程施工合同（示范文本）》（GF-2017-0201）通用合同条款8.3.1的规定，发包人应按《发包人供应材料设备一览表》约定的内容提供材料和工程设备，并向承包人提供产品合格证明及出厂证明，对其质量负责。发包人应提前24小时以书面形式通知承包人、监理人材料和工程设备到货时间，承包人负责材料和工程设备的清点、检验和接收。发包人提供的材料和工程设备的规格、数量或质量不符合合同约定的，或因发包人原因导致交货日期延误或交货地点变更等情况的，按照《建设工程施工合同（示范文本）》（GF-2017-0201）16.1〔发包人违约〕约定处理。上述内容是对加工材料设备的约定内容，对发包人而言需要保证供应材料及设备的时间、地点和质量，对承包人而言，如果在这一阶段不能很好地在纠纷出现时收集到证据，将会影响承包人的合法权利，具体措施包括：

① 供应时间

供应时间一般情况下应当按照附件2《发包人供应材料设备一览表》约定的时间交

付。如果因工程开工时间迟延或者因为工程停工等因素影响导致供应时间应当变更的，承包人应当及时和发包人就变更时间达成一致，签订补充协议或者类似书面材料。涉及责任承担的，应当根据影响工期的责任主体来确定。如果供应时间无法调整，工程进度推迟势必会增加承包人保管等费用的，属于发包人责任的也应一并确定费用索赔的签证，对无法完成签证的，承包人可以按照通知的方式提出索赔的主张。在发包人按照约定进行交付时，承包人不能以工期为由拒绝接收发包人供应的材料设备。

合同签订时没有确定交付时间，或者按照合同约定在承包人通知后一定时间内发包人进行交付的，在发包人应当提供的材料设备时间即将届满30天前，承包人应当提示发包人及时按照约定（包括变更后的约定时间）交付材料设备，双方约定有具体时间的，应当根据材料设备的情形在到期前的合理时间提示发包人交付。时间届满仍无法交付的，应当及时启动索赔程序，告知发包人违约行为对工期和费用造成的影响。

② 供应地点

发包人供应材料设备的地点应当按照附件2《发包人供应材料设备一览表》约定交付。需要变更地点的，承包人应及时和发包人商议并确定因此产生费用的承担主体。发包人在约定地点外交付的，承包人应当同样就增加的费用签订协议或者索赔。

③ 供应质量

发包人应就其供应的材料设备向承包人提供产品合格证明及出厂证明，承包人应当在交付时及时验收发包人提供的材料和工程设备，规格、数量或质量不符合合同约定的，或因发包人原因导致交货日期延误或交货地点变更的，按照发包人违约向发包人进行索赔。

5.2.12 申请验收

5.2.12.1 基本内容

工程质量符合合同约定的标准是承包人的主要义务，如何证明在建工程合格是承包人需要解决的问题，也是工程质量管理的需要。根据《建设工程施工合同（示范文本)》（GF-2017-0201）通用合同条款的规定，承包人在工程质量管理中具有如下义务：

（1）承包人应按照法律规定和发包人的要求，对材料、工程设备及工程的所有部位及其施工工艺进行全过程的质量检查和检验，并做详细记录。

（2）编制工程质量报表，报送监理人审查。

（3）承包人还应按照法律规定和发包人的要求，进行施工现场取样试验、工程复核测量和设备性能检测，提供试验样品、提交试验报告和测量成果及其他工作。

（4）承包人应为监理人的检查和检验提供方便，包括监理人到施工现场，或制造、加工地点，或合同约定的其他地方进行察看和查阅施工原始记录。

（5）承包人应当对工程隐蔽部位进行自检，并经自检确认是否具备覆盖条件。

（6）工程隐蔽部位经承包人自检确认具备覆盖条件的，承包人应在共同检查前48小时书面通知监理人检查，通知中应载明隐蔽检查的内容、时间和地点，并应附有自检记录和必要的检查资料。

（7）发包人或监理人对承包人覆盖后的工程隐蔽部位的质量有疑问的，承包人应按照发包人的要求对已覆盖的部位进行钻孔探测或揭开重新检查，并在检查后重新覆盖恢复原状。

（8）分部分项工程经承包人自检合格并具备验收条件的，承包人应提前48小时通知监理人进行验收。

（9）工程已经竣工具备验收条件的，承包人可以申请竣工验收。

上述工程质量验收除涉及承包人自行检验或者验收的情形外，涉及申请验收的包括隐蔽工程验收、分部分项工程验收和竣工验收，承包人申请验收时会涉及发包人迟迟不予验收，或者虽然验收但承包人无法证明完成验收的问题，此为本节需要解决的问题。

5.2.12.2 申请提出

承包人应当在工程符合发包人验收的条件时提出验收申请，其中包括隐蔽工程和分部分项的验收，承包人在完成分部分项工程且完成自检合格并具备验收条件时，应提前48小时通知监理人进行验收。对竣工验收，申请竣工验收的条件是：

（1）除发包人同意的甩项工作和缺陷修补工作外，合同范围内的全部工程及有关工作，包括合同要求的试验、试运行及检验均已完成，并符合合同要求；

（2）已按合同约定编制了甩项工作和缺陷修补工作清单及相应的施工计划；

（3）已按合同约定的内容和份数备齐竣工资料。

在满足上述竣工验收条件时，承包人应当申请竣工验收。在申请竣工验收时，应当注意如下问题：

（1）承包人提出验收的申请应当采用书面形式；

（2）承包人申请验收的文件需要有效交付发包人及其监理人；

（3）承包人交付申请文件时应当保存有效的交付证据；

（4）承包人申请中应当有已经具体具备验收条件的内容。其中，隐蔽检查的应有检查的内容、时间和地点，并应附有自检记录和必要的检查资料。

5.2.12.3 结果应对

（1）隐蔽工程

承包人提出验收申请后，监理人或者发包人未能按照约定的时间组织验收的，监理人在24小时内提出不能按时进行检查的，要求延期且延期未超过48小时的，承包人应当按照监理人的要求时间进行验收，因此导致工期延误应当进行签证或索赔。监理人未提出延期或者虽然提出延期但超过48小时的，承包人应当按照申请时间对隐蔽工程进行验收，如监理人未能参加，视为隐蔽工程验收合格，承包人可自行完成覆盖工作，并做相应记录报送监理人，报送时应当留存报送的相应证据，由监理人签字，监理人不签字的不影响隐蔽工程验收合格的效力。

（2）分部分项工程

分部分项工程验收的应对方法同隐蔽工程验收一样，监理人未参加验收的，承包人应当自行验收，并将验收过程和结果进行记录。记录结果通知监理人和留存通知证据，完成上述工作后可以进入下一道工序。

（3）竣工验收

承包人向监理人报送竣工验收申请报告，监理人审查后通知承包人在竣工验收前承包人还需完成的工作内容，承包人应在完成监理人通知的全部工作内容后，再次提交竣工验收申请报告。承包人向监理人报送竣工验收申请报告，发包人在 28 天内组织监理人、承包人、设计人等相关单位完成竣工验收，承包人应当参加验收，并签署验收记录，及时取得竣工验收证明。竣工验收监理人要求承包人对不合格工程返工、修复或采取其他补救措施的，承包人应当执行，并在完成不合格工程的返工、修复或采取其他补救措施后，重新提交竣工验收申请报告，并按本项约定的程序重新进行验收。

承包人提交竣工验收申请报告后 42 天内仍未完成竣工验收，或完成竣工验收但监理人不予出具竣工验收凭证的，承包人应当以提交的竣工验收申请报告和提交证据为凭证，将提交竣工验收申请报告的日期视为实际竣工日期，并可以将此作为诉讼仲裁的验收依据。

工程未经验收或验收不合格，发包人擅自使用的，在转移占有工程后 7 天内向承包人颁发工程接收证书，则以此证书作为工程验收合格的依据，发包人未能在 7 日内向承包人颁发工程接收证书的，工程自转移占有后第 15 天起视为已颁发验收合格证书。

5.2.13 申请结算

5.2.13.1 基本内容

无论是固定单价合同还是固定总价合同，实际施工过程中均会发生计划的合同价与实际价格不一致的情形，为了确定工程的总价，双方需要在工程竣工时进行结算，结算一方面是对工程价款的确定，另一方面也是对发包人应当支付全部工程款的时间进行确认。虽然大部分工程会扣留质保金，但对发包人来说仍然具有较大额度的付款义务，所以很多情形下发包人排斥对工程进行竣工结算，往往也会采取各种措施推延结算，当然结算数额往往也不完全是按照公平的原则结算的。如何解决结算的困难是本节需要解决的问题。

5.2.13.2 提出申请

（1）结算申请

承包人应在工程竣工验收合格后或者视同合格后的 28 天内，向发包人和监理人提交竣工结算申请单和竣工结算资料。竣工结算申请单应包括以下内容：竣工结算合同价格；发包人已支付承包人的款项；应扣留的质量保证金，已缴纳履约保证金的或提供其他工程质量担保方式的除外；发包人应支付承包人的合同价款。

（2）结算资料

承包人提交的竣工结算资料应当是完整的结算资料，竣工结算资料应当按照合同中专用合同条款的约定提供，一般包括：①施工发承包合同、专业分包合同及补充合同，有关材料、设备采购合同；②招标投标文件，包括招标答疑文件、投标承诺、中标报价书及其组成内容；③工程竣工图或施工图、施工图会审记录，经批准的施工组织设计，以及设计变更、工程洽商和相关会议纪要；④经批准的开、竣工报告或停工、复工报告；⑤建设工程工程清单计价规范或工程预算定额、费用定额及价格信息、调价规定等；⑥影响工程造价的其他资料。

之所以要保证竣工结算报告及资料的完整性，主要是为后期发包人不能按照约定在合理期限完成竣工结算时承包人可以依据提交的送审价作为结算价做准备。

5.2.13.3　承包人提交竣工结算申请时除应当严格保证提交时间和内容外还应当注意的内容

（1）结算书应当包括全部完成的工程量；

（2）结算时应当包括已经完成签证和未完成签证而产生索赔的利息、违约金、损失赔偿款等；

（3）结算涉及的开工日期、停工日期等应当符合承包人的客观情况和合理主张，不能因担心发包人不予认可而主动减少工程量或价款；

（4）申请及结算书中均应有承包人的相关人员签字和承包人加盖印章，体现能够代表承包人完整的意思表示；

（5）申请应当按照本章通知的要求完成交付证据的搜集和留存，并且能够证明交付的时间和报审金额。

5.2.13.4　报审后的应对

（1）有异议

承包人完成竣工结算的申请报送后，发包人或监理人对竣工结算申请单有异议的，应在28天内要求承包人进行修正和提供补充资料，承包人应提交修正后的竣工结算申请单，修正后的提交程序应当按照结算申请的要求提交。

（2）无回音

发包人在收到承包人提交竣工结算申请书后28天内未完成审批且未提出异议的，此时根据《建设工程施工合同（示范文本）》（GF-2017-0201）的约定，应视为发包人认可承包人提交的竣工结算申请单，并自发包人收到承包人提交的竣工结算申请单后第29天起视为已签发竣工付款证书。也就是说竣工结算已经完成，结算金额即承包人送审的价格。此时承包人应特别注意，除非有特别需要，否则不可以再次向发包人进行报送结算，更不可以降低结算价格向发包人报送，而应该通知发包人根据结算结果支付工程款，进一步巩固结算结果，以便行使结算后的债权。

另外，自发包人收到承包人提交的竣工结算申请单后第29天起视为已签发竣工付款证书。发包人应当在14天内按照合同约定支付工程竣工结算款，逾期支付的，按照中国人民银行发布的同期同类贷款基准利率支付违约金；支付超过逾期56天的，按照中国人民银行发布的同期同类贷款基准利率的两倍支付违约金。此时承包人往往对享有的债权信息掌握不足，更有甚者在主张工程款时放弃利息，或者主动要求按照一倍的利率主张利息，这些行为均是对其利益的重大损害。

5.2.14 工程交接

5.2.14.1 基本内容

工程交接是承包人撤出施工现场交由发包人管理的过程。工程交接是工程和施工现场的控制权进行移交，这个节点对承包人的权利义务有重大的影响，一般包括如下事宜：

（1）承包人对工程管理责任移交：交接之前的管理责任和费用由承包人承担，移交之后由发包人承担。

（2）对工程的管控权利的交付：交接后工程和施工现场交由发包人管理，如果因为工程量等事宜需要鉴定，则承包人必须有发包人的配合才能实施。

（3）工程交接是施工行为结束的节点：一般会被认定是施工结束的时间点，对工期的计算可能产生重大影响。

（4）如果工程尚未完工承包人撤场进行工程交接：可能被认定为明确拒绝继续履行合同义务。

（5）一般情况下工程交付意味着发包人对工程的使用，可能直接导致工程质量被认定为验收合格。

（6）如无相反证据，工程交接后会被认定为承包人已经履行施工现场的清理义务，如地表还原、垃圾清运出场等。

（7）除非另有约定，否则工程交接后会被推定为承包人已将现场清理完毕，如果承包人主张发包人实际使用或者占用其遗留的施工设备等财产，承包人需要承担举证责任。

因为上述事项关系到承包人的权利义务，所以在工程移交时应当进行风险管理。

5.2.14.2 签署工程交接手续

工程交接时应当签署工程交接手续。交接手续可证明交接的时间及交接现场的情况，所以应当包括如下内容：

（1）交接时间：作为权利义务转移的节点，应当明确并最好明确到具体时刻。

（2）交接双方的主体：交接主体特别是接收主体，是用以证明发包人是否有效接受的依据，所以接收主体的人员应当是发包人委派的代表，应当持有发包人的相关授权，并将交接手续及授权原件交由承包人保管。

（3）交接工程的完工情况：交接工程已完工程的情况应当是工程量的确定，如果在工程交接时尚未完成工程量的确定，在后期承包人很难取得主动地位再对工程量确定，更何况现场由发包人实际管控，承包人实地勘测都非常困难，必须依赖发包人的配合才能实现。

（4）工程资源使用情况：施工过程中承包人需要使用发包人的水、电、汽等资源，对该资源一般需要由承包人单独支付费用，如果后期因该费用发生争议，承包人举证相对困难，而且作为债务方，发包人在承包人提出债权主张时，会要求从中扣除资源费用，在无法确定时往往以多扣为原则，在诉讼中该主张也会被支持，所以应当对资源的使用情况进行确定。

（5）特别提示：工程移交时涉及特别事项应对发包人进行合理提示，以防引起不必要的风险，如提示正在运行的设备的管理和维护可能产生的隐患，否则会被认定为承包人存在故意或者重大过失，需要承担赔偿责任。

（6）现场清理情况：承包人退场后，如有未清理的垃圾物品或者地表未能恢复等事项得到证实，则构成违约，发包人会向承包人主张赔偿清理费用，该赔偿费用一般会大于承包人实际清理的成本，所以应当及时清理完毕，不需要清理的应当在交接手续上明确清理义务已经履行完毕。

（7）工程质量验收情况：工程交接一般情况下会被认定工程质量已经验收合格，但工程质量的举证责任毕竟由承包人承担，加之在实际施工过程中可能存在验收手续不完善的情况，在后期可能发生工程质量举证困难的问题，所以应当在工程交付时明确工程质量合格的相关验收内容。

（8）遗留物品情况：《建设工程施工合同（示范文本）》（GF-2017-0201）通用合同条款规定，承包人应在专用合同条款约定的期限内完成竣工退场，逾期未完成的，发包人有权出售或另行处理承包人遗留的物品，由此支出的费用由承包人承担，发包人出售承包人遗留物品所得款项在扣除必要费用后应返还承包人。然而大量的纠纷在于：发包人需要临时使用或者过渡性使用承包人设备，有些现场剩余的施工材料发包人提出购买的意思，但对设备的详细情况和材料价格等未进行约定或者无证据证明，导致后期对此事实是否存在说法不一，承包人就无法主张设备和材料的相应赔偿。

5.2.14.3　未完工程的交付

未完工程较之于一般工程的交接更为复杂，除了应当具有一般工程交接的内容外，还需要特别注意如下事项：

（1）交付原因：对于合同来说，工程施工完工是双方签订合同的目的，合同未完工而进行交付是预料之外的事实，原因包括：①发包人的原因，如发包人迟延付款、迟延开工、未能提供施工条件等违约行为导致承包人无法进行工程施工而提出解除合同。②承包人违约，如承包人直接拒绝施工。③客观原因导致无法施工，如地下水、不可抗力等原因。造成合同中止或者解除的责任方势必需要对对方承担赔偿责任，如果承包人未能提供证明证据停止施工并交付并非自身原因，有很大可能会被认定为其以实际行动不履行合同义务，此时承包人需要承担合同解除的违约责任。而发包人为了尽快取得工程现场的控制权，会采取权宜之计实现工程交接，所以承包人应当在工程交接时就工程交付的原因进行明确。

（2）已完工价款：工程交付后因为工程控制权已交由发包人，除了工程量无法确定外，对未完工的工程价款如何计算双方也会产生分歧，如果是固定单价合同，一般情况下工程量增加时会对增加的工程调低单价，工程量正常减少一般不做调整，但如果工程量非正常减少并因为企业管理费等间接费用的产生，如果仍然按原定固定单价进行计算便有失公平；还有如固定总价合同，合同未完工的情况下总价目标未能实现，对已完工程是按完工比例方法进行结、按一定的定额进行结算，还是采用其他方法结算，都需要进行确定，否则工程一旦进入鉴定程序，对承包人而言，工程造价存在很大的不确定因素，会导致很大的成本投入，所以在工程交付前应尽可能完成对已完工程价款的结算工作，同时对是否留存质保金、是否进行工程保修等内容一并作出处理。

5.2.14.4 发包人不交接的应对

（1）交接：是指发包人因为对工程暂时没有现实的使用需求，对承包人交付的工程不予接收，此时，承包人应当在接受日期到期前先行通知发包人进行工程接收，逾期后发包人无正当理由不接收工程的，承包人应及时通知发包人自应当接收工程之日起承担工程照管、成品保护、保管等与工程有关的各项费用，合同专用合同条款对逾期接收工程有规定的按照合同约定执行。如果承包人无法垫付各种保管费用而发包人又不予支付，在催促无效的情形下承包人可以通知发包人后单方退场，但该退场应当是两次以上催促无效的情形下实施，而且通知应当明确退场的时间、风险及其他需要提示的交接内容。单方退场需要慎之又慎，并尽可能要求专业人员和见证人参加。

（2）不办理手续：发包人接收工程单不办理接收手续，对承包人要求签字的手续拒绝签字，对此承包人可以拒绝交付工程。承包人需要交付或者发包人强行单方接收的，承包人应及时按要求对财产进行保护并行使现场管理权，对现场情况在公安部门进行询问时应当详细陈述，并要求工作人员进行记录，尽可能在公安部门的参与下通过公证处进行现场证据保全。对公安部门的材料应妥善保管，并尽快通过诉讼等方式提取公安部门的证据，防止证据在公安机关遗失。

5.2.15 暂停施工

5.2.15.1 基本内容

承包人的义务是进行工程施工，暂停施工本身就是中止合同的履行，而中止履行合同除非有法定事由，否则构成违约。根据《建设工程施工合同（示范文本）》（GF-2017-0201）通用条款的规定和《中华人民共和国民法典》的规定，发包人财务恶化、影响施工安全的紧急情况、发包人逾期未支付安全文明施工费、紧急情况和发包人违约情形下，承包人可以暂停施工，但具体每个情形的暂停施工需要具备什么条件和如何实施，则需要通过本节解决。

5.2.15.2 发包人财务恶化

（1）基本情形

发包人财务恶化是笔者通俗称谓，并非专业法定术语。根据《中华人民共和国民法典》和《最高人民法院〈关于当前形势下审理民商事合同纠纷案件若干问题的指导意见〉的通知》（法发〔2009〕40号）的规定，发包人财务恶化是指：经营状况严重恶化；转移财产、抽逃资金，以逃避债务；丧失商业信誉；被吊销营业执照、被注销、被有关部门撤销、处于歇业状态；有丧失或者可能丧失履行债务能力的其他情形。

（2）证据获取

承包人依据发包人财务恶化提出暂停施工，应当具有相应的证据，当事人没有确切证据中止履行的，需要承担违约责任。关于证据需要根据具体情形进行判别，如发包人转移财产、抽逃资金以逃避债务，就需要证明发包人具有转移财产或者抽逃资金的行为。以抽逃资金为例，股东向发包人缴付出资后不能直接对公司财产进行控制，而是应当由公司经营者根据公司的经营需要对投入的资金进行使用，但股东在公司任职，也可能通过对公司管理者的任命间接实现对公司经营的控制，如果发包人股东认为发包人无法获得利润甚至可能出现亏损，会先抽回投资本金，也就是通过直接或者变相的方式将发包人公司资产转移到股东个人或者关联人员名下。但仅有转移还是不够的，承包人还需要判断发包人股东转移资金的目的是逃避债务。要证明这一点，首先要证明发包人具有现实的债务，同时要证明发包人抽逃或者转移该资金后无资产用来偿还债务，上述内容都能证明才能以此为由暂停施工。

5.2.15.3　紧急情况

紧急情况包括影响安全的紧急情况和其他紧急情况，如遇到突发的地质变动、事先未知的地下施工障碍等影响施工安全的紧急情况。发生这类紧急情况时，承包人应及时报告监理人和发包人，发包人应当及时下令停工并报政府有关行政管理部门采取应急措施。在承包人报送监理人和发包人的过程中，如果影响安全，承包人也应暂停施工，并非必须等到发包人的批准，但需要注意三个方面的问题：

（1）情况紧急

发生此类情况应当是突然发生，如果能够提前预期并可以采取一定的措施预防，则不属于该类需要停工的紧急情况，所以需要对紧急有合理的认识，并搜集紧急情况发生和现实状态的证据。

（2）影响施工

紧急情况导致无法正常施工，或者虽然可以正常施工但会发生安全事故或隐患，此两者之间必须具有因果关系。

（3）暂停指示

因紧急情况需暂停施工，且监理人未及时下达暂停施工指示的，承包人可先暂停施工，并及时通知监理人。监理人应在接到通知后 24 小时内发出指示，逾期未发出指示，视为同意承包人暂停施工。监理人不同意承包人暂停施工的，应说明理由，承包人对监理人的答复有提出异议的权利。

5.2.15.4　发包人违约

（1）迟延支付安全文明施工费

发包人应在开工后 28 天内预付安全文明施工费总额的 50%，其余部分与进度款同期支付。发包人逾期支付安全文明施工费超过 7 天的，承包人有权向发包人发出要求预付的催告通知，发包人收到通知后 7 天内仍未支付的，承包人有权暂停施工。

（2）迟延支付预付款

发包人逾期支付预付款超过 7 天的，承包人有权向发包人发出要求预付的催告通知，发包人收到通知后 7 天内仍未支付的，承包人有权暂停施工。

（3）发包人有其他违约行为

发包人有其他违约行为的，承包人可向发包人发出通知，要求发包人采取有效措施纠正违约行为。发包人收到承包人通知后 28 天内仍不纠正的，承包人有权暂停相应部分工程施工，并通知监理人。

5.2.15.5 暂停注意事项

（1）暂停施工期间，承包人应负责妥善照管工程并提供安全保障，由此增加的费用由责任方承担。

（2）暂停施工期间，发包人和承包人均应采取必要的措施确保工程质量及安全，防止因暂停施工扩大损失。

（3）暂停施工后，发包人和承包人应采取有效措施积极消除暂停施工的影响。在工程复工前，监理人会同发包人和承包人确定因暂停施工造成的损失，并确定工程复工条件。当工程具备复工条件时，监理人应在经发包人批准后向承包人发出复工通知，承包人应按照复工通知要求复工。

5.2.16 合同解除

5.2.16.1 基本内容

合同解除是当事人解除合同效力的行为。除法律另有规定或者当事人另有约定外，合同一经签订，对双方当事人即具有约束力，合同解除就是将合同对当事人的约束力去除，然后根据造成合同解除的责任因素和后果，进行债务清理和赔偿。合同是当事人双方的真实意思表示，一经签订既需要按照约定履行义务，也不可以随意解除，所以合同解除需要具备一定的条件。从获得工程业务的角度而言，承包人一般不会轻易主张解除合同，但为了自身利益，在一定情况下也会主张解除合同。那么承包人在哪些情况下可以解除合同？合同解除权如何行使？解除合同需要注意哪些问题？这些是本节需要解决的问题。

5.2.16.2 承包人实际可以解除合同的情形

（1）发包人财务状况恶化

一般工程中发包人不支付预付款，即使支付预付款也是很少，首先承包人垫资进行施工，然后根据工程进度，发包人再支付一定比例的进度款，大部分情况下进度款按期支付仍不能实现承包人成本的收回目的，更何况发包人经常拖延支付进度款，所以一般情况下承包人先履行施工义务，然后发包人履行付款义务，是建设工程施工合同的主要模式。如果发包人财务状况明显恶化，为了防止发包人后期无法支付工程款，承包人可以暂时停止施工并通知发包人。发包人对支付工程款提供适当担保的，承包人应当复工；如果发包人未能恢复财务状况且未提供担保的，承包人可以解除合同。

（2）情势变更

情势变更简单地说就是建设工程施工合同签订时的环境在履行过程中发生变化，继续履行合同对当事人一方明显不公平，如原材料大幅上涨，但这种环境变化不是正常市场变化所能预测到的，即使是有经验的施工单位也无法预料，这时，受不利影响的当事人可以与对方重新协商；在合理期限内协商不成的，当事人可以请求人民法院或者仲裁机构变更或者解除合同。

（3）不可抗力

不可抗力是指发生特定的事件，该事件不能预见、不能避免且不能克服，该事件倒转合同目的也无法实现的，此时可以解除合同。根据《建设工程施工合同（示范文本）》（GF-2017-0201）的规定，因不可抗力导致合同无法履行连续超过84天或累计超过140天的，发包人和承包人均有权解除合同。所以，在不可抗力导致合同无法履行而停工时，是否构成合同目的无法实现，是可以根据停工时间来确定的。

（4）发包人违约

① 发包人明确表示或者以自己的行为表明不履行主要债务，也就是拒绝支付工程款的，承包人可以直接解除合同；

② 因发包人原因导致监理人未能在计划开工日期之日起90天内发出开工通知的，承包人有权解除合同；

③ 因发包人原因造成暂停施工持续84天以上不复工的，并影响到整个工程及合同目的实现的，承包人有权提出解除合同；

④ 发包人迟延提供的主要建筑材料、建筑构配件和设备不符合强制性标准或者不履行协助义务，致使承包人无法施工，经催告后在合理期限内仍未履行相应义务的；

⑤ 因发包人原因未能按合同约定支付合同价款、发包人自行实施被取消的工作或转由他人实施，经催告后在合理期限内仍未履行，导致承包人的合同目的无法实现的。

（5）约定事由

发包人和承包人可以在合同中约定解除合同的事由，在合同履行过程中解除合同的事由发生时，解除权人可以解除合同。

5.2.16.3 解除合同的行使

（1）因发包人财务恶化解除

① 解除程序

承包人发现发包人财务恶化，不能直接解除合同，应当首先暂停履行合同，然后及时通知发包人，通知的内容是承包人发现发包人财务恶化的情形，以及承包人采取暂时中止施工的行为，并要求发包人提出解决方案，包括提供担保或者合理期间内恢复财务状况。发包人在合理期限内既未提供担保也未能够恢复财务状况的，承包人有权解除合同。

② 关于合理期限

所谓的合理期限，法律并没有明确规定，从立法本意而言，合理期限既要考虑承包人可以接受的期限，也要考虑发包人提供担保的合理时间条件。根据法律对解除条件的设置而言，解除的条件是合同目的无法实现的情形，作为承包人，给予发包人的期限应当是充足的时间，在充足时间过后发包人的财务状况恶化到常人无法相信具有履约能力的情形。当然这个时间还需要结合财物恶化的事实本身，如发包人丧失商业信誉，发包人对到期应付款无法支付，且呈连续状态，并且发包人作为义务人经强制执行仍未能履行义务，此时如果承包人中止履行合同后要求发包人 10 日内提供担保，发包人未能提供任何担保，从一般人角度，足以认定发包人不再具有担保能力，该 10 日应当理解为符合合理期限。反之，如果发包人无法支付到期应付款但尚未进入执行阶段，承包人要求发包人 30 日内提供工程款 1000 万元的担保，发包人仅提供资金来源 1000 万元的证明，未能提供担保，此时尚无法排除发包人不具备偿付能力，应当理解为 30 日仍无法满足合理期。所以，合理期限应当按照常人的标准去综合考虑。

（2）情势变更解除

① 解除事由

情势变更是导致承包人履行成本增加的事由，但该事由不能是不可抗力，也不能是商业风险。不可抗力是指不能预见不能避免并不能克服，其结果是导致合同无法履行，而情势变更是导致仍然能够履行，只是履行成本大幅增加，例如 2008 年，美国次贷危机引发全球金融危机，对市场造成极大破坏，导致钢材成本大幅上涨，此时的上涨属于情势变更。再如 2020 年新冠肺炎疫情造成全球经济变化，此时工程施工人力成本的大幅度增加，也构成情势变更。

② 事由变更时间

情势变更的事由变化需要发生在合同签订后，在合同签订前并没有发生而且也无法预料到会发生。如果在合同签订时，有经验的承包人能够预料到钢材市场因为某些因素会发生大幅动荡，此后在合同履行中果然应验，该事由不构成情势变更。

③ 解除程序

承包人如果根据情势变更主张解除合同，首先需要与发包人就情势变更的事由进行协商，经过一段合理的时间协商无法完成合同变更，则承包人有权通过司法程序要求解除合同，当然能够通过司法程序变更解决的，承包人也首先应当考虑变更解决。

5.2.16.4 解除时间

承包人对享有的合同解除权应当在合理期限内行使，合同中对行使期限有约定的，期限届满当事人不行使的，该解除权利消灭。双方没有约定解除权行使期限的，自解除权人知道或者应当知道解除事由之日起一年内不行使，或者经发包人催告后在合理期限内不行使的，该解除权利消灭。

5.2.16.5 解除方式

承包人主张解除合同的，可以通过通知发包人的方式解除，双方的合同自通知到达发包人时解除；承包人也可以在通知中载明发包人在一定期限内不履行义务则合同自动解除，发包人在该期限内未履行债务的，合同自通知载明的期限届满时解除。承包人也可以不进行通知，直接按照合同约定的管辖方式，以提起诉讼或者申请仲裁的方式依法主张解除合同。

5.2.16.6　解除的后果

合同解除后，合同的权利义务关系终止。此时承包人无须按照合同约定履行施工义务，也无权要求发包人履行合同约定的义务。对已经完成的工程质量合格的，发包人应当向承包人支付工程款，已完工程质量不合格经修复后合格的，发包人仍应当支付已完工程工程款。因发包人责任造成合同解除的，承包人除主张工程款外，可以要求发包人赔偿承包人剩余工程的可得利益损失，发包人应当在合同解除后28天内支付以上款项及下列款项：

（1）承包人为工程施工订购并已付款的材料、工程设备和其他物品的价款；

（2）承包人撤离施工现场及遣散承包人人员的款项；

（3）按照合同约定在合同解除前应支付的违约金；

（4）按照合同约定应当支付给承包人的其他款项；

（5）按照合同约定应退还的质量保证金；

（6）因解除合同给承包人造成的损失。

5.2.17　证据搜集

5.2.17.1　基本内容

民事诉讼中奉行谁主张谁举证的原则。建设工程施工合同纠纷主要有三个：工程款纠纷、工期纠纷和质量纠纷。承包人向发包人索要工程款是最大的一类纠纷，对此承包人需要证明发包人应付的工程款数额，其中涉及工程款的计算问题，包括工程量、工程计价、工程变更等一系列问题。承包人主张工程款，发包人反诉要求承包人承担工程质量和工期损失的责任，无论合同有效还是无效，工程质量纠纷是承包人主张工程款的前提，工程由承包人实施，所以证明工程质量合格是承包人的义务。关于工期违约问题属于发包人的举证义务范围，即发包人要证明承包人的工期超过合同约定，但发包人只要证明合同约定的开工日期和承包人实际竣工日期不一致就可以认定工程超期，承包人则需要证明实际开工、竣工的日期与发包人所述不一致的证据，还需要提供能够证明工期应当顺延的证据，所以承包人承担大量的举证责任。在发包人拖欠工程款或者可能发生纠纷时，搜集证据更是承包人的重大工作任务，一旦双方关系僵化则更难以搜集证据，所以证据搜集不能依赖于纠纷发生前，承包人更应当在合同履行过程中加强证据收集和完善的意识。

5.2.17.2　证据搜集

根据一般性的举证要求，承包人应当从如下四个方面进行证据的搜集：

（1）承包人资格；

（2）承包人与发包人签收的合同及相关文件证实承包人享有合同的约定权利；

（3）承包人的营业执照、资质手续等证明承包人有权实施相应的项目工程；

（4）承包人履行工程建设的资料证明，如签证单、付款转账凭证、结算单、开工通知、变更通知、往来函件等证明实际履行了工程施工。

5.2.17.3 责任主体

（1）承包人与发包人、转包人、被挂靠单位、总承包人等签订的合同、会议纪要、备忘录等证明相对人对承包人负有相应的义务；

（2）发包人、转包人、被挂靠单位、总承包人等主体对项目工程实施的指令、通知、申请手续，包括向平等第三方、向行政部门、向内部执行机构等实施的指示，证明该类主体与项目工程的关联性。

5.2.17.4 工程价款

（1）结算单或者结算协议、审计、鉴定等证明双方对工程价款确定的最终性文件；

（2）承包人与上游相对方签订的合同、协议、会议纪要、确认书等关于工程价款的计价方式的依据；

（3）根据计价依据得到的相关的定额、指数、价格等信息；

（4）设计文件、图纸、通知、工程量进度审批、变更通知等关于工程计量及其变更的往来凭证；

（5）付款、停工、不可抗力、恶劣条件及其他责任等引起的签证、索赔等影响工程价款变化的材料；

（6）与合同履行有关的税款、发票的约定、交付情况；

（7）在可能构成以报审价（量）结算的情形下，承包人向监理人或者发包人报送的证明资料；

（8）已经付款的金额和付款对象的转账凭证、对账单、收据等。

5.2.17.5 工程质量

（1）承包人与发包人签订的竣工验收报告等资料；

（2）第三方为项目工程出具的竣工验收、部分验收、质量鉴定等与质量有关的结论性意见；

（3）发包人已经实际使用工程的证据材料；

（4）在施工过程中材料、工程设备、隐蔽工程、检验批准、单位工程等进行验收的资料；

（5）发包人提供材料、设备责任，以及发包人损坏、变更工程等责任导致工程质量问题的证据。

5.2.17.6 工期

（1）合同、补充协议、会议纪要等关于工期的约定；

（2）开工报告、开工通知、现场交接文件等证明实际开工日期的资料；

（3）竣工报告、项目投产文件、工程试运行文件、甩项验收文件等能够证明工程实际完工日期的资料；

（4）停工、复工、索赔、签证等能够证明实际停工日期的资料；

（5）不可抗力、发包人或者监理人通知、政府等第三方通知等引起停工的客观事实证据；

（6）鉴定、协议等能够证明应当顺延工期具体期间的资料；

（7）设计变更、工程增量、发包人或者监理人责任导致工期需要顺延的事实证据。

5.2.17.7 证据的形式

（1）双方签署的合同、协议、会议纪要等正式性文件；

（2）通知、函件、告知书、申请等单方向对方发出或收到的文件；

（3）交接单、收条、发票、确认书、收料单等双方非正式签署的资料文件；

（4）签证单、开工报告、付款申请、工程报量、验收、付款等双方根据合同约定履行的常规性手续；

（5）双方通过快递、电子邮件收发材料的信息凭证；

（6）双方通过新闻媒体、公众号、小视频、官方网站等自媒体公布或发布的与项目有关的信息；

（7）双方及双方工作人员，通过正式或者非正式方式以短信、微信、QQ等方式聊天、发送信息等形成的资料。

5.2.18 优先权行使

5.2.18.1 基本内容

优先权是指发包人未能按照与承包人的约定支付工程款，承包人可以通过人民法院将建设工程拍卖，承包人可以将拍卖的价款优先实现应当实现的工程款。在一般情况下，发包人拒绝支付工程款的，承包人也可以通过诉讼（仲裁）的方式由法院判决支付工程款，在发包人未能执行法律文书的情形下，也可以将建设工程进行拍卖用于偿还承包人的工程款，但建设工程一般都需要较大的投资，发包人往往将土地、在建工程都进行了抵押，在一般情况下，即使建设工程被拍卖，所得价款也需要首先支付银行等抵押权人的债务，但通过优先权的规定，承包人可以在抵押权之前优先取得拍卖款用于实现工程款，这是对承包人债权实现的有效保护手段。

5.2.18.2 行使主体

能够行使优先权的承包人，应当是与发包人签订建设工程施工合同的承包人，经过转包、分包等方式取得工程施工权利但与发包人无直接合同关系的承包人无权行使优先权。

5.2.18.3 优先权行权对象

承包人行使优先权主张工程款的，能够主张的对象是发包人，而发包人并非所有发承包关系的发包人，而是建设单位，即俗称的业主，一般情况下是建设工程的所有权主体，有时是代表国家行使所有权的主体。而主张行权的物的对象——工程，应当是能够自由转让的工程，如果该工程不具有转让的属性，则不能成为优先权的行使对象，如工程为桥梁、图书馆等特定设施，不具有可转让性，则不能作为优先权的行使对象。同时工程必须是质量合格的工程，无论建设工程施工合同有效还是无效，无论工程是已完工程还是未完工程，工程质量合格是工程可以拍卖的基础条件。

5.2.18.4　优先权行使的内容

优先权行使的内容是承包人依据合同和法律规定应当取得的工程款，包括工程款的各项费用，如人工费、材料费、施工机具使用费、企业管理费、利润、规费和税金，但不包括依据合同和法律向发包人主张的违约金、赔偿金、利息等工程款外的款项。

5.2.18.5　行使程序

承包人向发包人主张优先权以实现工程款的，首先应当在工程款应付期间届满后催告发包人在合理期限内履行付款义务。发包人在该合理期限内仍然未能履行付款义务的，此时承包人可以与发包人协商以工程折价抵偿工程款或者拍卖事宜，也可以不经协商直接向工程所在地法院或者约定的仲裁机构启动司法程序，要求发包人支付工程款，并要求拍卖工程的款项中优先用来偿还工程款。此期间需要注意两个问题：

（1）催告履行的合理期限：发包人逾期未付工程款，承包人催告其在合理期限履行，该合理期限从法律角度没有规定，但一般考虑该时间应当不低于2个月，如果条件许可，可以适当延长。

（2）诉讼请求内容：优先权的行使需要通过法律文书明确赋予承包人，这也就是需要承包人的诉讼请求或仲裁申请中明确要求实现优先权的内容，否则将无法行使。

5.2.18.6　行使期限

承包人应当在合理期限内行使建设工程价款优先受偿权。合理期限是根据建设工程的特性决定的，如住宅工程在竣工验收后将进入大规模现售阶段，此后优先权则很难实现。如建设工程是厂房，厂房竣工验收后即将与其他项目工程进入流水线生产经营阶段，如果承包人不及时行使优先权，后期主张优先权会造成巨大的资源浪费。所以，承包人需要根据工程的特性和使用情况及时主张优先受偿权，但法律规定最长时间是18个月，也就是说无论是否合理，超过18个月，该权利的行使法律不再予以支持，但也并非在18个月内都是合理期限，所以首先应该考虑合理期限，最长不能超过18个月。

关于优先权行使的起算时间，法律规定是自发包人应当给付建设工程价款之日起算，该起算期限在现实中仍然会有争议，如约定竣工验收后28天内完成结算，结算后14天内付款，但因为发包人的原因一直没有完成结算，那么工程竣工验收后的42天是应付款日期，还是在发包人结算后满14天内才能开始计算应付款日呢？从保护承包人利益及防止分歧的角度，结合立法的目的，我们建议承包人应当以约定的付款日期为应付款日期，由于发包人的原因导致未能完成结算的，承包人可以在争议处理的司法程序中确定工程款，并同时主张优先权，以实现工程款的收回。

5.3   内控

5.3.1   债务人管理

5.3.1.1   基本内容

债务人是承包人实现工程款的对象，债务人包括发包人但不一定局限于发包人，在未进入司法执行程序之前，有必要加强对债务人的管理，防止债务人损害债权人利益行为的出现，并且从实现债权的角度来说，也应当加强债务人的管理。此段时间的长短，更多的是承包人考虑到证据的获取、与债务人发生诉讼的影响等因素。

5.3.1.2   管理主体

（1）债务人是一人公司的股东

债务人是一人公司的，除非股东能证明公司财产独立于自己的财产，否则股东应当对公司债务承担连带责任，所以应当将一人公司的股东列为管理主体。

（2）债务人是合伙企业的合伙人

合伙企业的特征是合伙人对合伙企业的债务承担连带责任，所以债务人是合伙企业的，应当对合伙人进行管理。

（3）债务人是个人独资企业的投资人

个人独资企业与其投资人直接对债务具有连带偿付的义务，应互为债务的管理范围之列。

（4）债务人的实际控制人

债务人的实际控制人滥用实际控制权利，损害债权人利益的，应当对债务人的债务承担连带清偿责任，所以应对实际控制人进行管理，调查了解债务人实际控制人是否存在使债务人偿债能力降低的行为。

（5）债务人的其他高级管理人

债务人的高级管理人员如董事、财务负责人、法定代表人等利用职务便利协助或者实施抽逃资金、转移资产、业务竞争等行为，造成债务人利益损害从而影响到债权人利益的，应当对债务人的债务承担连带偿付责任。

（6）关联主体

债务人的分公司、总公司、子公司、母公司、实际控制人均可能对债务人的偿债能力构成影响。债务人的总公司、分公司当然应当对债务人的债务承担清偿责任，所以在进行管理时应当将总公司、分公司列入债务人的管理范围。债务人的母公司、子公司实施关联交易等行为，损害债务人偿债能力的，应当对债务人的债务承担连带责任，也应作为管理主体。

（7）服务机构

对债务人提供评估、财务意见、验资、法律意见的会计师事务所、律师事务所、评估机构等第三方服务机构出具虚假意见，从而对承包人的决策判断造成损害的，也要对承包人的损失承担赔偿责任，所以该类机构也应当纳入监管范围。

（8）担保主体

对承包人向债务人享有的债权提供担保的主体负有保证承包人债权实现的义务，无论担保人提供的是保证担保还是物的担保，均应对担保主体进行管理。债务人未经依法清算即办理注销登记，在登记机关办理注销登记时，第三人书面承诺对被执行人的债务承担清偿责任的，第三人应当承担对债务的清偿责任，所以也应被列入承包人的管理范围。

（9）清算组

债务人是公司法人的，债务人发生解散的，应当在解散事由出现之日起 15 日内成立清算组，开始清算。有限责任公司的清算组由股东组成，股份有限公司的清算组由董事或者股东大会确定的人员组成。清算组应当自成立之日起 10 日内通知债权人，并在 60 日内在报纸上公告。债权人应当自接到通知书之日起 30 日内，未接到通知书的自公告之日起 45 日内，向清算组申报其债权。在申报债权期间，清算组不得对债权人进行清偿。清算组成员应当忠于职守，依法履行清算义务。清算组成员不得利用职权收受贿赂或者其他非法收入，不得侵占公司财产。清算组成员因故意或者重大过失给公司或者债权人造成损失的，应当承担赔偿责任。所以，发生清算事由时应对清算组进行管理。

债务人是法人或其他组织，被注销或出现被吊销营业执照、被撤销、被责令关闭、歇业等解散事由后，其股东、出资人或主管部门无偿接受债务人财产，致使该债务人无遗留财产或遗留财产不足以清偿债务，或者债务人未经清算即办理注销登记，导致公司无法进行清算的，债务人的股东、出资人或者主管部门应对债务人的债务承担清偿责任。

5.3.1.3　管理方式

（1）定期与债务人的工作人员进行联系，了解债务人的情况；

（2）关注债务人的官方网站、公众号等自媒体信息，发现债务人的变化情况；

（3）定期到债务人住所和实际办公场所走访了解债务人的情况；

（4）不定期搜集债务人其他需要管理主体的信息和行为情况，判定其是否具备承担责任的情形，并搜集相关证据；

（5）利用电视、新闻、信用信息系统、企查查等第三方 App、裁判文书网、被执行人信息等了解债务人及其他管理主体信息；

（6）通过函件询证、通知等方式主张债权。

5.3.1.4　管理内容

（1）转移资产

作为承包人的债务人对象，无论是发包人还是总承包人，乃至被挂靠人，一般都是营利性法人，法人是以其资产为限对外承担有限责任，承包人作为债权人不能向债务人的股东、高级管理人等主张债权。债务人为了逃避债务，有可能采取抽逃注册资金的行为，将债务人的公司资产转移到股东或者关联人员名下，从而导致债务人无须承担债务。债务人除抽逃资金外还包括如下情形：

① 将公司财产无偿赠与第三人，直接进行资产转移；

② 将公司财产低价进行转让，从而使公司资产向外转移；

③ 通过关联交易的方式将公司资产转移到关联主体名下；

④ 为关联主体债务提供担保，最终导致资产损失；

⑤ 提前清偿未到期的债务，造成已经到期的债务无法清偿。

债权人发现债务人有转移资产导致债务人偿债能力降低的情形时，可以采取撤销或者确认无效的方式要求债务人将资产恢复到转移之前的状态，从而保证承包人债权的实现。

（2）怠于行使到期债权

债务人如果享有到期债权但怠于行使权利，导致承包人作为债权人的债权无法实现，此时承包人可以依据法律规定行使代位权。所谓代位权，就是承包人作为一级债权人，可以代表债务人向次债务人行使二级债权，由次债务人直接向债权人履行债务的一种方法。该方法是解决连锁债务的有效方法。

（3）债务人分立合并

债务人在经营过程中会存在分立或者合并的改制行为。所谓分立，就是债务人的法律主体身份一分为二，或者更多；所谓合并，就是债务人与另外的法律主体合并为一个法律主体的行为。无论是分立还是合并，都可能造成债务人偿债能力的降低。公司进行分立的，公司应当自作出分立决议之日起 10 日内通知债权人，并于 30 日内在报纸上公告。债务人发生合并的，应当自作出合并决议之日起 10 日内通知债权人，并于 30 日内在报纸上公告，债权人自接到通知书之日起 30 日内，未接到通知书的自公告之日起 45 日内，可以要求公司清偿债务或者提供相应的担保，以保证自身利益的实现。

（4）债务人死亡

虽然营利法人是施工合同领域债务人的主要主体，但其中也有少量是自然人。在债务人死亡时，需要及时确定债务的承受主体，可能作为承受主体的有债务人的遗嘱执行人、继承人、受遗赠人或其他因公民死亡或被宣告死亡取得遗产的主体。该主体在遗产范围内承担责任的，继承人放弃继承或受遗赠人放弃受遗赠的，又无遗嘱执行人的，财产代管人为债务承受主体。

如果债务人被宣告失踪，代管财产的代管人在代管的财产范围内承担责任。

（5）债务人的住所、名称

债务人的名称和住所是承包人获取债权的基本保障，承包人应当及时获知债务人的住所、经常办公场所及其名称涉及的变化，以便掌握其财产的存放和变更情况。

5.3.2 内部承包

5.3.2.1 基本内容

内部承包是指承包人与其内设的机构、部门、人员就建设工程的经营管理等方面达成的一种经营责任制模式。《国家计划委员会、财政部、中国人民银行关于印发〈关于改革国营施工企业经营机制若干规定〉》（计施〔1987〕1806号）属于企业特别是施工企业内部承包为数不多的法律依据，也是比较早的部门规章性依据。该规定第二条规定：施工企业内部可以根据承包工程的不同情况，按照所有权与经营权适当分离的原则，实行多层次、多形式的内部承包经营责任制，以调动基层施工单位的积极性。可组织混合工种的小分队或专业承包队，按单位工程进行承包，实行内部独立核算；也可以由现行的施工队进行集体承包，队负盈亏。不论采取哪种承包方式，都必须签订承包合同，明确规定双方的责权利关系。该规定至今仍然有效，能够作为内部承包合法的依据。内部承包有利于激活施工企业动力，调动各方面的力量，有利于施工企业实现持续高效的发展，是施工企业较多采用的一种管理模式。但内部承包又和挂靠、转包具有很大的交叉性，如何利用内部承包及把握内部承包的边界，属于实践中的难点。本节正是满足施工企业的需求和法律的融合。

5.3.2.2　内部承包的构成条件

虽然法律对内部承包的构成条件没有明确规定，但依据《关于改革国营施工企业经营机制若干规定》，结合四川省、福建省、北京市等地高级法院对内部承包所作的具体解释和解答，结合最高人民法院及其他司法裁判的数据分析，内部承包的构成要件如下：

（1）承包者是施工企业的内部机构或人员。

内部承包的本身是以施工企业实施为基础，在具体操作层面需要有具体的实施人员，该人员可以是一个人，也可以是一部分人员组成的一个机构，但内部承包是以施工企业的内部人员或机构，而且承包的人员应当是施工企业的人员。如果是个人承包的，承包人应当是施工企业的内部职工；如果是机构承包的，机构属于施工企业的内设机构，机构的负责人及主要工作人员应当是施工企业的内部职工。所谓内部职工，是指与施工企业建立有劳动关系的劳动者。职工应当是施工企业的专职人员而非兼职人员。在司法实践中，要审查职工与施工企业是否存在劳动合同，以及施工企业是否为该职工缴纳社会保险和发放工资，并将此作为承包人是否符合内部承包主体身份的主要依据。

（2）施工企业必须提供统一管理。

施工企业承揽建设工程以其具有相应的资质为前提，而内部承包的人员或者机构无法满足资质所要求的全部实质性要件，施工企业的资质是保证建设工程质量的前提，所以在内部承包中必须实行统一的管理。管理应当包括安全管理、技术管理、质量控制、环境管理，这些管理是社会公共利益的基本需求，属于强制性的管理内容。当然施工企业可以从其他方面进行统一管理，但不属于内部管理的必然要求，如成本管理、组织管理、进度管理、信息管理等。

（3）施工企业须提供一定的物质基础。

施工企业实施统一管理和提供物质基础是统一的，提供物质条件是管理的前提和结果，提供物质条件是实施管理的依赖，当然物质条件并非简单的资金，除了包括机械、设备，还包括技术、人员、制度等条件，统一将此称为物质基础，但法律并没有规定物质条件的确定标准。我们认为该标准应当是统一管理并得以贯彻执行一致的，即作为统一管理的内容能够得到实施，并有相应的监督评价程序能够得到落实。

（4）施工企业是责任的最终承担者。

内部承包的前提是内部，所以对外而言不能以内部承包的人员或者机构作为法律主体，承包者无权也不应当成为对外实施民事行为的主体，如内部承包机构在实施工程建设中导致内部人员工伤、欠付工人工资、工程质量不合格等情形，需要对发包人进行赔偿如购入原材料形成的债务等，在内部承包机构无法履行民事赔偿和合同义务时，施工企业应当承担最终的偿付责任。如果涉及刑事和行政责任，施工企业也应基于管理义务承担相应的责任。当然最终责任是对外而言的，施工企业对外承担责任后，可以要求内部承包的责任人按照内部承包协议的约定承担责任，这并不影响内部承包的性质认定。

（5）内部承包者和施工企业具有权利义务的约定。

内部承包的本质是实现社会主义的多劳多得，实现承包者权利与义务的一致，风险和利益的一致，所以内部承包的双方是施工企业和内部承包者，双方通过内部承包的相关协议约定双方的权利义务内容，以此来促使承包者降低成本和风险，保证工程质量和工程进度，最终实现发包人的合同目的。内部承包协议的权利义务范围属于双方在平等协商基础上的约定，在法律规定的合同范围内可以自由约定，并无特别要求，对争议的解决，双方可以约定通过仲裁或者诉讼方式处理，最终保证内部承包协议的执行。

5.3.2.3　施工企业实现内部承包的风险

（1）履行能力风险

内部承包的承包者需要承担一定的经营责任和风险，如果承包者不具备承担履行内部承包协议的能力，会导致施工企业在负有义务的时候必须履行义务，而要求内部承包者承担义务时，承包者往往无法承担义务，所以在选择承包者时应当审慎认定其履行能力，从而选择更为合理的内部承包人选和模式。

（2）信誉风险

内部承包的承包者往往是一个或者几个自然人，在面对建设工程中的庞大资金诱惑时，有的人无法把持从而铤而走险，体现为携带工程款跑路或利用工程名义对外借贷或者诈骗，然后将取得的资金据为己有，或将工程再行转包攫取不当利益，从而导致项目资金、质量产生风险，这就需要施工企业在选择内部承包时对承包者进行信誉评估，在内部承包履行中加强资金和组织管理。

（3）约定不明风险

内部承包虽然有很大的好处且为众多企业所采用，但因为内部承包的法律规定不明确，从而无法把握内部承包协议的约定边界。为了防止被认定为挂靠或者在正式协议中对关键性的内容约定不明，导致在纠纷发生时缺乏判定依据，可以约定内部承包经营项目盈利时按照一定比率进行分配，对发生亏损时如何承担作出规定。还可约定施工企业需要垫付的资金数额，对超过垫付资金的利息如何计算作出约定，对发生预期外资金需求的承担责任和垫付责任作出规定，以防内部承包的风险承担超过施工企业的合理预期。

5.3.3　分包

5.3.3.1　基本内容

2014 年，《房屋建筑和市政基础设施工程施工分包管理办法》（住房城乡建设部令第 19 号）规定，施工分包是指建筑业企业将其所承包的房屋建筑和市政基础设施工程中的专业工程或者劳务作业发包给其他建筑业企业完成的活动。专业工程分包是指施工总承包企业即专业分包工程发包人将其所承包工程中的专业工程发包给具有相应资质的其他建筑业企业即专业分包工程承包人完成的活动。劳务作业分包是指施工总承包企业或者专业承包企业即劳务作业发包人将其承包工程中的劳务作业发包给劳务分包企业即劳务作业承包人完成的活动。其中，分包工程发包人包括专业分包工程发包人和劳务作业发包人；分包工程承包人包括专业分包工程承包人和劳务作业承包人。

5.3.3.2　分包要求

《住房城乡建设部关于印发〈建设工程企业资质管理制度改革方案〉的通知》（建市〔2020〕94 号）将 10 类施工总承包企业特级资质调整为施工综合资质，可承担各行业、各等级施工总承包业务；保留 12 类施工总承包资质，将民航工程的专业承包资质整合为施工总承包资质；将 36 类专业承包资质整合为 18 类；将施工劳务企业资质改为专业作业资质，由审批制改为备案制。综合资质和专业作业资质不分等级；施工总承包资质、专业承包资质等级原则上压减为甲、乙两级（部分专业承包资质不分等级），其中，施工总承包甲级资质在本行业内承揽业务规模不受限制。也就是说，专业分包工程的承包人需要符合 18 类非专业承包资质，劳务作业分包人需要具有专业作业资质。

5.3.3.3　承包人作为分包发包人的义务

（1）禁止总承包单位将工程分包给不具备相应资质条件的单位。

（2）专业工程分包除在施工总承包合同中有约定外，必须经建设单位认可。

（3）专业分包工程承包人必须自行完成所承包的工程，不得再行分包。

（4）分包工程发包人和分包工程承包人就分包工程对建设单位承担连带责任。

（5）禁止承包单位将其承包的全部建筑工程肢解以后以分包的名义分别转包给他人。

（6）施工总承包的，建筑工程主体结构的施工必须由总承包单位自行完成。

（7）劳务作业分包由劳务作业发包人与劳务作业承包人通过劳务合同约定。劳务作业承包人必须自行完成所承包的任务。

（8）分包工程发包人应当设立项目管理机构，组织管理所承包工程的施工活动。项目管理机构应当具有与承包工程的规模、技术复杂程度相适应的技术、经济管理人员。其中，项目负责人、技术负责人、项目核算负责人、质量管理人员、安全管理人员必须是本单位的人员。分包工程发包人将工程分包后，未在施工现场设立项目管理机构和派驻相应人员，也未对该工程的施工活动进行组织管理的，视同转包行为。

5.3.3.4　违法分包

（1）违法分包认定

《住房城乡建设部关于印发〈建筑工程施工发包与承包违法行为认定查处管理办法〉的通知》（建市规〔2019〕1号）的规定，违法分包是指承包单位承包工程后违反法律法规规定，把单位工程或分部分项工程分包给其他单位或个人施工的行为，具体包括：

① 承包单位将其承包的工程分包给个人的；

② 施工总承包单位或专业承包单位将工程分包给不具备相应资质单位的；

③ 施工总承包单位将施工总承包合同范围内工程主体结构的施工分包给其他单位的，钢结构工程除外；

④ 专业分包单位将其承包的专业工程中非劳务作业部分再分包的；

⑤ 专业作业承包人将其承包的劳务再分包的；

⑥ 专业作业承包人除计取劳务作业费用外，还计取主要建筑材料款和大中型施工机械设备、主要周转材料费用的。

（2）违法分包行政责任

实施违法分包行为的施工单位，应由住房城乡建设主管部门责令改正，没收违法所得，并处罚款，可以责令停业整顿，降低资质等级；情节严重的，吊销资质证书。因转包工程或者违法分包的工程不符合规定的质量标准造成的损失，与接受转包或者分包的单位承担连带赔偿责任，其中罚款金额为工程合同价款的0.5%以上1%以下。

5.3.3.5　风险预防

建议除参照第5章中5.3内控中的"5.3.2内部承包"中履行能力和信誉风险进行预防外，还应做到以下几点：

（1）加强收款管理

承包人和分包人及发包人在签订合同中应约定发包人向承包人付款的唯一途径，分包人无论是承包人合作的主体，还是发包人指定的主体，应当严守收款一条线的方法，即发包人支付的所有与工程有关的款项，必须统一进入承包人账户或者由承包人收取。即使分包人具有协调收取资金的能力和条件，也仅能进行协调，不能收取或者代为收取工程款。发包人也不能在承包人指示下将工程款直接支付到分包人名下或者其他如材料供应商等第三方名下，确保资金安全和可控。

（2）强化支出管理

分包人取得工程款后并没有直接用于项目工程支出，而是挪作他用的情形时有发生，有的即使没有挪用，也会因为项目亏损导致无法偿还所有债务，导致产生工人工资、材料供应商、借款等大量债务，引发债权人聚集，损害承包人的声誉和形象。为了保证项目工程款的支出用于工程本身，必须对工人进行实名制管理，监督检查实名制落实和考勤情况，工资通过工资卡直接支付到工人手中，检查监督分包人包工头代收工资、代持工资卡、虚假工人工资卡等情形。对材料款项应根据分包人提供的买卖合同和收货凭证等据实支付材料款，并委派专人监督收料情况，保证材料款支付真实可靠。对施工机械、脚手架、模具等费用参照材料款支付，有效防范支出环节的法律风险。

（3）防控发票风险

项目工程是发包人与承包人双方签订的合同，合同价款将由发包人支付给承包人，承包人需要按9%的税率向发包人开具增值税专用发票，如果工程转包的话，承包人一般能收取的管理费大约为5%，此时如果承包人不要求分包人提供发票，则会毫无利益并且要发生亏损，如果要求分包人提供发票，则可能导致虚开增值税发票的经济乃至刑事风险。结合资金支出的风险预防需要，应当由材料供应商直接与承包人签订采购合同、租赁合同等相关协议，费用和供应商由分包人选择和确定，所产生的费用支出从应付分包人工程款中扣除，有效预防财务风险和虚开增值税发票的风险。

（4）防控质量、安全、技术、环境、进度风险

承包人需要对发包人承担工程的质量义务，并需要保证工程进度能够符合合同约定，需要对质量、技术、进度进行控制，而承包人作为法定施工主体，需要承担安全及环境方面的社会责任。如果发生安全事故或者环境损害等事故，承包人需要承担责任，所以需要加强安全和环境方面的控制。控制应从事前、事中两个阶段进行。控制需要根据分包人的履约能力和信誉状况选定，可以考虑以组织审查、文件审核、现场监督、抽查检验、定期报告、资料归集等方法进行控制。

5.3.4 转包

5.3.4.1 基本内容

《住房城乡建设部关于印发〈建筑工程施工发包与承包违法行为认定查处管理办法〉的通知》（建市规〔2019〕1号）中规定，转包是指承包单位承包工程后，不履行合同约定的责任和义务，将其承包的全部工程或者将其承包的全部工程肢解后以分包的名义分别转给其他单位或个人施工的行为。

5.3.4.2 转包的认定

除有证据证明属于挂靠或者其他违法行为外，以下情形属于转包：

（1）承包单位将其承包的全部工程转给其他单位（包括母公司承接建筑工程后将所承接工程交由具有独立法人资格的子公司施工的情形）或个人施工的；

（2）承包单位将其承包的全部工程肢解以后，以分包的名义分别转给其他单位或个人施工的；

（3）施工总承包单位或专业承包单位未派驻项目负责人、技术负责人、质量管理负责人、安全管理负责人等主要管理人员，或派驻的项目负责人、技术负责人、质量管理负责人、安全管理负责人中一人及以上与施工单位没有订立劳动合同且没有建立劳动工资和社会养老保险关系，或派驻的项目负责人未对该工程的施工活动进行组织管理，又不能进行合理解释并提供相应证明的；

（4）合同约定由承包单位负责采购的主要建筑材料、构配件及工程设备或租赁的施工机械设备，由其他单位或个人采购、租赁，或施工单位不能提供有关采购、租赁合同及发票等证明，又不能进行合理解释并提供相应证明的；

（5）专业作业承包人承包的范围是承包单位承包的全部工程，专业作业承包人计取的是除上缴给承包单位"管理费"之外的全部工程价款的；

（6）承包单位通过采取合作、联营、个人承包等形式或名义，直接或变相将其承包的全部工程转给其他单位或个人施工的；

（7）专业工程的发包单位不是该工程的施工总承包或专业承包单位的，但建设单位依约作为发包单位的除外；

（8）专业作业的发包单位不是该工程承包单位的；

（9）施工合同主体之间没有工程款收付关系，或者承包单位收到款项后又将款项转拨给其他单位和个人，又不能进行合理解释并提供材料证明的。

（10）两个以上的单位组成联合体承包工程，在联合体分工协议中约定或者在项目实际实施过程中，联合体一方不进行施工也未对施工活动进行组织管理的，并且向联合体其他方收取管理费或者其他类似费用的，视为联合体一方将承包的工程转包给联合体其他方。

5.3.4.3　转包的行政责任

转包的责任与违法分包的责任相同，详见第5章中5.3内控中的"5.3.3分包"的内容。

5.3.4.4　转包的风险预防

承包人不进行工程转包是防范转包风险的根本，但存在即是合理的，市场主体不能因噎废食，作为法律工作者要服务于市场主体，而不能像执法主体一样一律要求企业的合法化。转包的风险除了前述行政责任风险外，更需要考虑的是经济责任风险，建议参照第5章中5.3内控中的"5.3.3分包"的内容。

5.3.5　挂靠

5.3.5.1　基本内容

《住房城乡建设部关于印发〈建筑工程施工发包与承包违法行为认定查处管理办法〉的通知》（建市规〔2019〕1号）中规定，挂靠是指单位或个人以其他有资质的施工单位的名义承揽工程的行为。承揽工程包括参与投标、订立合同、办理有关施工手续、从事施工等活动。实践中挂靠和转包有很大的相似度，都是由承包人之外的第三方以承包人的名义进行工程施工，其主要区别是取得工程的行为是谁在实施，如果是承包人实施，承包人取得工程施工权利后交由第三方的叫转包，如果取得工程的行为是第三方以承包人的名义实施，则构成挂靠。在无法确定是转包还是挂靠时，按结果认定为转包。

5.3.5.2　挂靠的认定

具备如下情形之一的，属于挂靠：

（1）没有资质的单位或个人借用其他施工单位的资质承揽工程的；

（2）有资质的施工单位相互借用资质承揽工程的，包括资质等级低的借用资质等级高的，资质等级高的借用资质等级低的，相同资质等级相互借用的；

（3）有证据证明属于挂靠的如下七种情形：

① 施工总承包单位或专业承包单位未派驻项目负责人、技术负责人、质量管理负责人、安全管理负责人等主要管理人员，或派驻的项目负责人、技术负责人、质量管理负责人、安全管理负责人中一人及以上与施工单位没有订立劳动合同且没有建立劳动工资和社会养老保险关系，或派驻的项目负责人未对该工程的施工活动进行组织管理，又不能进行合理解释并提供相应证明的；

② 合同约定由承包单位负责采购的主要建筑材料、构配件及工程设备或租赁的施工机械设备，由其他单位或个人采购、租赁，或施工单位不能提供有关采购、租赁合同及发票等证明，又不能进行合理解释并提供相应证明的；

③ 专业作业承包人承包的范围是承包单位承包的全部工程，专业作业承包人计取的是除上缴给承包单位"管理费"之外的全部工程价款的；

④ 承包单位通过采取合作、联营、个人承包等形式或名义，直接或变相将其承包的全部工程转给其他单位或个人施工的；

⑤ 专业工程的发包单位不是该工程的施工总承包或专业承包单位的，但建设单位依约作为发包单位的除外；

⑥ 专业作业的发包单位不是该工程承包单位的；

⑦ 施工合同主体之间没有工程款收付关系，或者承包单位收到款项后将款项转拨给其他单位和个人，又不能进行合理解释并提供材料证明的。

5.3.5.3　挂靠的行政责任

依据《中华人民共和国建筑法》第六十五条、《中华人民共和国招标投标法》第五十四条、《建设工程质量管理条例》第六十条的规定，未取得资质证书通过挂靠承揽工程的，予以取缔，并处罚款；有违法所得的，予以没收。通过挂靠方式以他人名义投标或者以其他方式弄虚作假，骗取中标的，中标无效，给招标人造成损失的，依法承担赔偿责任；构成犯罪的，依法追究刑事责任。依法必须进行招标的项目的投标人挂靠他人投标尚未构成犯罪的，处中标项目金额千分之五以上千分之十以下的罚款，对单位直接负责的主管人员和其他直接责任人员处单位罚款数额百分之五以上百分之十以下的罚款；有违法所得的，并处没收违法所得；情节严重的，取消其一年至三年内参加依法必须进行招标的项目的投标资格并予以公告，直至由工商行政管理机关吊销营业执照。施工单位挂靠他人超越本单位资质等级承揽工程的，责令停止违法行为，对施工单位处工程合同价款百分之二以上百分之四以下的罚款，可以责令停业整顿，降低资质等级；情节严重的，吊销资质证书；有违法所得的，予以没收。未取得资质证书承揽工程的，予以取缔，依照前款规定处以罚款；有违法所得的，予以没收。

5.3.5.4 被挂靠的行政责任

依据《中华人民共和国建筑法》第六十六条、《建设工程质量管理条例》第六十一条的规定，建筑施工企业转让、出借资质证书或者以其他方式允许他人以本企业的名义承揽工程的，责令改正，没收违法所得，并处罚款，可以责令停业整顿，降低资质等级；情节严重的，吊销资质证书。对因该项承揽工程不符合规定的质量标准造成的损失，建筑施工企业与使用本企业名义的单位或者个人承担连带赔偿责任。施工企业允许其他单位或者个人以本单位名义承揽工程的，责令改正，没收违法所得，对施工单位处工程合同价款百分之二以上百分之四以下的罚款；可以责令停业整顿，降低资质等级；情节严重的，吊销资质证书。

5.3.5.5 被挂靠的风险预防

承包人禁止他人挂靠是防范挂靠风险的根本，但存在即是合理的，市场主体不能因噎废食，作为法律工作者是服务于市场主体，而不能像执法主体一样一律要求企业的合法化，被他人挂靠的风险除前述行政责任风险外，更需要考虑的是经济责任风险，建议参照第5章中5.3内控中的"5.3.3分包"的内容。

5.3.5.6 挂靠的风险预防

挂靠他人进行工程承包时，因为与发包人签订合同的主体是被挂靠人而非挂靠人，挂靠人主张工程款的途径是通过发包人或者被挂靠人，但两者各有利弊。如果挂靠人直接向发包人主张工程款，虽然实践中有诸多判例的支持，但毕竟缺乏明确的法律规定，而且未能被支持的也大量存在，存在一定的不确定性。挂靠人向被挂靠人主张工程款现实中也是颇有争议，为了防范风险，挂靠人可以考虑如下防控方法：

（1）取得实际施工人身份的证据

无论是不是合同关系，享有取得工程款权利的基础是实际进行了工程施工，有许多工程挂靠主体在完工后无法取得自己是实际施工人的身份证据，以致后期索要工程款无果，在诉讼中也以败诉终局。实际施工人的施工证据一般包括与被挂靠人签订的合作合同或者类似协议，以及后期签署的补充协议、结算协议、还款协议等，然后是具体履行中的签证、申请、通知、收付款等系列证据。

（2）背靠背条款的风险预防

背靠背条款的风险预防请结合本书第4章中"4.5.1.5背靠背付款"的内容进行处理。

（3）确定工程款

挂靠人完成工程的工程款数额是取得工程款的基础，挂靠人应当通过按期报量申请验收、确定工程量、确定工程价款、分部分项结算、及时竣工结算等手续争取优先完成工程款的确认工作。

（4）确定法律关系

综上所述，如果就工程款支付发生纠纷，挂靠人无论是向发包人还是向被挂靠人主张工程款均可能存在风险，但是如果能在纠纷发生前确定法律关系，则可以排除责任主体的风险，对此首先考虑对责任主体的选择。如果能够选择发包人为责任主体，则可以在合同履行中由挂靠人和发包人直接签署文件资料来间接确定双方的合同关系，如工程变更、开停复工指令、图纸交接、签证单、联系单等实际履行中的手续，一旦能够确定主体是挂靠人而非被挂靠人，则挂靠人可以要求发包人承担责任的概率会大幅增加。如果选择发包人无望或者缺乏好处，挂靠人可以将挂靠关系确定为转包关系，以此保证无障碍地向被挂靠人主张工程款。

5.3.6 用工

5.3.6.1 基本内容

自 2008 年《中华人民共和国劳动合同法》实施以来，劳动者的权利得到极大提升，而企业的用工自主权受到很大限制，劳动用工纠纷日益增长，加之用工成本日益增加，特别是施工领域用工企业资质的要求，以及国家对农民工的保护力度增加，工伤保险待遇一路上涨，而这一切与施工企业的管理现状难以匹配。为了进一步防范用工过程中的风险，以下将从录用、规章制度、劳动合同、工伤事故四个方面进行用工风险的预防。

5.3.6.2 录用

（1）体检

《企业职工患病或非因工负伤医疗期规定》等规定，承包人在招用劳动者时缺乏体检程序，可能招用后为劳动者承担因病产生大量费用，而且在医疗期内不得解除劳动合同；承担医疗期间的病假工资和医疗救济费；对因病死亡的还需要支付丧葬补助费、抚恤费、供养直系亲属的生活困难补助费；医疗期满终止劳动合同还需支付医疗补助费。有的劳动者因为在之前单位工作构成职业病，而在入职承包人单位不久被检查发现职业病的，则劳动者职业病的责任需要由承包人承担。所以承包人应严格执行招用前体检制度。对特殊行业规定强制检查的，必须检查。对职业病检查的在劳动安全章节中具体说明。检查内容可结合《健康体检项目目录》《预防性健康检查管理办法》《健康体检管理暂行规定》确定。

（2）入职审查

根据《中华人民共和国劳动合同法》第九十一条、《中华人民共和国反不正当竞争法》第十条、《中华人民共和国刑法》第二百一十九条等法律规定，承包人需要审查拟入职劳动者的年龄、是否存在劳动关系、负有商议秘密保护义务、竞业限制等义务的情形，以防需要承担共同侵权甚至共同犯罪的法律责任。所以承包人应当进行如下审查：

① 要求劳动者出具身份证、资质证件进行核对，并留存复印件，复印件应由劳动者本人签名，防止其出具虚假证件后否认，并不得招用童工。

② 在录用登记时，要求劳动者填写是否有家族遗传病史，是否存在已经发现但未治愈的疾病或已经治愈但有可能复发的疾病。如果条件许可，要求劳动者提前出具体检资料。相关复印件和资料由劳动者签字确认。

③ 承包人应当列出不得招聘人员明细，由劳动者确认其不属于该类人员。

④ 由劳动者出具不存在未解除劳动合同情形声明，确需招聘兼职人员的，应由原单位出具同意劳动者兼职的证明。

⑤ 由劳动者出具不存在负有竞业限制的声明，并承诺因此产生的损失由劳动者本人承担，与承包人无关。劳动者还需声明不会将其他单位的商业秘密泄露或擅自在现承包人处使用。

⑥ 劳动者已经享受养老保险待遇的，不能作为劳动者对待，但是虽然超过法定退休年龄，但仍然未能享受养老保险待遇的除外，如农民工应当作为劳动关系主体对待。

⑦ 外国人在中国国内就业，需要取得行政部门的就业许可。

（3）订立劳动合同

根据《中华人民共和国劳动合同法》第八十二条规定，用人单位自用工之日起超过一个月不满一年未与劳动者订立书面劳动合同的，应当向劳动者每月支付两倍的工资。用人单位不与劳动者订立无固定期限劳动合同的，应当订立无固定期限劳动合同之日起向劳动者每月支付两倍的工资。根据《中华人民共和国劳动合同法》第十四条规定，用人单位自用工之日起满一年，不与劳动者订立书面劳动合同的，视为用人单位与劳动者已经订立无固定期限劳动合同。为了防范上述风险，承包人应当在与劳动者形成劳动关系之日起一个月内与劳动者订立书面劳动合同。为了防止在入职后一个月内无法形成书面劳动合同的一致内容，所以建议在入职之前先行签订劳动合同再办理入职。在劳动者符合签订无固定期限劳动合同的条件时，应当订立无固定期限劳动合同。

（4）告知

根据《中华人民共和国劳动合同法》第八条规定，用人单位招用劳动者时，应如实告知劳动者工作内容、工作条件、工作地点职业危害、安全生产状况、劳动报酬及劳动者要求了解的其他情况。根据上述规定，承包人在录用劳动者时应当如实履行上述告知义务，否则可能承担因欺诈给劳动者造成的损失。

（5）社保

根据《中华人民共和国劳动合同法》和《中华人民共和国社会保险法》的规定，用人单位应当依法为劳动者办理社会保险登记和缴纳社会保险费。许多用人单位因为劳动者拒绝缴纳社会保险，于是要求劳动者出具书面承诺，承诺内容是劳动者自己拒绝缴纳社会保险，因此产生的任何责任由劳动者自行承担，然后将应当向劳动者支付的社会保险费的款项直接向劳动者进行发放。然而，该约定违反了法律关于社会保险必须强制缴纳的规定，所以该约定无效，而承包人作为用人单位，是社会保险费的缴纳主体，所以产生的行政及经济责任将由承包人承担，而且，实践中已经有大量劳动者对未缴纳社会保险费的情形要求用人单位进行赔偿的案件，法院判决支持了劳动者主张的也不乏多数。为了防范上述风险，用人单位应当为劳动者办理社会保险登记和缴费事宜。

5.3.6.3　规章制度

承包人在制定、修改或者决定有关劳动报酬、工作时间、休息休假、劳动安全卫生、保险福利、职工培训、劳动纪律，以及劳动定额管理等直接涉及劳动者切身利益的规章制度或者重大事项时，应当经职工代表大会或者全体职工讨论，提出方案和意见，与工会或者职工代表平等协商确定。规章制度制定完毕后，应当进行公示或者按照公司规定通知到每一位劳动者，否则制度无法生效。承包人的制度应当合法并具有合理性，不得规定劳动合同法规定之外的罚款事项。承包人不得直接适用上级单位或其他关联主体的规章制度。

5.3.6.4 劳动合同

劳动合同的试用期应严格按照《中华人民共和国劳动合同法》第十九条的规定，在 1~6 个月期间约定试用期，试用期不得重复录用或者只约定试用期。可以与非长期工作的劳动者签订以完成一定项目工程任务为期限的劳动合同，这类合同的项目工作完成后，合同期限届满，能够更灵活地满足承包人的需要。

5.3.6.5 工伤事故

（1）工伤事故的认定

工伤保险制度是指在劳动者与用人单位建立劳动关系期间，劳动者在工作过程，或者在法定的情形下因工作原因发生事故或因接触职业性有害因素，出现暂时或丧失劳动能力、死亡时，对劳动者本人或者其近亲属提供医疗救治、职业康复、经济等必要物质帮助的一项社会保险制度。确定劳动者或者其近亲属能够享受该类物质帮助的前提，首先需要确定劳动者遭受的伤害与工作的关联性，该项确定就是进行工伤认定，应当认定为工伤的情形如下：

① 在工作时间和工作场所内，因工作原因受到事故伤害的；

② 工作时间前后在工作场所内，从事与工作有关的预备性或者收尾性工作受到事故伤害的；

③ 在工作时间和工作场所内，因履行工作职责受到暴力等意外伤害的；

④ 患职业病的；

⑤ 因工外出期间，由于工作原因受到伤害或者发生事故下落不明的；

⑥ 在上下班途中，受到非本人主要责任的交通事故或者城市轨道交通、客运轮渡、火车事故伤害的（职工以上下班为目的、在合理时间内往返于工作单位和居住地之间的合理路线，视为上下班途中）；

⑦ 法律、行政法规规定应当认定为工伤的其他情形。

以上七条被认定为属于工伤的情形是由《工伤保险条例》规定的。其中，在工作时间、工作场所、工作原因受伤是认定工伤的一般构成要求，也是工伤认定的理论基础。工作时间前后是对工作时间进行的扩充性解释；从事与工作有关的预备性或者收尾性工作是对工作原因的扩充性解释。淡化了工作原因、时间和场所本身，并进一步扩充了三者的范围和界限，充分体现了法律规定有利于劳动者的方向。但特别需要注意，交通事故的发生必须有一个前提就是劳动者本人在事故中属于非主要责任。根据交通事故责任的划分，分为全部责任、主要责任、次要责任、无责任，只有劳动者作为交通事故当事人一方不承担责任或承担次要责任时，才能被认定为工伤。

（2）视同工伤的情形

① 在工作时间和工作岗位，突发疾病死亡或者在 48 小时之内经抢救无效死亡的（48 小时起算时间以医疗机构的诊断时间为准）；

② 在抢险救灾等维护国家利益、公共利益活动中受到伤害的；

③ 职工原在军队服役，因战、因公负伤致残，已取得革命伤残军人证，到用人单位后旧伤复发的。

职工有前款第①项、第②项情形的，按照《工伤保险条例》的有关规定享受工伤保险待遇；职工有前款第③项情形的，按照《工伤保险条例》的有关规定享受除一次性伤残补助金以外的工伤保险待遇。

（3）可以被认定为工伤的情形

① 职工在工作时间和工作场所内受到伤害，用人单位或者社会保险行政部门没有证据证明是非工作原因导致的；

② 职工参加用人单位组织或者受用人单位指派参加其他单位组织的活动受到伤害的；

③ 在工作时间内，职工来往于多个与其工作职责相关的工作场所之间的合理区域因工受到伤害的；

④ 其他与履行工作职责相关，在工作时间及合理区域内受到伤害的。

（4）工伤的处理程序

工伤事故的处理涉及四个程序性问题：对工伤职工应由哪一个法律主体承担用人单位的责任，需要进行第一个程序即劳动关系认定；对劳动者受伤是否构成工伤发生争议的，属于工伤认定这一环节；对工伤劳动者进行赔偿涉及劳动能力、护理程度、停工留薪期等专业问题，需要由专业人员进行鉴定。前三个程序履行完毕后，根据法律规定可以确定赔偿款项进行赔偿发生争议的则适用赔偿程序。上述四个程序分别又有独立的程序：

① 劳动关系认定

对劳动关系认定发生争议的首先进行劳动仲裁确认，如果对仲裁裁决不服，可以启动民事诉讼程序，对一审判决不服的可以上诉进入二审程序。

② 工伤认定

工伤认定属于社会保险行政部门的专属权利，属于具体行政行为范畴，对社会保险行政部门认定的工伤认定结果有异议的，可以通过具体行政行为的救济途径处理，包括行政复议和行政诉讼进行裁判。

③ 鉴定

a. 鉴定阶段

鉴定按阶段不同分为首次鉴定、再次鉴定、复查鉴定三种。其中，首次提出劳动能力鉴定叫作首次鉴定；不服首次鉴定向省级劳动能力鉴定委员会提出的叫再次鉴定；鉴定结论作出一年后，相关当事人认为伤残情况发生变化而申请的鉴定，叫作复查鉴定。

b. 鉴定事项

ⓐ 劳动功能障碍程度初次鉴定和复查鉴定；

ⓑ 生活自理障碍程度初次鉴定和复查鉴定；

ⓒ 停工留薪期和延长停工留薪期的确认；

ⓓ 安装配置辅助器具的确认；

ⓔ 旧伤复发的确认；

ⓕ 供养亲属劳动功能障碍程度的鉴定；

ⓖ 法律、法规、规章规定的其他鉴定和确认事项。

ⓗ 供养亲属的劳动能力鉴定；

ⓘ 工伤职工其他疾病与工伤因果关系的确认。

（5）其他

劳动功能障碍鉴定也就是俗称伤残等级鉴定，共分为十级，一级是受伤最严重的等级，十级是受伤最轻的等级。生活自理障碍程度分为三个等级，即生活完全不能自理、生活大部分不能自理和生活部分不能自理。

（6）工伤的赔偿项目

根据工伤情况和结果的不同，工伤涉及的费用包括：①治疗费；②伙食补助费；③交通费；④食宿费；⑤康复费；⑥假肢等辅助器具费；⑦停工留薪期工资；⑧护理费；⑨生活护理费；⑩伤残补助金；⑪伤残津贴；⑫一次性医疗补助金；⑬一次性就业补助金；⑭丧葬补助金；⑮供养亲属抚恤金；⑯一次性工亡补助金。

（7）伤残赔偿项目

构成伤残的，如果生活不能自理，享受生活护理费；构成一至四级伤残的，领取一次性伤残补助金，并按月领取伤残津贴；构成五六级伤残的，领取一次性伤残补助金并继续上班，如果用人单位无法安排合适的工作，则按月向劳动者支付伤残津贴；构成七到十级伤残的，领取一次性伤残补助金并继续参加工作；构成五至十级伤残的劳动者，如果劳动者提出解除劳动关系或者劳动关系终止，劳动者享受一次性医疗补助及一次性伤残就业补助金。

经鉴定需要的，可以安装假肢、矫形器、假眼、假牙、配置轮椅等辅助器具，用人单位要承担相应的费用。

（8）赔偿责任

工伤赔偿费用中的停工留薪期工资、一次性伤残就业补助金由用人单位支付，其他费用由社保基金支付，但是用人单位未缴纳工伤保险费的，全部费用由用人单位承担，或者用人单位未及时办理工伤认定产生的费用由用人单位承担，不过社保基金仍具有先行支付义务。

（9）工伤的协调

对工伤赔偿达成一致意见的，应当签订工伤赔偿协议书。为了防止劳动者对赔偿结果反悔，需要双方对事故性质能认定为工伤及是否构成伤残进行确认，防止协议因为重大误解被撤销。从赔偿额度而言不应当低于法定赔偿额的30%，否则有可能被认定为显失公平而撤销。在具有被撤销可能的情形下，当地条件许可的，应尽可能将达成的调解协议进行司法确认，或者由劳动争议仲裁委员会出具调解书。

附　　录

最高人民法院关于审理建设工程施工合同纠纷案件适用法律问题的解释（一）

法释〔2020〕25 号

《最高人民法院关于审理建设工程施工合同纠纷案件适用法律问题的解释（一）》已于 2020 年 12 月 25 日由最高人民法院审判委员会第 1825 次会议通过，现予公布，自 2021 年 1 月 1 日起施行。

最高人民法院
2020 年 12 月 29 日

（2020 年 12 月 25 日最高人民法院审判委员会第 1825 次会议通过，自 2021 年 1 月 1 日起施行）

为正确审理建设工程施工合同纠纷案件，依法保护当事人合法权益，维护建筑市场秩序，促进建筑市场健康发展，根据《中华人民共和国民法典》《中华人民共和国建筑法》《中华人民共和国招标投标法》《中华人民共和国民事诉讼法》等相关法律规定，结合审判实践，制定本解释。

第一条　建设工程施工合同具有下列情形之一的，应当依据民法典第一百五十三条第一款的规定，认定无效：

（一）承包人未取得建筑业企业资质或者超越资质等级的；

（二）没有资质的实际施工人借用有资质的建筑施工企业名义的；

（三）建设工程必须进行招标而未招标或者中标无效的。

承包人因转包、违法分包建设工程与他人签订的建设工程施工合同，应当依据民法典第一百五十三条第一款及第七百九十一条第二款、第三款的规定，认定无效。

第二条　招标人和中标人另行签订的建设工程施工合同约定的工程范围、建设工期、工程质量、工程价款等实质性内容，与中标合同不一致，一方当事人请求按照中标合同确定权利义务的，人民法院应予支持。

239

招标人和中标人在中标合同之外就明显高于市场价格购买承建房产、无偿建设住房配套设施、让利、向建设单位捐赠财物等另行签订合同，变相降低工程价款，一方当事人以该合同背离中标合同实质性内容为由请求确认无效的，人民法院应予支持。

第三条 当事人以发包人未取得建设工程规划许可证等规划审批手续为由，请求确认建设工程施工合同无效的，人民法院应予支持，但发包人在起诉前取得建设工程规划许可证等规划审批手续的除外。

发包人能够办理审批手续而未办理，并以未办理审批手续为由请求确认建设工程施工合同无效的，人民法院不予支持。

第四条 承包人超越资质等级许可的业务范围签订建设工程施工合同，在建设工程竣工前取得相应资质等级，当事人请求按照无效合同处理的，人民法院不予支持。

第五条 具有劳务作业法定资质的承包人与总承包人、分包人签订的劳务分包合同，当事人请求确认无效的，人民法院依法不予支持。

第六条 建设工程施工合同无效，一方当事人请求对方赔偿损失的，应当就对方过错、损失大小、过错与损失之间的因果关系承担举证责任。

损失大小无法确定，一方当事人请求参照合同约定的质量标准、建设工期、工程价款支付时间等内容确定损失大小的，人民法院可以结合双方过错程度、过错与损失之间的因果关系等因素作出裁判。

第七条 缺乏资质的单位或者个人借用有资质的建筑施工企业名义签订建设工程施工合同，发包人请求出借方与借用方对建设工程质量不合格等因出借资质造成的损失承担连带赔偿责任的，人民法院应予支持。

第八条 当事人对建设工程开工日期有争议的，人民法院应当分别按照以下情形予以认定：

（一）开工日期为发包人或者监理人发出的开工通知载明的开工日期；开工通知发出后，尚不具备开工条件的，以开工条件具备的时间为开工日期；因承包人原因导致开工时间推迟的，以开工通知载明的时间为开工日期。

（二）承包人经发包人同意已经实际进场施工的，以实际进场施工时间为开工日期。

（三）发包人或者监理人未发出开工通知，亦无相关证据证明实际开工日期的，应当综合考虑开工报告、合同、施工许可证、竣工验收报告或者竣工验收备案表等载明的时间，并结合是否具备开工条件的事实，认定开工日期。

第九条 当事人对建设工程实际竣工日期有争议的，人民法院应当分别按照以下情形予以认定：

（一）建设工程经竣工验收合格的，以竣工验收合格之日为竣工日期；

（二）承包人已经提交竣工验收报告，发包人拖延验收的，以承包人提交验收报告之日为竣工日期；

（三）建设工程未经竣工验收，发包人擅自使用的，以转移占有建设工程之日为竣工日期。

第十条　当事人约定顺延工期应当经发包人或者监理人签证等方式确认，承包人虽未取得工期顺延的确认，但能够证明在合同约定的期限内向发包人或者监理人申请过工期顺延且顺延事由符合合同约定，承包人以此为由主张工期顺延的，人民法院应予支持。

当事人约定承包人未在约定期限内提出工期顺延申请视为工期不顺延的，按照约定处理，但发包人在约定期限后同意工期顺延或者承包人提出合理抗辩的除外。

第十一条　建设工程竣工前，当事人对工程质量发生争议，工程质量经鉴定合格的，鉴定期间为顺延工期期间。

第十二条　因承包人的原因造成建设工程质量不符合约定，承包人拒绝修理、返工或者改建，发包人请求减少支付工程价款的，人民法院应予支持。

第十三条　发包人具有下列情形之一，造成建设工程质量缺陷，应当承担过错责任：

（一）提供的设计有缺陷；

（二）提供或者指定购买的建筑材料、建筑构配件、设备不符合强制性标准；

（三）直接指定分包人分包专业工程。

承包人有过错的，也应当承担相应的过错责任。

第十四条　建设工程未经竣工验收，发包人擅自使用后，又以使用部分质量不符合约定为由主张权利的，人民法院不予支持；但是承包人应当在建设工程的合理使用寿命内对地基基础工程和主体结构质量承担民事责任。

第十五条　因建设工程质量发生争议的，发包人可以以总承包人、分包人和实际施工人为共同被告提起诉讼。

第十六条　发包人在承包人提起的建设工程施工合同纠纷案件中，以建设工程质量不符合合同约定或者法律规定为由，就承包人支付违约金或者赔偿修理、返工、改建的合理费用等损失提出反诉的，人民法院可以合并审理。

第十七条　有下列情形之一，承包人请求发包人返还工程质量保证金的，人民法院应予支持：

（一）当事人约定的工程质量保证金返还期限届满；

（二）当事人未约定工程质量保证金返还期限的，自建设工程通过竣工验收之日起满二年；

（三）因发包人原因建设工程未按约定期限进行竣工验收的，自承包人提交工程竣工验收报告九十日后当事人约定的工程质量保证金返还期限届满；当事人未约定工程质量保证金返还期限的，自承包人提交工程竣工验收报告九十日后起满二年。

发包人返还工程质量保证金后，不影响承包人根据合同约定或者法律规定履行工程保修义务。

第十八条　因保修人未及时履行保修义务，导致建筑物毁损或者造成人身损害、财产损失的，保修人应当承担赔偿责任。

保修人与建筑物所有人或者发包人对建筑物毁损均有过错的，各自承担相应的责任。

第十九条 当事人对建设工程的计价标准或者计价方法有约定的，按照约定结算工程价款。

因设计变更导致建设工程的工程量或者质量标准发生变化，当事人对该部分工程价款不能协商一致的，可以参照签订建设工程施工合同时当地建设行政主管部门发布的计价方法或者计价标准结算工程价款。

建设工程施工合同有效，但建设工程经竣工验收不合格的，依照民法典第五百七十七条规定处理。

第二十条 当事人对工程量有争议的，按照施工过程中形成的签证等书面文件确认。承包人能够证明发包人同意其施工，但未能提供签证文件证明工程量发生的，可以按照当事人提供的其他证据确认实际发生的工程量。

第二十一条 当事人约定，发包人收到竣工结算文件后，在约定期限内不予答复，视为认可竣工结算文件的，按照约定处理。承包人请求按照竣工结算文件结算工程价款的，人民法院应予支持。

第二十二条 当事人签订的建设工程施工合同与招标文件、投标文件、中标通知书载明的工程范围、建设工期、工程质量、工程价款不一致，一方当事人请求将招标文件、投标文件、中标通知书作为结算工程价款的依据的，人民法院应予支持。

第二十三条 发包人将依法不属于必须招标的建设工程进行招标后，与承包人另行订立的建设工程施工合同背离中标合同的实质性内容，当事人请求以中标合同作为结算建设工程价款依据的，人民法院应予支持，但发包人与承包人因客观情况发生了在招标投标时难以预见的变化而另行订立建设工程施工合同的除外。

第二十四条 当事人就同一建设工程订立的数份建设工程施工合同均无效，但建设工程质量合格，一方当事人请求参照实际履行的合同关于工程价款的约定折价补偿承包人的，人民法院应予支持。

实际履行的合同难以确定，当事人请求参照最后签订的合同关于工程价款的约定折价补偿承包人的，人民法院应予支持。

第二十五条 当事人对垫资和垫资利息有约定，承包人请求按照约定返还垫资及其利息的，人民法院应予支持，但是约定的利息计算标准高于垫资时的同类贷款利率或者同期贷款市场报价利率的部分除外。

当事人对垫资没有约定的，按照工程欠款处理。

当事人对垫资利息没有约定，承包人请求支付利息的，人民法院不予支持。

第二十六条 当事人对欠付工程价款利息计付标准有约定的，按照约定处理。没有约定的，按照同期同类贷款利率或者同期贷款市场报价利率计息。

第二十七条 利息从应付工程价款之日开始计付。当事人对付款时间没有约定或者约定不明的，下列时间视为应付款时间：

（一）建设工程已实际交付的，为交付之日；

（二）建设工程没有交付的，为提交竣工结算文件之日；

（三）建设工程未交付，工程价款也未结算的，为当事人起诉之日。

第二十八条　当事人约定按照固定价结算工程价款，一方当事人请求对建设工程造价进行鉴定的，人民法院不予支持。

第二十九条　当事人在诉讼前已经对建设工程价款结算达成协议，诉讼中一方当事人申请对工程造价进行鉴定的，人民法院不予准许。

第三十条　当事人在诉讼前共同委托有关机构、人员对建设工程造价出具咨询意见，诉讼中一方当事人不认可该咨询意见申请鉴定的，人民法院应予准许，但双方当事人明确表示受该咨询意见约束的除外。

第三十一条　当事人对部分案件事实有争议的，仅对有争议的事实进行鉴定，但争议事实范围不能确定，或者双方当事人请求对全部事实鉴定的除外。

第三十二条　当事人对工程造价、质量、修复费用等专门性问题有争议，人民法院认为需要鉴定的，应当向负有举证责任的当事人释明。当事人经释明未申请鉴定，虽申请鉴定但未支付鉴定费用或者拒不提供相关材料的，应当承担举证不能的法律后果。

一审诉讼中负有举证责任的当事人未申请鉴定，虽申请鉴定但未支付鉴定费用或者拒不提供相关材料，二审诉讼中申请鉴定，人民法院认为确有必要的，应当依照民事诉讼法第一百七十条第一款第三项的规定处理。

第三十三条　人民法院准许当事人的鉴定申请后，应当根据当事人申请及查明案件事实的需要，确定委托鉴定的事项、范围、鉴定期限等，并组织当事人对争议的鉴定材料进行质证。

第三十四条　人民法院应当组织当事人对鉴定意见进行质证。鉴定人将当事人有争议且未经质证的材料作为鉴定依据的，人民法院应当组织当事人就该部分材料进行质证。经质证认为不能作为鉴定依据的，根据该材料作出的鉴定意见不得作为认定案件事实的依据。

第三十五条　与发包人订立建设工程施工合同的承包人，依据民法典第八百零七条的规定请求其承建工程的价款就工程折价或者拍卖的价款优先受偿的，人民法院应予支持。

第三十六条　承包人根据民法典第八百零七条规定享有的建设工程价款优先受偿权优于抵押权和其他债权。

第三十七条　装饰装修工程具备折价或者拍卖条件，装饰装修工程的承包人请求工程价款就该装饰装修工程折价或者拍卖的价款优先受偿的，人民法院应予支持。

第三十八条　建设工程质量合格，承包人请求其承建工程的价款就工程折价或者拍卖的价款优先受偿的，人民法院应予支持。

第三十九条　未竣工的建设工程质量合格，承包人请求其承建工程的价款就其承建工程部分折价或者拍卖的价款优先受偿的，人民法院应予支持。

第四十条　承包人建设工程价款优先受偿的范围依照国务院有关行政主管部门关于建设工程价款范围的规定确定。

承包人就逾期支付建设工程价款的利息、违约金、损害赔偿金等主张优先受偿的，人民法院不予支持。

第四十一条　承包人应当在合理期限内行使建设工程价款优先受偿权，但最长不得超过十八个月，自发包人应当给付建设工程价款之日起算。

第四十二条　发包人与承包人约定放弃或者限制建设工程价款优先受偿权，损害建筑工人利益，发包人根据该约定主张承包人不享有建设工程价款优先受偿权的，人民法院不予支持。

第四十三条　实际施工人以转包人、违法分包人为被告起诉的，人民法院应当依法受理。

实际施工人以发包人为被告主张权利的，人民法院应当追加转包人或者违法分包人为本案第三人，在查明发包人欠付转包人或者违法分包人建设工程价款的数额后，判决发包人在欠付建设工程价款范围内对实际施工人承担责任。

第四十四条　实际施工人依据民法典第五百三十五条规定，以转包人或者违法分包人怠于向发包人行使到期债权或者与该债权有关的从权利，影响其到期债权实现，提起代位权诉讼的，人民法院应予支持。

第四十五条　本解释自 2021 年 1 月 1 日起施行。